工业和信息化
精品系列教材

Web 前端开发系列丛书

# HTML5+CSS3

## 网页设计与制作 第2版

黑马程序员 ⑥编著

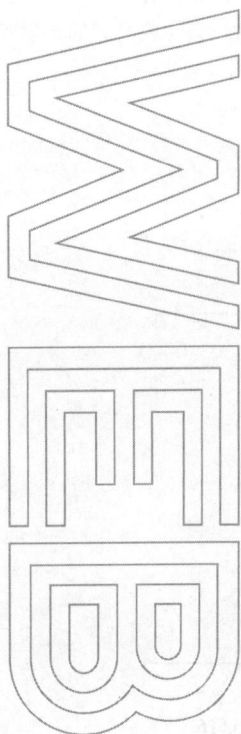

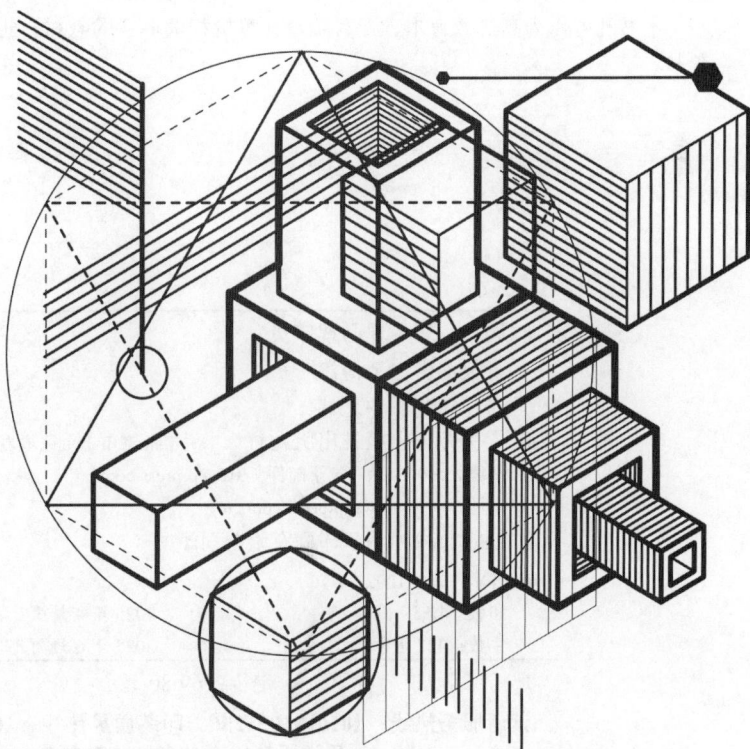

人民邮电出版社
北 京

**图书在版编目（CIP）数据**

HTML5+CSS3网页设计与制作 / 黑马程序员编著.
2版. -- 北京 : 人民邮电出版社, 2025. --（工业和信息化精品系列教材）. -- ISBN 978-7-115-65341-3

Ⅰ. TP312.8；TP393.092.2

中国国家版本馆 CIP 数据核字第 2024ZD4704 号

## 内 容 提 要

　　HTML5 与 CSS3 是网页制作技术的核心，也是每位网页制作者都需要掌握的基础知识。本书从初学者的角度出发，以形象的比喻、实用的案例、通俗易懂的语言详细介绍如何使用 HTML5 与 CSS3 进行网页设计与制作的相关知识和技巧。

　　全书共 12 章，第 1～4 章主要讲解 HTML5 与 CSS3 的基础知识，内容包括网页设计概述、初识 HTML5、初识 CSS3、CSS3 中其他类型的选择器等；第 5～8 章主要讲解网页制作的一些重要技术，内容包括盒子模型、列表和超链接、表格和表单、DIV+CSS 布局等；第 9～11 章主要讲解 HTML5 和 CSS3 的重要功能，内容包括多媒体嵌入、过渡、变形、动画、绘图和数据存储；第 12 章为实战开发项目——制作企业网站页面，本章将结合前面所学知识，带领读者开发一个中型网站页面，进一步培养读者网页制作和开发的能力。

　　本书配套丰富的教学资源，包括教学 PPT、教学大纲、源代码、课后习题及答案等。为帮助读者更好地学习本书中的内容，编者团队还提供了在线答疑服务，希望能够帮助到更多读者。

　　本书既可作为高等教育本、专科院校计算机相关专业的教材，也可作为网站制作爱好者的自学参考书。

◆ 编　　著　黑马程序员
责任编辑　范博涛
责任印制　焦志炜

◆ 人民邮电出版社出版发行　　北京市丰台区成寿寺路 11 号
邮编　100164　电子邮件　315@ptpress.com.cn
网址　https://www.ptpress.com.cn
保定市中画美凯印刷有限公司印刷

◆ 开本：787×1092　1/16
印张：17.5　　　　　　　　　　2025 年 4 月第 2 版
字数：437 千字　　　　　　　　2025 年 6 月河北第 2 次印刷

定价：69.80 元

读者服务热线：(010)81055256　印装质量热线：(010)81055316
反盗版热线：(010)81055315

# 前　言

本书在编写的过程中，结合党的二十大精神"进教材、进课堂、进头脑"的要求，在设计案例时结合感动中国人物、中华优秀传统文化等内容，让学生在学习新兴技术的同时提升爱国热情，增强民族自豪感和自信心，引导学生树立正确的世界观、人生观和价值观，进一步提升学生的职业素养，落实德才兼备、高素质、高技能的人才培养要求。

## ◆ 为什么要学习本书

编写一种技术的入门教程，最难的是将一些复杂、难以理解的思想和问题简单化，让读者能够轻松理解并快速掌握。本书为每个知识点都设计了相关案例，力争做到理论与实践相结合。

本书是在第 1 版《HTML5+CSS3 网页设计与制作》的基础上改版而成，在优化原书内容的同时，调整和新增了以下内容。

- 调整了部分知识点的顺序，更符合由浅入深、循序渐进的学习思路。
- 更换了部分案例，增强了教学的实用性。
- 添加了素质教育的内容，将素质教育的内容与专业知识有机结合。

## ◆ 如何使用本书

本书针对初学者，以"理论+案例"的编写体例对知识点进行讲解，让初学者在学习知识点的同时，掌握如何运用知识解决实际问题。本书在内容选择、结构安排上更加符合初学者的认知规律，从而达到"教师易教、学生易学"的目的。

本书共 12 章，各章的简介如下。

- 第 1 章介绍网页制作的基础知识，内容包括网页概述、网页制作入门、网页代码编辑工具等。学完本章，读者能够使用网页代码编辑工具创建一个简单的网页。
- 第 2 章介绍 HTML5 的基础知识，内容包括 HTML5 的优势、HTML5 的基本结构、标签概述、文本控制标签和图像标签等。学完本章，读者能够使用 HTML5 标签制作图文网页。
- 第 3 章介绍 CSS3 的基础知识，内容包括结构与表现分离、CSS3 的优势、CSS 核心基础、设置文本样式和 CSS 核心进阶等。学完本章，读者能够使用 CSS 样式设置网页中的图文内容。
- 第 4 章介绍 CSS3 中其他类型的选择器，内容包括属性选择器、关系选择器、结构化伪类选择器和伪元素选择器等。学完本章，读者能够提高使用 CSS 样式的效率。
- 第 5~8 章介绍网页制作的重要技术，内容包括盒子模型、列表和超链接、表格和表单、DIV+CSS 布局等。通过学习这部分内容，读者能够搭建一个完整的网页。
- 第 9 章介绍多媒体嵌入，内容包括多媒体嵌入技术概述、视频和音频文件的格式、嵌入视频和音频、用 CSS 控制视频的宽度和高度等。学完本章，读者能够在网页中嵌入视频和音频。
- 第 10 章介绍 CSS3 的新属性，内容包括过渡、变形和动画。学完本章，读者能够制作绚丽的网页动画效果。

● 第 11 章介绍绘图和数据存储，内容包括 JavaScript 基础内容、HTML5 画布、HTML5 数据存储基础等。学完本章，读者能够掌握前端开发的部分高级知识，为后续的学习打下基础。

● 第 12 章为实战开发——制作企业网站页面，本章结合前面所学知识，带领读者开发一个中型网站页面。读者应按照书中的思路和步骤动手实践，以便掌握开发网站页面的流程。

### ◆ 致谢

本书的编写和整理工作由传智教育完成，全体人员在近一年的编写过程中付出了辛勤的汗水，在此一并表示衷心的感谢。

### ◆ 意见反馈

尽管编者尽了最大的努力，但书中难免会有不妥之处，欢迎读者们来信给予宝贵意见，编者将不胜感激。电子邮箱地址为：itcast_book@vip.sina.com。

黑马程序员
2025 年 4 月

# 目 录

# 第 1 章

# HTML5+CSS3网页设计概述

近年来，HTML5 和 CSS3 一直是互联网技术中备受瞩目的话题。在开始学习 HTML5 和 CSS3 之前，了解一些与网页相关的基础知识是非常必要的，这有助于初学者厘清思路，快速进入后续章节的学习。本章将详细介绍网页的相关内容，包括网页概述、网页制作入门以及 Visual Studio Code 网页代码编辑工具。通过学习这些内容，初学者将能够建立坚实的基础，为后续的 HTML5 和 CSS3 学习做好充分准备。

## 1.1 网页概述

上网时浏览新闻、查询信息、观看视频等都是在浏览网页。网页可以被看作承载各种内容的容器，所有可视化的内容都可以通过网页展示给用户。那么 HTML5 和网页有什么关系？网页是由什么构成的？网页有哪些标准？本节将详细介绍网页的基础内容，包括认识网页、网页名词解释、Web 标准。通过学习这些内容，初学者将对网页有更深入的了解。

### 1.1.1 认识网页

在制作网页之前，对网页有一个基本的认识是非常有必要的，这将帮助我们迅速理解网页的代码结构，了解制作网页的相关技术。下面以某教程网站页面为例，引导初学者认识网页。

在 Chrome 浏览器的地址栏中输入教程网站的地址，然后按“Enter”键访问网站，此时 Chrome 浏览器中显示的页面为该教程网站的首页。教程网站首页截图如图 1-1 所示。

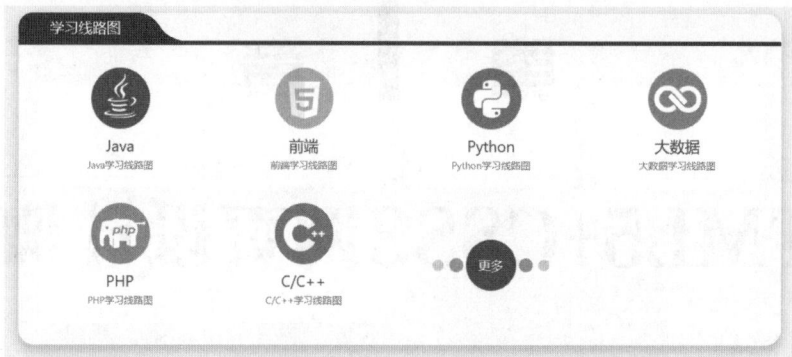

图1-1　教程网站首页截图

通过分析教程网站首页的结构，我们可以了解到该网页主要由文字、图像和超链接等元素构成。其中，超链接是一种通过单击可以跳转到其他页面的元素。

除了图 1-1 中展示的元素，网页还可以包含音频、视频和动画等元素。这些元素可以为网页增添丰富的多媒体内容，增强交互体验。

在网页中，上述元素都是通过代码来实现的。为了让初学者快速了解网页的代码结构，下面展示该教程网站首页部分代码的截图，如图 1-2 所示。

```
<html class=" ">
…▼<head> == $0
    <title>首页 - 黑马程序员教程_学习平台_程序员面试宝典_面试宝典_学习平台_在线学习平台</title>
    <meta data-n-head="ssr" charset="utf-8">
    <meta data-n-head="ssr" name="viewport" content="width=device-width, initial-scale=1">
    <meta data-n-head="ssr" data-hid="description" name="description" content="黑马程序员教程是
    的课程资源和口碑,致力于为广大热爱IT技术的学习者和求职者提供知识共享服务。Java,java培训机构,java教
    on,python教程,python培训,大数据培训,大数据教程,php,php教程,php培训">
    <meta data-n-head="ssr" data-hid="keywords" name="keywords" content="Java,java培训机构,jav
    thon,python教程,python培训,大数据培训,大数据教程,php,php教程,php培训,C语言学习教程,c语言入门">
    <link data-n-head="ssr" rel="icon" type="image/x-icon" href="/favicon.ico">
    <script charset="UTF-8" src="https://webchat.7moor.com/javascripts/QiMoIMSDK-862a44e3ae.js
    083260&v=undefined"></script>
    <script data-n-head="ssr" src="https://s9.cnzz.com/z_stat.php?id=1278925538&web_id=1278925
    <script data-n-head="ssr" src="https://webchat.7moor.com/javascripts/7moorInit.js?accessIc
    toShow=true&language=ZHCN" async></script>
    <link rel="preload" href="/_nuxt/1438e11….js" as="script">
    <link rel="preload" href="/_nuxt/d34a46e….js" as="script">
    <link rel="preload" href="/_nuxt/df81a9a….css" as="style">
    <link rel="preload" href="/_nuxt/7b6ead4….js" as="script">
```

图1-2　教程网站首页部分代码的截图

通过图 1-2 可以看出，该教程网站首页的代码仅包含一些特殊的符号和文本。而用户浏览网页时看到的图片、视频等，正是这些由特殊的符号和文本组成的代码被浏览器渲染之后的结果。

除了首页之外，教程网站还包含多个子页面。单击教程网站首页的超链接，可以跳转到不同的子页面。由此可见，教程网站实际上是由多个独立的网页组成的集合，网页与网页之间可以通过超链接实现互相跳转。

根据网页实现技术的不同，网页可以分为静态网页和动态网页。静态网页是指不论用户何时何地访问，网页都会呈现固定的内容，除非网页源代码被修改并重新上传。静态网

页的更新不太便捷，但其加载速度较快。而动态网页的内容则会根据用户操作和时间的不同而实时变化。动态网页是在其被访问时由服务器实时生成的，因此其加载速度可能会受到服务器性能和数据交换的影响。相对于静态网页，动态网页的加载速度可能会慢一些。

　　总而言之，静态网页呈现固定信息，更新不便但访问速度快；而动态网页能够根据用户操作和时间变化，与服务器实时交换数据，提供个性化和实时的内容。无论是开发静态网页还是开发动态网页，都离不开 HTML5 和 CSS3 技术。

　　静态网页文件的扩展名为.htm 或.html，二者在本质上并没有区别，一般使用.html 作为网页文件的扩展名。更改记事本文件的扩展名可以快速创建一个静态网页文件。例如，将记事本文件的扩展名.txt 更改为.html 即可得到一个静态网页文件，如图 1-3 所示。

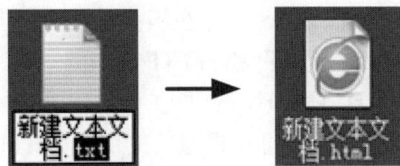

图1-3　快速创建静态网页文件

## 1.1.2　网页名词解释

　　对从事网页制作工作的人员而言，了解网页中相关名词的含义，可以加深对网页的认识。网页中常见的名词有 Internet、WWW、URL 等，具体介绍如下。

### 1. Internet

　　Internet 也称为互联网，是由一些使用公用语言互相通信的计算机连接而成的网络。简而言之，互联网就是将世界范围内不同国家、不同地区的众多计算机连接起来而形成的网络平台。

　　互联网实现了全球信息资源的共享，形成了一个人们能够共同参与、相互交流的互动平台。通过互联网，相隔千里的朋友可以相互发送邮件、共同完成一项工作、共同娱乐。

　　因此，互联网的最成功之处并不仅在于其技术本身，更在于其对人类生活的深远影响。

### 2. WWW

　　WWW（World Wide Web，万维网）不是网络，也不代表 Internet，它只是 Internet 提供的一种服务——网页浏览服务。上网时通过浏览器阅读网页信息就是在使用 WWW 服务。WWW 是 Internet 提供的最主要的服务之一，许多网络功能，如网上聊天、网上购物等，都基于 WWW 服务。

### 3. URL

　　URL（Uniform Resource Locator，统一资源定位符）也称"网址"。万维网上的所有文件，例如 HTML、CSS、图片、音乐、视频等，都有唯一的 URL。只要知道文件的 URL，就能够对该文件进行访问。URL 可以是局域网上的某台计算机的地址，还可以是 Internet 上的站点。图 1-4 中线框标示的内容即百度的 URL。

图1-4　百度的URL

**4. DNS**

DNS（Domain Name System，域名系统）是互联网上进行域名与 IP 地址映射的系统。域名是为了方便用户记忆和使用，实际上计算机是通过 IP 地址来进行通信和定位的。

当用户在浏览器中输入一个域名时，计算机需要先将这个域名转换为 IP 地址，才能与远程服务器进行通信，这个将域名转换为 IP 地址的过程被称为域名解析。而 DNS 就是用于进行域名解析的系统。

通过 DNS，用户可以使用易记的域名来访问互联网上的各种资源，而无须记住复杂的 IP 地址。DNS 的存在极大地简化了用户的访问过程，提升了互联网的易用性和便利性。

**5. HTTP 和 HTTPS**

HTTP（Hyper Text Transfer Protocol，超文本传输协议）是一种详细规定浏览器和万维网服务器之间互相通信的协议。HTTP 是一种可靠的协议，具有强大的自检能力，确保用户请求的文件传输到客户端时准确无误。

但 HTTP 传输的数据都是未加密的，因此使用 HTTP 传输隐私信息的安全性较低。为了安全传输隐私数据，网景公司设计了 SSL（Secure Socket Layer，安全套接字层），用于对 HTTP 传输的数据进行加密，从而形成了 HTTPS（Hypertext Transfer Protocol Secure，超文本传输安全协议）。简而言之 HTTPS 是使用 HTTP 和 SSL 构建的一种安全的网络协议，它能够提供加密传输和身份认证的功能，比 HTTP 更加安全可靠。

**6. Web**

Web 一词本义是蜘蛛网和网。对普通用户而言，Web 仅仅是一种环境——互联网的使用环境。而对网站开发者而言，Web 是一系列技术的复合总称，包括网站的前端页面、后端程序、视觉设计、数据库开发等。

**7. W3C 组织**

W3C（World Wide Web Consortium，万维网联盟）是国际上最著名的标准化组织之一。W3C 最重要的工作是制订 Web 规范，自 1994 年成立以来，该组织已经发布了 200 多项影响深远的 Web 技术标准，如 HTML、XML 等。这些规范有效地促进了 Web 技术的发展。

## 1.1.3　Web 标准

为了确保在不同浏览器上呈现一致的网页效果，Web 开发者常常面临兼容多个浏览器版本的问题。想要保证网页效果一致，浏览器开发商和网页开发人员遵守共同的标准就显得尤为重要。为此，W3C 与其他标准化组织共同制订了一系列的 Web 标准，保证网页开发的规范化。Web 标准并不是某一个标准，而是一系列标准的集合，主要包括结构标准、表现标准和行为标准 3 个方面，具体介绍如下。

**1. 结构标准**

结构标准主要关注网页的结构化和语义化，用于对网页中的元素进行分类与整理。结构标准主要包括 HTML（HyperText Markup Language，超文本标记语言）和 XHTML（eXtensible HyperText Markup Language，可扩展超文本标记语言），具体介绍如下。

① HTML 用于创建结构化的文档并为这些结构化的文档提供语义。当前最新版本是 HTML5。HTML5 提供了更多的功能和特性，能够实现更丰富的效果和更好的交互体验。

② XHTML 是在 HTML4.0 的基础上用 XML（eXtensible Markup Language，可扩展标

记语言）的规则对其进行扩展建立起来的。其中，XML 是一种被广泛应用于数据交换和信息传递领域的语言，具有强大的扩展性，能够自定义标签。设计 XHTML 的目的是实现 HTML 向 XML 的过渡。现在 XHTML 已逐渐被 HTML5 取代。

下面通过一个网页轮播图的例子演示结构标准在网页中的体现。网页轮播图的结构使用 HTML5 搭建，在加入表现标准和行为标准前，网页轮播图的图片按照从上到下的次序排列，如图 1-5 所示。

图1-5　网页轮播图

### 2. 表现标准

表现标准是指网页的外在样式，一般包括网页的版式、颜色、字体等。在网页制作过程中，通常使用 CSS（Cascading Style Sheet，串联样式表）设置网页的外在样式。

创建 CSS 的目的是通过 CSS 对网页进行样式控制。网页轮播图加入 CSS 后的效果如图 1-6 所示。

图1-6　网页轮播图加入CSS后的效果

通过图 1-6 可以看出，在添加 CSS 效果后，页面中只显示第一张图片，剩余图片被隐藏。在网页设计中，CSS 起着至关重要的作用，因为它可以对文字、图像和布局进行设置。

### 3. 行为标准

行为标准是指网页模型的定义及交互效果的实现。在网页制作过程中，通常使用 JavaScript 设置网页的行为。JavaScript 包括 ECMAScript、BOM、DOM 这 3 个部分，具体介绍如下。

（1）ECMAScript

ECMAScript 是 JavaScript 的核心，由 ECMA（European Computer Manufacturers Association，欧洲计算机制造商协会）制订。ECMAScript 规定了 JavaScript 的语法规则和核心内容，是所有浏览器厂商共同遵守的一套 JavaScript 语法标准。开发者通过 JavaScript 可以在网页中实现丰富的交互行为和动态效果，例如表单验证、动态内容加载等。

（2）BOM

BOM（Browser Object Model，浏览器对象模型）是指浏览器提供的用于访问和操作窗口的对象，包括浏览器窗口、历史记录等。通过 BOM，开发者可以实现与浏览器的交互，控制浏览器的行为，例如弹出对话框、控制浏览器跳转等。

（3）DOM

DOM（Document Object Model，文档对象模型）是一种针对 HTML 和 XML 文档的编程接口，它把整个文档抽象成一个树形结构，开发者可以操作这个树形结构中的每个节点。节点可以简单理解为 HTML 元素，改变节点即改变 HTML 元素的内容、属性及位置等，从而实现对文档的控制。

综上所述，行为标准涉及 ECMAScript、BOM 和 DOM 3 个方面，能在网页中实现丰富的交互效果和动态行为。开发者可以利用 ECMAScript 编写脚本，通过 BOM 与浏览器进行交互，利用 DOM 来操作和修改网页的内容和结构，从而为用户提供更好的体验。网页轮播图加入 JavaScript 后的静态效果如图 1-7 所示。

图1-7    网页轮播图加入JavaScript后的静态效果

网页轮播图正常播放时具有自动切换功能，在规定的时间间隔内，轮播图会自动切换以显示不同的图片。同时，当用户将鼠标指针悬停在轮播图按钮上时，轮播图会显示与该按钮对应的图片。当鼠标指针离开按钮时，轮播图将会恢复自动切换功能，进行轮播。

# 1.2　网页制作入门

HTML、CSS 和 JavaScript 是网页制作的基础，浏览器是网页展示的平台，要想学好网页制作，首先需要对它们有一个整体的认识。本节将详细讲解 HTML、CSS、JavaScript 的发展历史、常用版本以及网页的展示平台——浏览器。

## 1.2.1　HTML

HTML 主要通过标签对网页中的文本、图片、声音等内容进行描述。HTML 提供了许多标签，如段落标签、标题标签、超链接标签、图片标签等。网页中需要什么内容，就用相应的 HTML 标签进行描述即可。

HTML 之所以被称为超文本标记语言，不仅因为它通过标签描述网页内容，还因为文本中可以包含超链接。通过超链接，网页与网页之间以及网页中的各种元素之间可以相互联系，形成功能丰富的网站。接下来通过一段网页代码快速认识 HTML，如图 1-8 所示。

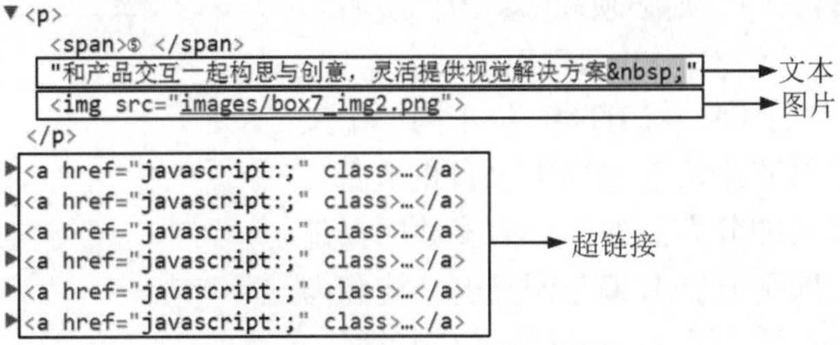

图1-8　利用网页代码快速认识HTML

通过图 1-8 可知，网页内容是通过 HTML 指定的文本、符号定义的，网页文件其实是一个纯文本文件。

HTML 作为一种描述网页内容的语言，其历史可以追溯到 20 世纪 90 年代初。自 1989 年首次应用于网页编辑以来，HTML 迅速崛起，成为主流的网页语言。到了 1993 年，HTML 首次以因特网草案的形式发布，并开始在全球范围内使用。这些初具雏形的版本可以看作 HTML 的第 1 版。在随后的十几年中，HTML 经历了飞速发展，从 2.0 版（1995 年）到 3.2 版（1997 年），再到 4.0 版（1997 年）和 4.01 版（1999 年）。随着版本的更新，HTML 的功能也越来越丰富。与此同时，W3C 也掌握了对 HTML 的控制权。

HTML 4.01 版本相对于 4.0 版本没有本质上的差别，只是提高了兼容性并删除了一些过时的标签。因此，业界普遍认为 HTML 的发展已经到达了瓶颈期，对 Web 标准的研究也转向了 XML 和 XHTML。尽管如此，仍然有许多网站采用 HTML 制作。此时一部分人成立了 WHATWG（网页超文本应用技术工作小组）组织，仍然致力于 HTML 的研究。

2006 年，W3C 重新开始参与 HTML 的研究，并于 2008 年发布了 HTML5 的工作草案。由于 HTML5 新增了很多功能性标签，所以得到了各大浏览器厂商的支持，HTML5 的规范也得到了持续完善。2014 年 10 月底，W3C 宣布 HTML5 正式定稿，标志着网页进入 HTML5 开发的新时代。

## 1.2.2　CSS

CSS 以 HTML 为基础，使用它能对网页进行多种样式操作。例如对字体、颜色、背景、网页整体布局和版式等进行控制。图 1-9 所示为某教育网站的信息展示模块。

图1-9　某教育网站的信息展示模块

图 1-9 中的文字的颜色、背景颜色和页面版式等都可以通过 CSS 进行控制。CSS 非常灵活，既可以嵌入 HTML 文件中，也可以作为一个独立的外部文件。如果 CSS 作为独立的文件，则必须以.css 为扩展名。图 1-10 所示为嵌入了 CSS 代码的 HTML 文件。

在图 1-10 中，尽管 CSS 与 HTML 位于同一个文件中，但 CSS 通常会被集中写在 HTML 文件的头部，实现了网页结构与样式的分离。如今，大多数网页都遵循 Web 标准开发，即用 HTML 编写网页的结构和内容、用 CSS 控制网页的显示样式。通过更改 CSS 样式，可以轻松地调整网页的外观，而无须修改网页的结构。

```html
<!DOCTYPE html>
<html>
<head>
    <meta charset="UTF-8">
    <title>我的第一个网页</title>
    <style>
        p {
            font-size: 36px;
            color: ■ red;          CSS代码
            text-align: center;
        }
    </style>
</head>
<body>
    <p>这是我的第一个网页。</p>
</body>
</html>
```

图1-10　嵌入了CSS代码的HTML文件

CSS 的发展历史相对 HTML5 来说比较简单。1996 年 12 月，W3C 发布了第 1 个涉及样式的标准 CSS1。随后不断更新和增强 CSS 功能，在 1998 年 5 月发布了 CSS2。CSS 的最新版本 CSS3 于 1999 年开始制订，并于 2001 年 5 月 23 日完成了工作草案。CSS3 的语法是在原始版本的基础上建立的，因此旧版本的 CSS 属性仍然适用于 CSS3。

CSS3 中增加了许多新的效果，例如圆角效果、阴影效果、透明效果、渐变效果、多背景图像效果、变形效果等。这些效果在后面的内容中将逐一进行介绍。

### 1.2.3　JavaScript

JavaScript 是一种用于设置网页行为的脚本语言，它的前身是 LiveScript，最初由 Netscape 公司开发。后来，在 Sun 公司推出了著名的 Java 语言之后，Netscape 公司和 Sun 公司在 1995 年重新设计了 LiveScript，并将其命名为 JavaScript。

作为一门独立的脚本语言，JavaScript 具有广泛的应用领域，但其最主要的应用之一是在 Web 上创建网页特效或进行信息验证。图 1-11 和图 1-12 所示为使用 JavaScript 对用户输入的内容进行验证的示例。

图1-11　用户注册页面

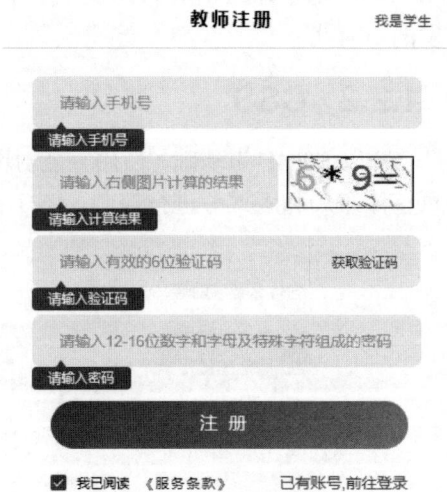

图1-12　弹出提示信息

当用户在注册信息文本框中输入的信息不符合要求时，会弹出相应的提示信息。

## 1.2.4　网页的展示平台——浏览器

浏览器是网页的展示平台，只有经过浏览器的渲染，用户才能看到图文并茂的网页效果。在浏览器的发展历史中，出现过的浏览器有很多。表 1-1 列举了一些常见的浏览器及发布时间。

表 1-1　一些常见的浏览器及发布时间

| 浏览器名称 | 发布时间/年 |
| --- | --- |
| Internet Explorer（IE） | 1996 |
| Opera（欧朋） | 1996 |
| Safari | 2003 |
| Firefox（火狐） | 2004 |
| Chrome | 2008 |
| Edge | 2015 |

对表 1-1 中常见的浏览器的详细介绍如下。

### 1. Internet Explorer

Internet Explorer 浏览器也称为 IE 浏览器，图 1-13 所示为 IE 浏览器的图标。

IE 浏览器由微软公司推出，直接绑定在 Windows 操作系统中，无须特地下载和安装。IE 浏览器有 6.0、7.0、8.0、9.0、10.0 等多个版本，最后一个版本是 11.0。在 Windows 10 操作系统中，IE 浏览器已被 Edge 浏览器取代。

### 2. Opera

Opera 浏览器也称为欧朋浏览器，图 1-14 所示为 Opera 浏览器的图标。

图1-13　IE浏览器的图标　　　　图1-14　Opera浏览器的图标

Opera 浏览器是挪威的一家公司开发的一款优秀浏览器，具有响应快速、节省系统资源、定制能力强、安全性高和体积小等特点。

### 3. Safari

Safari 浏览器是 macOS 内置的一款浏览器。Safari 浏览器外观时尚、响应速度快。图 1-15 所示为 Safari 浏览器的图标。

### 4. Firefox

Firefox 浏览器也称为火狐浏览器，图 1-16 所示为 Firefox 浏览器的图标。

图1-15　Safari浏览器的图标

图1-16　Firefox浏览器的图标

　　Firefox 是 Mozilla 公司旗下的一款开源的网页浏览器，其可开发程度很高。任何具有编程知识的人都可以为 Firefox 浏览器编写代码，并结合自身需求增加一些个性化的功能，因此 Firefox 浏览器受到许多用户的青睐，一度被认为是卓越浏览器的代表。

　　但是由于响应速度、更新频率、推广力度等问题，Firefox 浏览器现在的市场占有率却难以和昔日相比。而 Chrome 浏览器已经成为浏览器市场的绝对主流。

### 5. Chrome

　　Chrome 是由 Google 公司开发的一款跨平台免费浏览器，图 1-17 所示为 Chrome 浏览器的图标。

　　Chrome 浏览器以速度快、简单易用和强大的扩展生态系统而著称。2023 年 11 月的全球浏览器市场份额报告显示，Chrome 浏览器占据的全球市场份额高达 62.06%，在浏览器市场中具有绝对的优势。图 1-18 是截至 2023 年 11 月全球浏览器的市场份额占比情况。

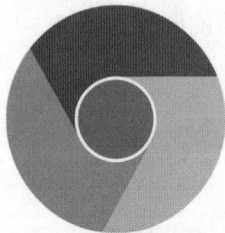

图1-17　Chrome浏览器的图标

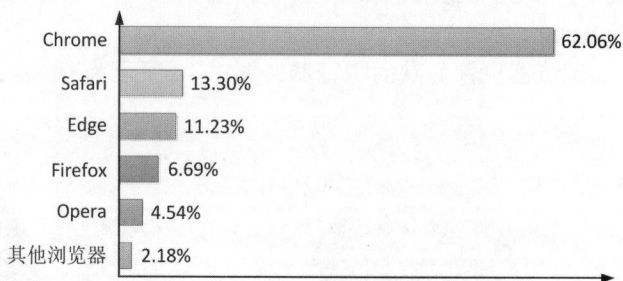

图1-18　截至2023年11月全球浏览器的市场份额占比情况

　　Chrome 浏览器应用非常广泛，许多网页制作人员将其作为网页制作过程中的首选调试工具。本书涉及的案例将全部在 Chrome 浏览器中演示和调试。

　　在 Chrome 浏览器中进行网页代码调试也非常简单。只需打开 Chrome 浏览器，然后按"F12"键即可打开开发者工具界面，如图 1-19 所示。

　　在图 1-19 所示的开发者工具界面中，可以查看网页的内容结构和临时显示样式。单击按钮，将鼠标指针移到网页中的某个模块上，即可查看该模块的参数。图 1-20 所示为 Logo 模块的参数。

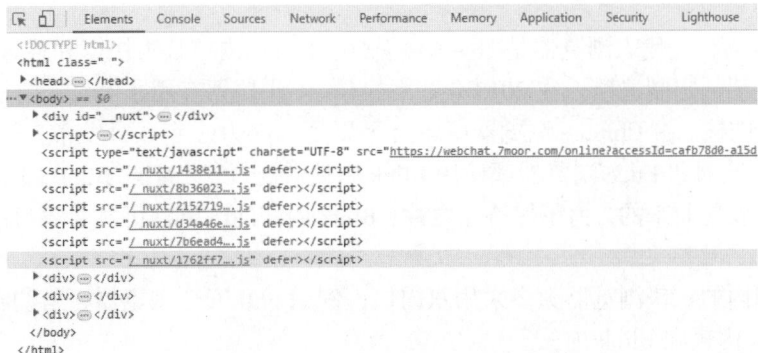

图1-19　Chrome浏览器的开发者工具界面

## 6. Edge

Edge 同样是一款由微软公司推出的浏览器。图 1-21 所示为 Edge 浏览器的图标。

图1-20　Logo模块的参数

图1-21　Edge浏览器的图标

2015 年 3 月，微软公司在 Windows 10 操作系统上内置 Edge 浏览器。Edge 浏览器拥有比 IE 浏览器优化程度更高的代码结构，因此 Edge 浏览器的响应速度更快。现在的网页兼容调试也更倾向于使用 Edge 浏览器。

除了上述浏览器外，还有很多浏览器也占据一定的市场份额。如 360 安全浏览器、猎豹浏览器等。

不同浏览器之间根本的差异在于浏览器的内核。那么什么是浏览器的内核呢？起初浏览器内核包括渲染引擎和 JavaScript 引擎，不过随着 JavaScript 引擎的独立，现在的浏览器内核更倾向于单指渲染引擎。

浏览器内核是浏览器最核心的部分，主要负责渲染网页。渲染网页可以简单理解为将网页代码进行"翻译"，使其显示为对应的图文效果。不同的浏览器内核对网页代码的"翻译"方式不同，因此同一网页在具有不同内核的浏览器中的显示效果可能也不同。目前常见的浏览器内核有 Trident、Gecko、WebKit、Presto、Blink 这 5 种，具体介绍如下。

① Trident 内核。代表浏览器是 IE 浏览器，因此 Trident 内核又称为 IE 内核。Trident 内核只能用于 Windows 操作系统，并且该内核不是开源的。

② Gecko 内核。代表浏览器是 Firefox 浏览器。Gecko 内核是开源的，其最大优势是可以跨平台。

③ WebKit 内核。代表浏览器是 Safari 浏览器及老版本的 Chrome 浏览器。WebKit 内核也是开源的。

④ Presto 内核。代表浏览器是 Opera 浏览器。Presto 内核是为快速和轻量级而设计的，注重快速且灵活的定制选项。在 2013 年之后，Opera 浏览器弃用了 Presto 内核。

⑤ Blink 内核。由 Chrome 浏览器所属公司开发，于 2013 年 4 月发布。现在 Chrome 浏览器、Opera 浏览器和 Edge 浏览器都使用 Blink 内核。需要说明的是，Blink 内核是在 WebKit 内核的基础上发展而来的，为了保持兼容性，Blink 内核的浏览器仍然会将自己的内核标识为 WebKit。

目前，国内的一些浏览器大多采用双内核，例如 360 安全浏览器、猎豹安全浏览器同时采用 Trident 内核和 Blink 内核。

▌▌▌ **多学一招：浏览器私有前缀**

浏览器私有前缀可用于区分不同内核的浏览器。由于 CSS3 每个新属性的提出都需要经过耗时且复杂的标准制订流程，在标准尚未确定前，一些浏览器已经根据最初的草案率先实现了 CSS3 新属性的功能。为了与之后确定的标准兼容，各浏览器使用了自己的私有前缀与标准进行区分，并在标准确立后逐步支持不带前缀的 CSS3 新属性。常见的浏览器私有前缀如表 1-2 所示。

表 1-2　常见的浏览器私有前缀

| 浏览器 | 私有前缀 |
| --- | --- |
| Chrome 浏览器和 Safari 浏览器 | -webkit- |
| Firefox 浏览器 | -moz- |
| Opera 浏览器 | -o- |

现在很多新版本的浏览器可以很好地兼容 CSS3 的新属性，因此很多私有前缀通常可以省略。但如果为了兼容老版本的浏览器，仍可以使用浏览器私有前缀。

# 1.3　网页代码编辑工具

为了便于编辑网页代码，网页制作人员通常会使用一些便捷的代码编辑工具，例如 EditPlus、HBuilder、Sublime、Dreamweaver、Visual Studio Code 等。其中，Visual Studio Code（简称 VS Code）是一款轻量且开源的代码编辑工具，深受网页制作人员的喜爱。本节将详细介绍 Visual Studio Code 的安装、设置和使用技巧。

## 1.3.1　Visual Studio Code 的安装和设置

想要使用 Visual Studio Code 编辑网页代码，首先需要安装 Visual Studio Code，并在安装完成之后进行一些初始化设置。Visual Studio Code 的安装非常简单。打开 Visual Studio Code 官方网站，Visual Studio Code 官方网站的首页如图 1-22 所示。

单击图 1-22 中线框内的 ![按钮] 按钮，弹出 Visual Studio Code 版本选择的下拉列表，如图 1-23 所示。

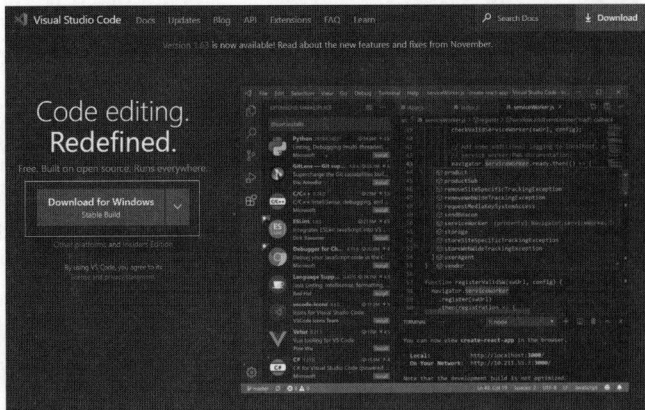

图1-22　Visual Studio Code官方网站的首页

　　在图 1-23 所示的下拉列表中，选择和计算机操作系统匹配的 Visual Studio Code 版本。此外同一操作系统又分为 Stable 版本（稳定版本）和 Insiders 版本（内部版本），推荐使用 Stable 版本。

图1-23　下拉列表

　　单击 Stable 版本对应的↓按钮，下载 Visual Studio Code 安装包。下载完成后，按照提示安装即可。本书使用 Windows 64 位版本的 Visual Studio Code 安装包进行示例演示。

　　Visual Studio Code 安装完成后，启动软件，Visual Studio Code 的打开界面如图 1-24 所示。

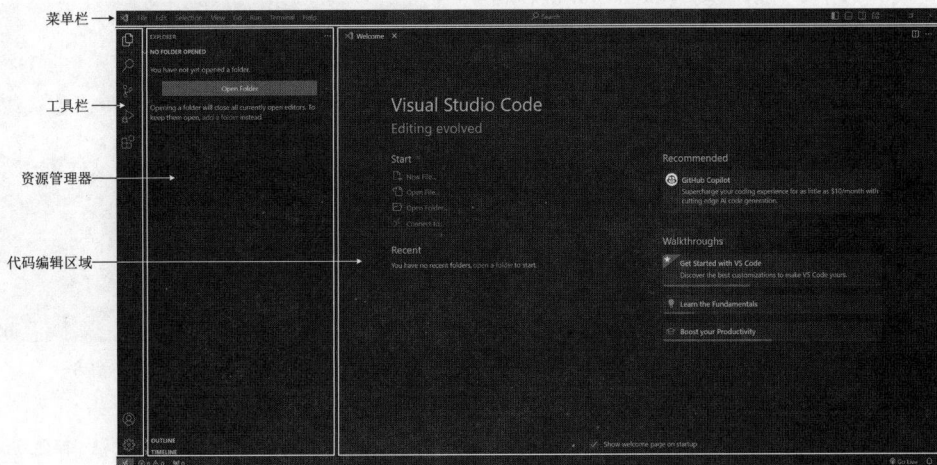

图1-24　Visual Studio Code的打开界面

　　图 1-24 所示的 Visual Studio Code 打开界面主要包含 4 个部分——菜单栏、工具栏、资源管理器、代码编辑区域，具体介绍如下。

　　① 菜单栏：主要包含一些菜单选项。

　　② 工具栏：主要包含一些工具选项。

　　③ 资源管理器：主要包含创建的项目文件。

④ 代码编辑区域：主要用于编写网页代码。

关于这些部分的详细用法，将在之后 1.3.2 小节中进行详细讲解，此处仅做了解即可。

下面对 Visual Studio Code 进行初始化设置，以便后期使用。Visual Studio Code 的初始化设置主要包括设置中文显示模式、设置界面颜色和设置代码字号，具体介绍如下。

**1. 设置中文显示模式**

默认情况下，Visual Studio Code 为英文界面。如果习惯使用中文界面，可以通过安装中文语言扩展包实现。

单击 Visual Studio Code 左侧工具栏中的扩展按钮，会显示图 1-25 所示的扩展面板。在搜索框中输入 "Chinese"，扩展面板中会显示对应的扩展包，如图 1-26 所示。

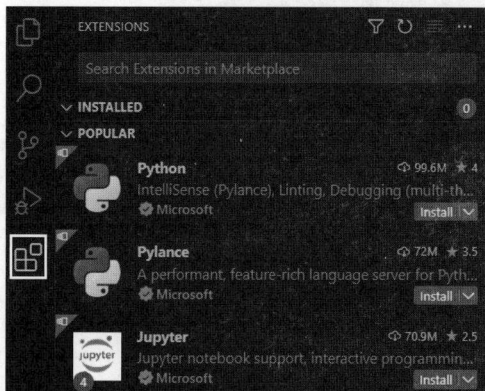

图1-25　扩展面板

图1-26　中文语言扩展包

单击 "Install" 按钮，安装中文语言扩展包。安装完成后，重新启动 Visual Studio Code。此时 Visual Studio Code 菜单栏就会显示为中文模式，并且扩展面板中的 "已启用" 列表内会显示已经安装的扩展包。如果想要恢复为英文显示模式，可以直接使用 "卸载" 命令将中文语言扩展包卸载，如图 1-27 所示。

**2. 设置界面颜色**

Visual Studio Code 的界面默认为黑色背景，如果想要更换界面颜色，可以单击工具栏左下方的管理按钮，弹出图 1-28 所示的设置列表，选择 "颜色主题" 选项，打

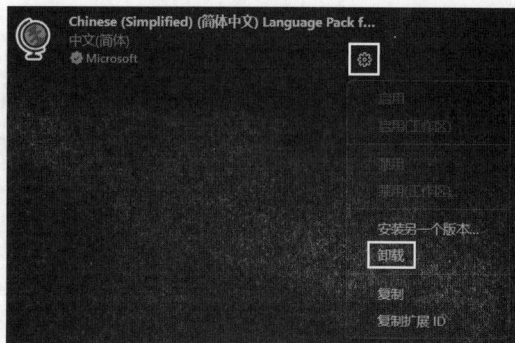

图1-27　"卸载" 命令

开图 1-29 所示的颜色主题列表，从中选择需要的主题颜色。本书使用默认颜色主题。

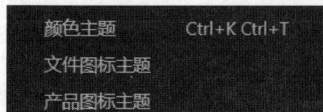

图1-28　设置列表

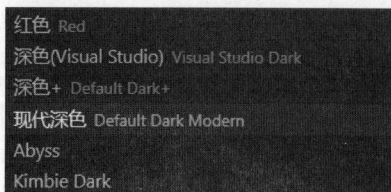

图1-29　颜色主题列表

### 3. 设置代码字号

Visual Studio Code 中的代码有默认的字号。如果觉得代码字号不合适，可以自行设置。单击工具栏左下方的管理按钮🔧，在弹出的设置列表中选择"设置"选项。在右侧的"控制字体大小（像素）"输入框中调整字号，如图 1-30 所示。

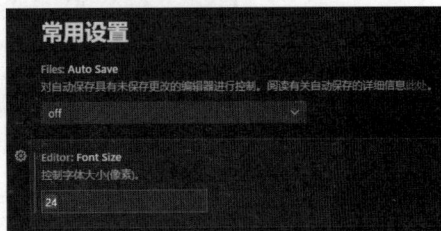

图1-30　"控制字体大小（像素）"输入框

## 1.3.2　Visual Studio Code 的使用

完成 Visual Studio Code 的安装和设置之后，可以使用 Visual Studio Code 编写网页代码。在使用 Visual Studio Code 时，会涉及一些基本操作，具体介绍如下。

### 1. 创建文件夹和文件

在计算机的任意盘符下新建一个文件夹。打开 Visual Studio Code，选择"文件"→"打开文件夹"选项，打开新建的文件夹作为项目的根目录，该目录用于存放各类项目文件。Visual Studio Code 中的文件夹会显示在资源管理器中。

打开文件夹后，在资源管理器的空白区域右击，在弹出的快捷菜单中选择"新建文件"，然后输入文件名，按"Enter"键，即可完成文件的创建。

### 2. 保存和操作文件

选择"文件"→"保存"选项（或按"Ctrl+S"快捷键），可以将当前编辑的文件保存。保存的文件会以默认的文件夹作为根目录，并显示在文件夹中，如图 1-31 所示。

选择文件后，可以在代码编辑区域编辑文件；在空白区域右击，在弹出的快捷菜单中可以选择相应选项对文件进行剪切、复制等操作，如图 1-32 所示。

图1-31　保存的文件显示在文件夹中

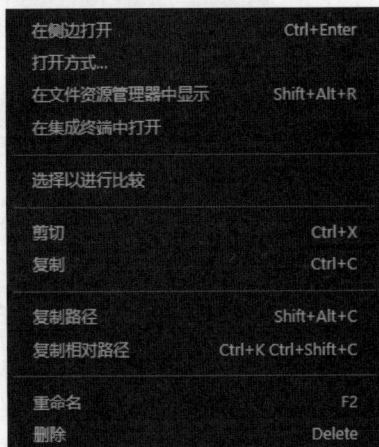

图1-32　文件操作列表

### 3. 编写代码

在右侧的代码编辑区域中可以编写代码。本书主要涉及网页的 HTML 代码、CSS 代码和 JavaScript 代码。在编写这些网页代码时，有一些快捷操作技巧，具体介绍如下。

（1）快速创建 HTML5 结构

打开 HTML 文件，在代码编辑区域的第 1 行输入一个英文感叹号"!"，在弹出的列表中选择第一个选项（或按"Enter"键），如图 1-33 所示。

图1-33　选择第一个选项

此时，可以快速创建一个固定格式的 HTML5 结构，如图 1-34 所示。

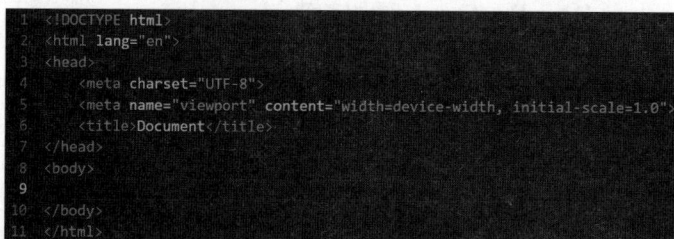

图1-34　固定格式的HTML5结构

值得一提的是，Visual Studio Code 创建的 HTML5 结构中第 5 行代码用于适配移动端页面，在制作 PC 端网页时可以省略第 5 行代码。

（2）快速创建标签

在代码编辑区域输入标签的名称，然后按"Enter"键即可快速创建标签。例如，先输入"div"，然后按"Enter"键即可创建一个<div>标签，如图 1-35 所示。

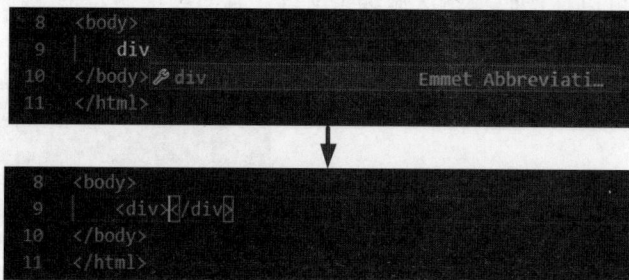

图1-35　创建<div>标签

如果想一次性创建多个标签，可以采用"标签名*数量"的方式。例如，要创建 4 个<div>标签，可以直接输入"div*4"，然后按"Enter"键。如果想创建具有嵌套关系的标签，可以使用">"。例如，输入"ul>li*4"并按"Enter"键，即可创建一个嵌套了 4 个<li>子标签的<ul>标签。

需要注意的是，使用 Visual Studio Code 编写代码时，缩进代码可以使用"Tab"键，取消缩进可以使用"Shift+Tab"快捷键，不建议使用"Space"（空格）键缩进代码。

（3）快速创建（取消）注释

在代码编辑区域中，按"Ctrl+/"快捷键可以在当前光标所在位置快速创建注释；再次按"Ctrl+/"快捷键，可以取消当前的注释。

（4）快速预览文件

在 Visual Studio Code 中，快速预览网页文件需要通过扩展来实现。单击扩展按钮🔲，在搜索栏中输入"Live Server"，选择图 1-36 所示的"Live Server"选项，安装扩展包。

安装完成后，在文件的代码编辑区域右击，在弹出的快捷菜单中选择"Open with Live Server"选项，如图 1-37 所示。此时会打开计算机设置的默认浏览器预览当前网页文件。

图1-36　"Live Server"选项

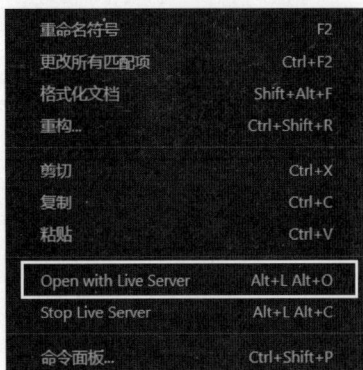

图1-37　选择"Open with Live Server"选项

## 1.4　阶段案例——创建第一个网页

前面重点介绍了网页的基础内容、网页制作技术以及网页制作工具，为了帮助初学者更好地掌握这些内容，本节将通过一个案例演示如何使用 Visual Studio Code 创建一个包含 HTML 结构和 CSS 样式的简单网页。

本案例的效果如图 1-38 所示。

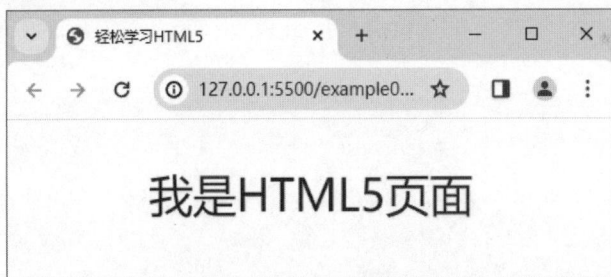

图1-38　案例效果

请扫描二维码查看本章阶段案例的具体讲解。

## 1.5　本章小结

本章首先介绍了网页的基础知识，包括认识网页、网页名词解释以及 Web 标准；然后介绍了制作网页所需的核心技术和工具，包括 HTML、CSS、JavaScript、浏览器和 Visual Studio Code；最后通过一个创建网页的案例给读者提供了实际操作的机会，帮助读者巩固所学知识。

通过本章的学习，读者已经对网页和网页制作的相关内容有了初步的认识，并了解了使用 Visual Studio Code 编写网页代码的基本步骤。希望读者能够以此为开端，继续深入学习和探索，完成本书的学习。

## 1.6　课后练习

请扫描二维码查看本章课后练习题。

# 第**2**章

# 初识HTML5

**学习目标**

★ 了解 HTML5 的优势，能够对其优势进行归纳总结。

★ 了解 HTML5 的基本结构，能够区分 HTML5 和 XHTML 的结构差异。

★ 了解标签的分类，能够阐述单标签和双标签的差异。

★ 熟悉标签的关系，能够设置具有嵌套和并列关系的标签。

★ 掌握标签属性的用法，能够为标签添加对应的属性。

★ 熟悉 HTML5 头部相关标签，能够归纳头部各类标签的作用。

★ 掌握 HTML 文本控制标签的用法，能够使用不同类型的标签定义文本。

★ 掌握 HTML 图像标签的用法，能够在网页中定义图像。

　　近年来，HTML5 成为互联网行业的热门技术，它改变了 Web 应用的开发方式，在 PC 端和移动端都得到广泛应用。作为网页设计和制作人员，应该顺应时代潮流，掌握 HTML5 的相关技术。本章将从 HTML5 的优势、基本结构、标签概述、文本控制标签、图像标签等知识着手，详细讲解 HTML5 的相关内容。

## 2.1 HTML5 的优势

　　HTML5 经历了旧版本 HTML 和 XHTML 的发展，从某种意义上说，它是 HTML 标准更新的产物。因此，HTML5 并没有给用户带来太大的冲击，HTML 的大部分标签在 HTML5 中仍然适用。相对于旧版本的 HTML，HTML5 的优势主要体现在兼容性、合理性、易用性 3 个方面，本节将做具体介绍。

### 1. 兼容性

　　HTML5 并不是对旧版本 HTML 颠覆性的革新，它的核心理念是保持与旧版本 HTML 的完美衔接，因此 HTML5 具有很好的兼容性。旧版本的 HTML 语法较为宽松，允许某些标签缺失某部分。例如，图 2-1 所示为缺少 </p> 结束标签的代码截图。

图2-1　代码截图

HTML5 并没有把图 2-1 所示的这种情况当作错误来处理，浏览器会自动纠正代码中不严谨的地方。

在旧版本的 HTML 中，开发者对标签的大小写字母使用是相对随意的。随着对网页制作规范的要求越来越高，一些开发者认为网页制作应该遵循严谨的规范。于是在 XHTML 规范中要求统一使用小写字母书写标签，并且不能省略闭合标签。但在 HTML5 中，恢复了对大写字母标签的支持。在实际开发中，一般推荐使用小写字母书写标签，这有助于提高代码的可读性和一致性，使代码更易于理解和维护。

在旧版本的 HTML 中，各浏览器对 HTML 的支持并未完全统一，这导致同一个网页在不同浏览器中可能呈现不同的样式。HTML5 制订了一个通用的标准，并要求浏览器厂商支持这个标准，这使得网页在各个浏览器上显示的样式一致，极大地提高了 HTML5 在各个浏览器中的兼容性。

虽然 HTML5 有很好的兼容性，但在实际开发中，仍然建议开发者进行兼容性测试，确保网页能够在不同浏览器上显示一致的样式。

### 2. 合理性

HTML5 中新增或删除的标签都是根据对现有网页和用户使用习惯的分析得出的结果。例如，分析大量的网站页面，可以发现很多网页制作人员使用<div id="header">来定义网页的头部区域，为了更准确地描述网页结构，HTML5 直接引入了<header>标签。

HTML5 对现有互联网上已经存在的各种网页标签进行了提炼和归纳，使得 HTML5 的标签结构变得更加合理。

### 3. 易用性

作为当下流行的标签语言，HTML5 遵循简单至上的原则，具有易用性。HTML5 的易用性主要体现在以下几个方面。

● 简化的字符集声明。HTML5 简化了字符集声明，使用更简单的方式声明网页的字符编码。

● 简化的 DOCTYPE 声明。HTML5 引入了一个简化的 DOCTYPE 声明，取代了旧版本复杂的 DOCTYPE 声明，使得网页的文档类型声明更加简洁、明了。

● 以浏览器原生能力（浏览器自身特性功能）替代部分 JavaScript 代码。HTML5 通过引入新的 API 和功能，允许开发者直接使用浏览器的原生能力来实现复杂的功能，无须依赖过多的 JavaScript 代码。

为了实现这些简化操作，HTML5 规范变得更加细致和精确，每个细节都有明确的规范说明，以避免歧义和概念模糊的情况出现。

## 2.2  HTML5 的基本结构

学习一门语言，需要先掌握它的基本结构，就像写信需要遵循书信的格式要求一样。本节将通过与 XHTML1.0 基本结构的对比，讲解 HTML5 的基本结构。

XHTML1.0 的基本结构主要包含<!DOCTYPE>文档类型声明、<html>根标签、<head>头部标签和<body>主体标签等，如图 2-2 所示。

图2-2　XHTML1.0的基本结构

图 2-2 中<!DOCTYPE>、<html>、<head>和<body>共同组成了 XHTML1.0 的基本结构，对它们的具体介绍如下。

（1）<!DOCTYPE>

<!DOCTYPE>位于 HTML 文档的最前面，称为文档类型声明，用于向浏览器说明当前文档使用的 HTML 版本。只有在文档的开头处使用<!DOCTYPE>，浏览器才能将文档识别为有效的网页文档，并按指定的 HTML 文档类型对其进行解析。

（2）<html>

<html>位于<!DOCTYPE>之后，称为根标签。根标签用于标识 HTML 文档的开始和结束，其中<html>用于标识 HTML 文档的开始，</html>用于标识 HTML 文档的结束，<html>和</html>之间是网页的头部内容和主体内容。

（3）<head>

<head>用于设置网页文档的头部内容，称为头部标签，该标签嵌套在<html>内部。头部标签主要用来容纳其他位于网页文档头部的标签，以描述文档的标题、作者，以及该网页文档与其他网页文档的关系。例如<title>、<meta>、<link>和<style>等，都属于头部标签可容纳的子标签。

（4）<body>

<body>用于定义网页文档要显示的内容，称为主体标签，该标签嵌套在<html>内部，位于</head>的后面。在网页文档中，所有文本、图像、音频和视频等内容的代码都必须放在<body>内，才能最终呈现给用户。

在 HTML5 中，网页文档的基本结构有了一些变化。HTML5 在<!DOCTYPE>、<html>和<meta>上做了简化。简化后的 HTML5 文档基本格式如图 2-3 所示。

通过图 2-3 可以看出，简化后的 HTML5 基本结构不仅更加简单、清晰，而且语义指向更加明确。本书的所有案例都将采用此基本结构。

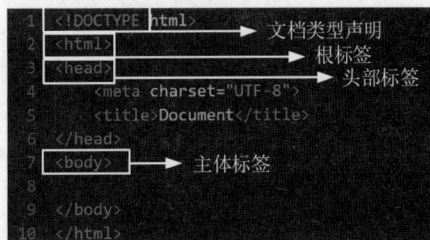

图2-3　简化后的HTML5文档基本格式

## 2.3　标签概述

在 HTML 页面中，使用带有"< >"的文本符号来表示 HTML 标签。例如，上面提到的<html>、<head>、<body>等都是 HTML 标签。HTML

标签是一种用于描述网页内容与结构的代码。本节将详细介绍标签的分类、标签间的关系、标签的属性以及 HTML5 头部相关标签。

### 2.3.1　标签的分类

根据组成特点，通常将 HTML 标签分为 3 类，分别为单标签、双标签、注释标签，具体介绍如下。

**1. 单标签**

单标签也称空标签，是指用一个标签符号即可完整描述某个功能的标签。单标签语法格式如下。

```
<标签名 />
```

在上述语法格式中，"标签名"和"/"之间有一个空格。而在 HTML5 中，空格和斜线均可以省略。例如定义一条水平线，下面两种写法都是正确的。

```
<hr />
<hr>
```

**2. 双标签**

双标签由开始标签和结束标签组成，基本语法格式如下。

```
<标签名>内容</标签名>
```

在上述语法格式中，"<标签名>"表示该标签作用开始，称为开始标签，"</标签名>"表示该标签作用结束，称为结束标签。和开始标签相比，结束标签的标签名前面添加了一个关闭符"/"。示例代码如下。

```
<h2>轻松学习 HTML5</h2>
```

上述代码中，"<h2>"表示标题的开始，而"</h2>"表示标题的结束，它们之间的是标题内容。

**3. 注释标签**

在 HTML 中，还有一种特殊的标签——注释标签。如果需要在 HTML 文档中添加一些便于阅读和理解但又不需要显示在页面中的注释文字，可以使用注释标签。注释标签的基本语法格式如下。

```
<!-- 注释语句 -->
```

例如，为<p>标签添加一段注释，代码如下。

```
<p>这是一段普通的段落文本。</p>    <!-- 这是一段注释，不会在浏览器中显示 -->
```

虽然注释内容不会显示在网页中，但是通过查看网页源代码可以看到注释内容。在标签分类中，也可以把注释标签看作一种特殊的单标签。

**▌▌▌ 多学一招：为什么需要单标签**

为了方便和简化 HTML 的语法，引入了单标签，用来表示不需要包含任何内容或子元素的元素。相比于双标签，单标签的语法更加简洁明了。使用单标签的优势包括以下几点。

- 简洁性：单标签不需要额外编写闭合标签，使得代码更加简洁、紧凑，提高了开发效率。
- 易读性：单标签能够清晰地表达出元素本身的含义，不需要额外的内容或子元素。
- 兼容性：单标签得到了广泛支持，能够在各种 HTML 解析器和浏览器中正常解析和显示。

总而言之，单标签使得代码更加简洁、易读，并且能够保持良好的兼容性，因此在 HTML 中广泛使用。

### 2.3.2　标签间的关系

网页中存在多种标签，各标签之间具有一定的关系。标签间的关系主要有嵌套关系和并列关系两种，具体介绍如下。

#### 1. 嵌套关系

嵌套关系也称为包含关系，可以简单理解为一个双标签里面又包含其他的标签。例如，在 HTML5 的结构代码中，<html>标签和<head>标签（或<body>标签）就是嵌套关系，具体代码如下所示。

```
<html>
    <head>
    </head>
    <body>
    </body>
</html>
```

需要注意的是，在标签的嵌套过程中，必须先结束最靠近内容的标签，即按照由内到外的顺序依次添加对应的结束标签。图 2-4 所示为嵌套标签正确和错误写法的对比。

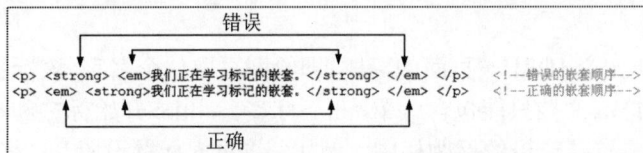

图2-4　嵌套标签正确和错误写法的对比

在具有嵌套关系的标签中，通常把外层的标签称为父级标签，把里层的标签称为子级标签。需要注意的是，只有双标签才能作为父级标签。

#### 2. 并列关系

并列关系也称为兄弟关系，指的是两个 HTML 标签处于同一级别，彼此之间没有包含关系。在 HTML5 的结构代码中，<head>标签和<body>标签就是一个典型的并列关系的示例。在 HTML 标签中，无论是单标签还是双标签，都可以拥有并列关系。

### 2.3.3　标签的属性

在使用 HTML 制作网页时，如果想通过 HTML 标签实现更多的功能，例如，设置标题的字体为"微软雅黑"并且居中显示，设置段落文本中的某些名词突出显示。仅仅依靠 HTML 标签的默认显示样式是无法实现的，可以通过为 HTML 标签设置属性的方式实现更多的显示样式。设置 HTML 标签的属性的基本语法格式如下。

```
<标签名 属性1="属性值1" 属性2="属性值2" ……>内容</标签名>
```

在上面的语法中，标签有多个属性，属性必须写在开始标签中，且位于标签名之后。多个属性之间不分先后顺序，标签名与属性、属性与属性之间均以空格分隔。例如设置一段文本居中显示，具体代码如下。

```
<p align="center">我是居中显示的文本</p>
```

在上面的示例代码中，<p>标签用于定义段落文本，align 为属性，center 为属性值。center 用于设置文本居中对齐。此外，还可以设置文本左对齐或右对齐，对应的属性值分别为 left 和 right。

需要注意的是，大多数属性都有默认值，例如，省略<p>标签的 align 属性和属性值，则段落文本按默认属性值左对齐显示，也就是说<p></p>等价于<p align="left"></p>。

### 多学一招：认识键值对

在 HTML 的开始标签中，可以通过"属性="属性值""的方式为标签添加属性，其中"属性"和"属性值"是以键值对的形式出现的。

所谓键值对，可以理解为给"属性"设置"属性值"。键值对有多种表现形式，例如 color="red"、width:200px;等，其中 color 和 width 为键值对中的"键"（key），red 和 200px 为键值对中的"值"（value）。

键值对广泛地应用于编程中，HTML 属性的定义形式"属性="属性值""只是键值对中的一种。

## 2.3.4　HTML5 头部相关标签

制作网页时，经常需要设置页面的信息，如页面的标题、作者、描述等。为此 HTML5 提供了一系列的标签来设置页面的信息，这些标签都写在<head>标签内，因此被称为头部相关标签。下面将具体介绍常用的 HTML5 头部相关标签。

### 1. <title>标签

<title>标签用于定义 HTML5 页面的标题，即给网页取一个名字，该标签必须位于<head>标签之内。一个 HTML 文档只能包含一个<title>标签，<title>开始标签和</title>结束标签之间的内容会显示在浏览器窗口的标题栏中。例如，将页面标题设置为"轻松学习 HTML5"，具体代码如下。

```
<title>轻松学习 HTML5</title>
```

上述代码对应的页面标题效果如图 2-5 所示。

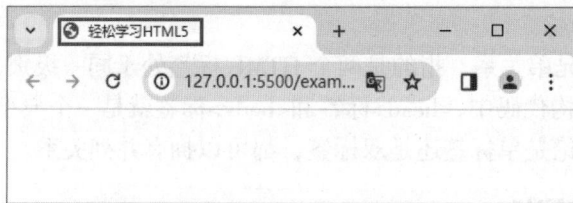

图2-5　页面标题效果

### 2. <meta>标签

<meta>标签用于定义页面的元信息，元信息不会显示在网页中。<meta>标签可重复出现在<head>标签中。在 HTML5 中，<meta>标签是一个单标签，本身不包含任何内容。可以通过设置<meta>标签的属性来设置网页的信息，例如为搜索引擎提供网页的关键字、作者姓名、内容描述，以及定义网页的刷新频率等。下面介绍<meta>标签常用的几组属性设置，具体如下。

（1）<meta name="名称" content="值">

在<meta>标签中使用 name 和 content 属性可以为搜索引擎提供相关信息，其中 name 属性用于设置搜索的信息类型，content 属性用于设置搜索的内容，具体应用如下。

① 设置网页关键字，例如某图片网站的关键字设置。

```
<meta name="keywords" content="黑马教程,免费素材下载,黑马教程免费素材图库,矢量图,矢量图库,图片素材,网页素材,免费素材,PS 素材,网站素材,设计模板,设计素材,素材,免费设计,图片">
```

其中 name 属性的值为 keywords，用于定义搜索的信息类型为网页关键字；content 属性的值用于定义关键字的具体内容，多个关键字内容之间可以用英文逗号 "," 分隔。

② 设置网页描述，例如某图片网站的描述信息设置。

```
<meta name="description" content="提供免费设计素材下载的网站! 如矢量图素材,矢量背景图片,设计模板,设计素材,PPT 素材,以及网页素材,网站素材">
```

其中 name 属性的值为 description，用于定义搜索的信息类型为网页描述，content 属性的值用于定义描述的具体内容。需要注意的是，网页描述的文字不必过多，能够清晰地表达网站的关键信息即可。

③ 设置网页作者，例如为网站增加作者信息。

```
<meta name="author" content="网络部">
```

其中 name 属性的值为 author，用于定义搜索的信息类型为网页作者，content 属性的值用于定义具体的作者信息。

（2）<meta http-equiv="名称" content="值">

在<meta>标签中使用 http-equiv 和 content 属性可以设置服务器发送给浏览器的 HTTP 头部信息，为浏览器显示的网页提供相关规则。其中，http-equiv 属性用于设置参数类型，content 属性用于设置对应的参数值。网页默认发送<meta http-equiv="Content-Type" content="text/html">，通知浏览器发送的文件类型是 HTML。具体示例代码如下。

① 设置字符集，例如某网站的字符集设置如下。

```
<meta http-equiv="Content-Type" content="text/html; charset=gbk">
```

其中 http-equiv 属性的值为 Content-Type，content 属性的值为 text/html 和 charset=gbk，两个属性值用 ";" 隔开。这段代码用于说明当前文档类型为 HTML，字符集为 gbk（中文编码）。目前最常用的国际化字符集编码格式是 utf-8，常用的中文字符集编码格式主要是 gbk。当用户使用的字符集编码与网页设置的字符集编码不匹配时，就会导致网页内容出现乱码。值得一提的是，HTML5 简化了字符集的写法，简化后的字符集写法如下。

```
<meta charset="utf-8">
```

② 设置页面自动刷新与跳转，例如定义某个页面 10 秒后跳转至百度首页。

```
<meta http-equiv="refresh" content="10; url= https://www.baidu.com/">
```

其中 http-equiv 属性的值为 refresh，content 属性的值为数值 10 和 url 地址，两者用 ";" 隔开，用于指定在特定的时间后跳转的目标页面，时间默认以秒为单位。

## 2.4　文本控制标签

无论网页内容如何丰富，文字始终都是网页中最基本的元素之一。为了使文字排版整齐、结构清晰，HTML5 提供了一系列文本控制标签，方便对文字进行样式设置。如标题标签<h1>～<h6>、段落标签<p>等。本节将对不同类型的文本控制标签进行详细讲解。

### 2.4.1　页面格式化标签

结构清晰的文章通过标题、段落、分隔线等进行结构排列，网页也是如此。为了使网页中的文字能够被有条理地显示，HTML5 提供了相应的页面格式化标签，包括标题标签、段落标签、水平线标签和换行标签，对它们的具体介绍如下。

**1. 标题标签**

标题标签用于将文本设置为标题，HTML5 提供了 6 个等级的标题标签，即\<h1\>、\<h2\>、\<h3\>、\<h4\>、\<h5\>和\<h6\>。从\<h1\>到\<h6\>，标题标签的重要程度依次递减。标题标签的基本语法格式如下。

```
<hn>标题文本</hn>
```

在上述语法格式中，$n$ 的取值范围为 1～6，代表 1～6 级标题。例如下面的示例代码。

```
<h1>1 级标题</h1>
<h2>2 级标题</h2>
<h3>3 级标题</h3>
<h4>4 级标题</h4>
<h5>5 级标题</h5>
<h6>6 级标题</h6>
```

示例代码对应的标题标签效果如图 2-6 所示。

从图 2-6 中可以看出，默认情况下标题文字加粗、左对齐显示，并且其字号从 1 级标题到 6 级标题逐级递减。如果希望设置标题文字的对齐方式，可以使用 align 属性。例如下面的示例代码。

```
<h1>朝气蓬勃</h1>
<h2 align="left">勇攀高峰</h2>
<h3 align="center">勤学苦练</h3>
<h4 align="right">真才实学</h4>
```

在上述代码中，\<h1\>标签使用默认对齐方式，\<h2\>标签使用 align="left"设置左对齐，\<h3\>标签使用 align="center"设置居中对齐，\<h4\>标签使用 align="right"设置右对齐。标题标签位置效果如图 2-7 所示。

图2-6　标题标签效果

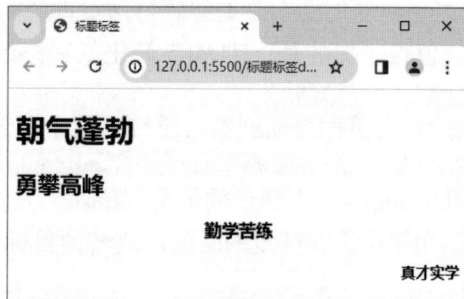

图2-7　标题标签位置效果

需要说明的是，在 HTML5 中，align 属性虽然可以在页面中设置对齐效果，但该属性已被弃用。作为替代，开发人员应该使用 CSS 样式来控制标题的对齐方式。

**注意：**

① 一个页面建议只使用一个\<h1\>标签，该标签通常用于显示网站的 Logo。

② 标题标签拥有特殊的语义，开发人员切勿为了设置文字加粗效果或更改文字的大小

而使用标题标签。

**2. 段落标签**

在网页中，使用段落标签可以将文字有条理地显示出来。就像报纸上的文章一样，整个网页也可以被分为多个段落。可以使用\<p>标签来定义段落，使用\<p>标签嵌套文本，这些文本就会变成段落，示例代码如下。

```
<p>醉里挑灯看剑，梦回吹角连营。八百里分麾下炙，五十弦翻塞外声。沙场秋点兵。</p>
<p>马作的卢飞快，弓如霹雳弦惊。了却君王天下事，赢得生前身后名。可怜白发生！</p>
```

示例代码对应的段落标签效果如图 2-8 所示。

从图 2-8 中可以看出，每个段落都会单独显示，段落中的文字会根据浏览器窗口的大小自动换行，两段文字之间有一定的距离。

\<p>标签是 HTML 中最常见的标签之一，同样可以通过设置 align 属性指定段落中文字的对齐方式，但建议使用 CSS 样式来控制段落中文字的对齐方式。

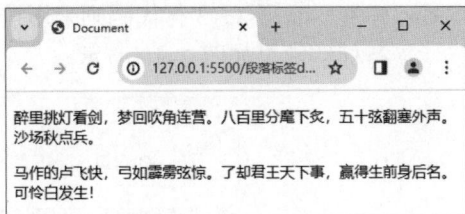

图2-8　段落标签效果

**3. 水平线标签**

在网页中，水平线用于对网页内容进行分隔，使网页内容结构清晰、层次分明。水平线可以通过\<hr>标签来定义，其基本语法格式如下。

```
<hr 属性="属性值">
```

\<hr>是单标签，在网页中输入"\<hr>"，可以添加一条默认样式的水平线。此外，为\<hr>标签设置属性和属性值，还可以更改水平线的样式。\<hr>标签的属性、作用和属性值如表 2-1 所示。

表 2-1　\<hr>标签的属性、作用和属性值

| 属性 | 作用 | 属性值 |
| --- | --- | --- |
| align | 用于设置水平线的对齐方式 | 可选值包括 left、right、center，默认值为 center，表示居中对齐 |
| size | 用于设置水平线的粗细 | 以像素为单位，默认属性值为 2 像素 |
| color | 用于设置水平线的颜色 | 可为颜色英文名称、十六进制颜色值、rgb(r,g,b)颜色值 |
| width | 用于设置水平线的长度 | 可为像素值或百分数，默认值为 100% |

下面演示水平线标签的用法，示例代码如下。

```
<h2 align="left">《登鹳雀楼》——王之涣</h2>
<hr color="#00CC99" align="left" size="5" width="600">
<p>白日依山尽，黄河入海流。欲穷千里目，更上一层楼。</p>
```

为水平线标签添加属性后的效果如图 2-9 所示。

图2-9　为水平线标签添加属性后的效果

需要说明的是，虽然可以使用水平线标签自带的属性来设置水平线的显示样式。但在 HTML5 中，表 2-1 中的属性均已废弃，建议使用 CSS 样式替代这些属性。

**4. 换行标签**

在 Word 中，按"Enter"键可以将一段文字换行显示，但在网页中，如果想将某段文本强制换行显示，就需要使用换行标签<br>。换行标签的使用示例如下。

```
<p>书，非借不能读也。子不闻藏书者乎?<br>七略、四库，天子之书，然天子读书者有几？</p>
<p>汗牛塞屋，富贵家之书，然富贵人读书者有几？
其他祖父积、子孙弃者，无论焉。</p>
```

在上面的示例代码中，第 1 行代码的文本内容排列在同一行，并且在文本内容中插入了<br>标签。而第 2~3 行代码则采用按"Enter"键的方式使文本内容换行。

换行标签效果如图 2-10 所示。

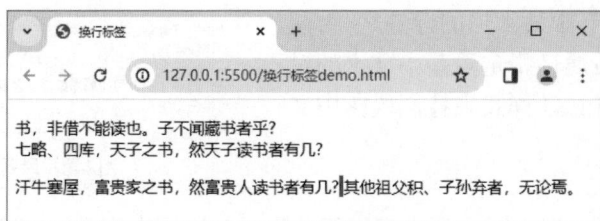

图2-10　换行标签效果

从图 2-10 中可以看出，使用换行标签<br>的文本在浏览器中实现了强制换行的效果，而使用"Enter"键换行的文本在浏览器中并没有换行，只是多出了一个空白字符（图 2-10 中线条标示的位置）。

**注意：**

使用<br>标签虽然可以实现换行效果，但它并不能取代结构标签，如<h1>、<p>等。

## 2.4.2　文本格式化标签

在网页中，有时需要为文字设置粗体、斜体或下划线等特殊显示效果。为此，HTML5 提供了文本格式化标签，常用的文本格式化标签及文本显示效果如表 2-2 所示。

表 2-2　常用的文本格式化标签及文本显示效果

| 文本格式化标签 | 文本显示效果 |
| --- | --- |
| <b>标签和<strong>标签 | 文本加粗显示 |
| <u>标签和<ins>标签 | 文本以添加下划线的样式显示 |
| <i>标签和<em>标签 | 文本倾斜显示 |
| <s>标签和<del>标签 | 文本以添加删除线的样式显示 |

表 2-2 所示的文本格式化标签都是双标签，可以使用它们来嵌套文本以显示对应的样式。其中，<b>标签、<u>标签、<i>标签和<s>标签仅用于视觉上的样式设置，而<strong>标签、<ins>标签、<em>标签和<del>标签不仅可以设置视觉上的样式，还可实现被一些软件（如屏幕阅读器、搜索引擎）所识别。

下面通过一个案例来演示文本格式化标签的用法，如例 2-1 所示。

例 2-1　example01.html

```
1   <!DOCTYPE html>
2   <html>
3   <head>
4       <meta charset="UTF-8">
5       <meta name="viewport" content="width=device-width, initial-scale=1.0">
6       <title>文本格式化标签</title>
7   </head>
8   <body>
9       <p>文本正常显示</p>
10      <p><b>文本加粗显示</b></p>
11      <p><strong>文本加粗显示，强调语义</strong></p>
12      <p><u>文本以添加下划线的样式显示</u></p>
13      <p><ins>文本以添加下划线的样式显示，强调语义</ins></p>
14      <p><i>文本倾斜显示</i></p>
15      <p><em>文本倾斜显示，强调语义</em></p>
16      <p><s>文本以添加删除线的样式显示</s></p>
17      <p><del>文本以添加删除线的样式显示，强调语义</del></p>
18  </body>
19  </html>
```

在例 2-1 中，第 9 行代码设置段落文本正常显示；第 10～17 行代码分别给段落文本应用不同的文本格式化标签，使文本产生特殊的显示效果。

运行例 2-1，效果如图 2-11 所示。

图2-11　文本格式化标签的使用效果

### 2.4.3　HTML 实体

浏览网页时常常会看到一些包含特殊字符的文本，如数学公式、版权信息等。那么如何在网页中显示这些包含特殊字符的文本呢？HTML5 为特殊字符提供了对应的代码，称为HTML 实体。常用的特殊字符及 HTML 实体如表 2-3 所示。

表2-3  常用的特殊字符及HTML实体

| 特殊字符 | 描述 | HTML 实体 |
|---|---|---|
|  | 空格符 |   |
| < | 小于号 | &lt; |
| > | 大于号 | &gt; |
| & | 和号 | &amp; |
| ¥ | 人民币符号 | &yen; |
| © | 版权符号 | &copy; |
| ® | 注册商标符号 | &reg; |
| ° | 度数符号 | &deg; |
| ± | 正负号 | &plusmn; |
| × | 乘号 | &times; |
| ÷ | 除号 | &divide; |
| ² | 平方（上标 2） | &sup2; |
| ³ | 立方（上标 3） | &sup3; |

## 2.5  图像标签

在网页中，巧妙地使用图像可以让网页内容丰富多彩，增强网页的表现力。网页中的图像使用图像标签插入。本节将通过常见图像格式、插入图像两方面内容详细讲解图像标签。

### 2.5.1  常见图像格式

图像文件的大小对网页的加载速度有一定的影响。图像太大会导致加载速度缓慢，而太小则可能降低图像的质量。因此制作网页时，使用合适的图像格式十分重要。目前，网页中常用的图像格式主要有 GIF、PNG 和 JPEG 3 种，具体介绍如下。

#### 1. GIF 格式

GIF 格式最突出的特点是支持动画，它是一种无损压缩的图像文件格式。无损压缩是指修改图像时，图像的数据不会有损失，质量不变。GIF 格式还支持透明图像效果，在网页制作中非常实用。然而，GIF 格式的一个限制是它只能处理 256 种颜色。这意味着在色彩相对丰富的图像中，GIF 格式可能无法准确地呈现图像细节和色彩变化。因此，在网页制作中，GIF 格式经常用于一些色彩相对单一的图像，如 Logo、小图标等。

#### 2. PNG 格式

PNG 格式包括 PNG-8 和真彩 PNG（PNG-24 和 PNG-32），它同样是一种无损压缩的图像文件格式。相对于 GIF 格式，PNG 格式的最大优势在于文件体积更小，同时支持更多的颜色和 alpha 透明度，能实现更细腻的颜色过渡和半透明效果。但 PNG 格式不支持动画。

其中，PNG-8 与 GIF 类似，只支持 256 种颜色。在静态图像方面，PNG-8 可以代替 GIF 使用。而 PNG-24 则可以支持更多的颜色，使图像在色彩上更加丰富。PNG-32 不仅支持更多的颜色，还具有半透明效果的处理能力，为设置图像半透明效果提供了便利。

### 3. JPEG 格式

JPEG 格式是一种有损压缩的图像格式。有损压缩是指每次对图像进行修改时，图像会丢失一些数据，从而导致图像质量降低，但文件体积也会相对变小。有损压缩会在图像质量和文件大小之间做出权衡。较高的压缩率可能会对图像细节和色彩的表现力产生影响，特别是在重复保存和编辑图像时。

JPEG 格式最初主要用于保存照片，因为它能够在保持较高图像质量的同时实现较小的文件体积。在网页制作过程中，类似于照片的图像，如横幅广告、商品图像和较大的网页插图等，都可以保存为 JPEG 格式。

总体而言，在网页中，对于小图片或简单的网页元素，可以考虑使用 GIF 格式或 PNG-8 格式的图像。对于半透明的图像，可以考虑使用真彩 PNG（PNG-32）格式。而对于色彩丰富的图像，可以考虑使用 JPEG 格式。如果需要展示动态图像，则可以考虑使用 GIF 格式。

## 2.5.2　插入图像

在网页中，绝大部分元素的实现都依赖于 HTML 标签。想要在网页中插入图像，就需要使用图像标签。图像标签用<img>表示，其基本语法格式如下。

```
<img src="图像 URL">
```

在上面的语法格式中，src 属性用于指定图像文件的路径，是<img>标签的必选属性。要想在网页中灵活地使用图像，仅仅依靠 src 属性是远远不够的。<img>标签还可以添加其他属性，以便实现更丰富的图像样式。表 2-4 列举了部分常用的<img>标签属性。

表 2-4　部分常用的<img>标签属性

| 属性 | 属性值 | 描述 |
| --- | --- | --- |
| alt | 文本内容 | 设置图像不能显示时的替代文本 |
| title | 文本内容 | 设置鼠标指针悬停时显示的图像提示内容 |
| width | 像素值 | 设置图像的宽度 |
| height | 像素值 | 设置图像的高度 |
| border（已弃用） | 数字 | 设置图像边框的宽度 |
| vspace（已弃用） | 像素值 | 设置图像顶部和底部的空白区域（垂直边距） |
| hspace（已弃用） | 像素值 | 设置图像左侧和右侧的空白区域（水平边距） |
| align（已弃用） | left | 设置图像左对齐 |
|  | right | 设置图像右对齐 |
|  | top | 设置图像的顶端和文本的第 1 行文字对齐，其他文字位于图像下方 |
|  | middle | 设置图像的水平中线和文本的第 1 行文字对齐，其他文字位于图像下方 |
|  | bottom | 设置图像的底部和文本的第 1 行文字对齐，其他文字位于图像下方 |

下面对表 2-4 的属性进行详细讲解。

**1. alt 属性**

有时网页上的图片因某些情况无法正常显示，例如，图片加载出错或者访问者使用的浏览器出现渲染问题等。这时可以为图片添加替代文本，以便在图片无法显示时向访问者提供相关信息。在 HTML 中，使用 alt 属性设置图片的替代文本。下面通过一个案例对 alt 属性做具体演示，如例 2-2 所示。

例 2-2　example02.html

```
<!DOCTYPE html>
<html>
<head>
    <meta charset="UTF-8">
    <meta name="viewport" content="width=device-width, initial-scale=1.0">
    <title>图像标签</title>
</head>
<body>
    <img src="images/tao.jpg" alt="彩陶">
</body>
</html>
```

例 2-2 实现在当前 HTML 网页文件所在的文件夹中添加名为 tao.jpg 的图像，并且通过 src 属性插入图像，通过 alt 属性指定图像不能显示时的替代文本。

运行例 2-2，浏览器中正常显示图像的效果如图 2-12 所示。

如果图像不能显示，会出现图 2-13 所示的效果。

图2-12　浏览器中正常显示图像的效果

图2-13　图像不能显示的效果

由图 2-13 可知，当图片不能显示时，网页中会显示通过 alt 属性设置的文本内容。

**2. title 属性**

title 属性用于设置当鼠标指针悬停在图像上时出现的提示文字，该属性和 alt 属性用法类似。例如，为图片添加提示文字"彩陶"，示例代码如下。

```
<img src="images/tao.jpg" title="彩陶">
```

在示例代码中，设置 title 属性的值为"彩陶"，当鼠标指针悬停在图像上时，会显示对应的提示文字。

示例代码的对应效果如图 2-14 所示。

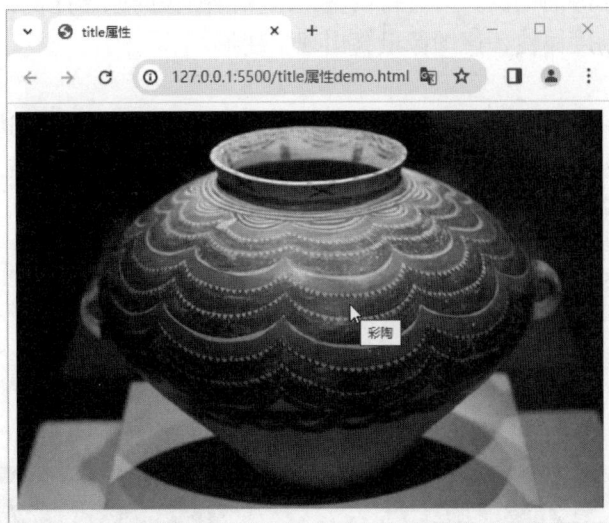

图2-14　鼠标指针悬停在图像上时出现的提示文字

### 3. width 属性和 height 属性

通常情况下，如果不为<img>标签设置 width 属性和 height 属性，图像将按照其原始尺寸显示。通过设置 width 属性和 height 属性，可以自定义图片的宽度和高度。通常情况下，只需要设置其中一个属性，另一个属性会根据已设置的属性等比例进行调整。如果同时设置了宽度和高度，并且所设置的宽度和高度的比例与原始图像不一致，那么图像将会被拉伸或压缩。

下面添加 3 张图像，并为它们设置不同的宽度和高度属性值，演示 width 属性和 height 属性的用法，示例代码如下。

```
1  <img src="images/tao.jpg" alt="彩陶">
2  <img src="images/tao.jpg" alt="彩陶" width="300">
3  <img src="images/tao.jpg" alt="彩陶" width="300" height="100">
```

上述示例代码中，第 1 行代码设置图像按原始尺寸显示；第 2 行代码设置图像宽度为 300 像素，不设置高度；第 3 行代码设置图像宽度为 300 像素，高度为 100 像素。

设置不同尺寸的图像效果如图 2-15 所示。

图2-15　设置不同尺寸的图像效果

　　从图 2-15 中可以看出，第 1 张图像按照原始尺寸显示；第 2 张图像只设置了宽度属性，高度将按照与宽度相等的比例自动进行调整，以保持图像的原始比例；第 3 张图像设置了不同比例的宽度和高度属性，该图像最终出现了变形。

### 4. border 属性

　　默认情况下图像是没有边框的，通过 border 属性可以为图像添加边框，并且可以设置边框的宽度，但无法更改边框的颜色。border 属性的值可以为数字且无须添加单位。

　　下面演示为图片添加边框的效果，示例代码如下。

```html
<img src="images/tao.jpg" alt="彩陶" border="20">
```

　　添加边框后的图像效果如图 2-16 所示。

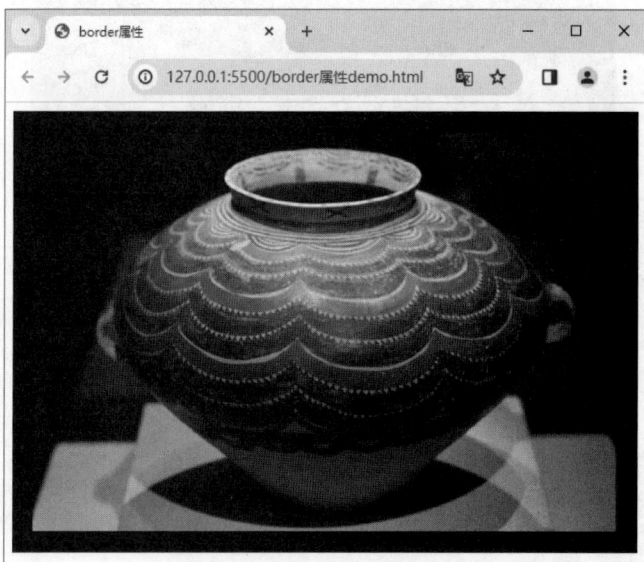

图2-16　添加边框后的图像效果

　　需要说明的是，在 HTML5 中，<img>标签的 border 属性已被弃用。尽管使用 border 属性仍然可以显示出相应效果，但还是建议后续使用 CSS 样式替代。

### 5. vspace 属性和 hspace 属性

　　在网页排版中，有时需要调整图像的边距，以便为图像留出更多的布局空间，这样可以改善页面的外观，提高内容的可读性。在 HTML 4.01 之前，可以使用 vspace 属性和 hspace 属性分别调整图像的垂直边距和水平边距。

- vspace 属性：用于设置图像的垂直边距，即设置图像上方和下方的空间。
- hspace 属性：用于设置图像的水平边距，即设置图像左侧和右侧的空间。

　　这些属性的值可以为数字，而且不需要添加单位。例如下面的示例代码。

```html
<img src="images/tao1.jpg"><img src="images/tao2.jpg">
```

　　在上面的示例代码中，如果在两个<img>标签之间添加了空格或换行符，会导致显示的图像之间出现空隙。为了实现图像的紧密排列显示，需要将两个<img>标签直接挨在一起。

　　图像紧密排列的效果如图 2-17 所示。

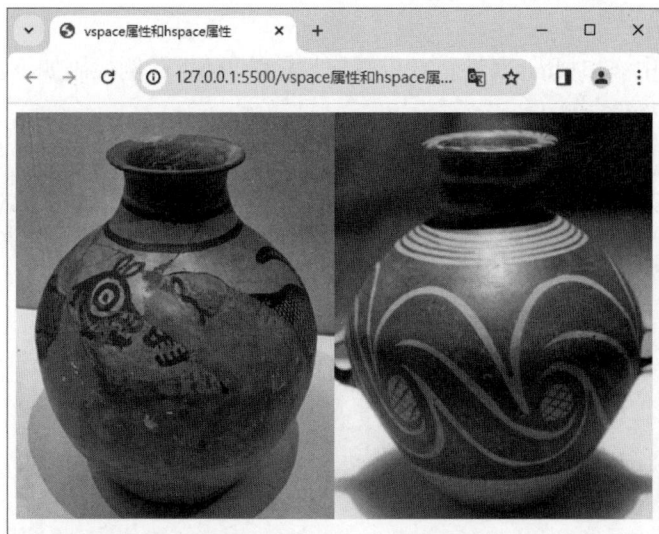

图2-17　图像紧密排列的效果

为两个\<img>标签添加相同的 vspace 属性和 hspace 属性，具体代码如下。

```
<img src="images/tao1.jpg" hspace="50" vspace="10"><img src="images/tao2.jpg"
hspace="50" vspace="10">
```

添加 vspace 属性和 hspace 属性后的效果如图 2-18 所示。

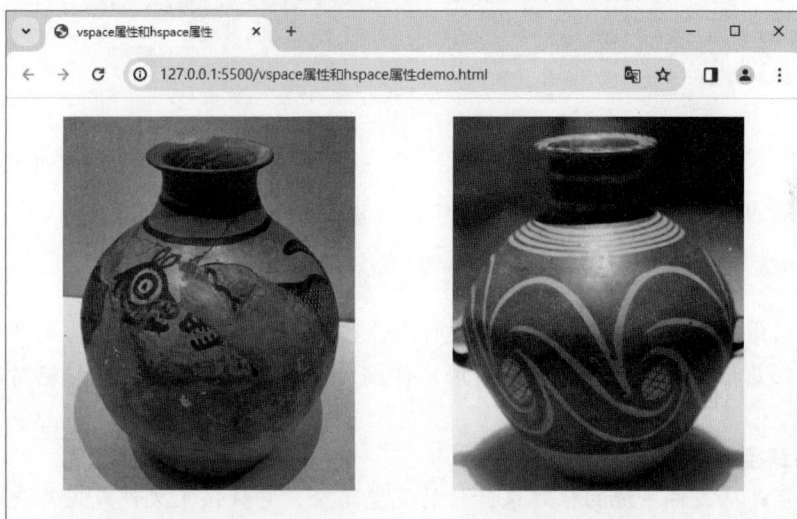

图2-18　添加vspace属性和hspace属性后的效果

通过图 2-18 中可以看出，图像四周出现了空白，可见 vspace 属性和 hspace 属性起了作用。需要说明的是，vspace 属性和 hspace 属性在 HTML5 中已经被弃用，推荐使用 CSS 样式控制图像的边距。

### 6. align 属性

使用 align 属性可以实现图文混排的效果。在图文混排效果中，图像可以位于文字的左侧或右侧，文字则用于对图像进行解释或描述。默认情况下，图像的底部会与文本的第一行文字对齐，相当于在\<img>标签中添加 align="bottom"。默认的图文混排效果如图 2-19

所示。

在 <img> 标签中添加 align 属性，并设置属性值为 left，示例代码如下。

```
<img src="images/baici.jpg" align="left">
```

凡白土曰垩土，为陶家精美器用。中国出惟五六处，北则真定定州、平凉华亭、太原平定、开封禹州，南则泉郡德化（土出永定，窑在德化）、徽郡婺源、祁门（他处白土陶范不粘，或以扫壁为垭）。德化窑惟以烧造瓷仙、精巧人物、玩器，不适实用；真、开等郡瓷窑所出，色或黄滞无宝光，合并数郡，不敌江西饶郡产。浙省处州丽水、龙泉两邑，烧造过釉杯碗，青黑如漆，名曰处窑，宋、元时龙泉琉华山下，有章氏造窑出款贵重，古董行所谓哥窑器者即此。

属性值为 left 的图文混排效果如图 2-20 所示。

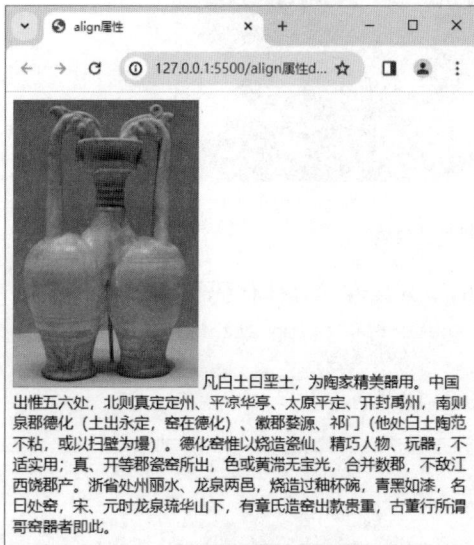

图2-19    默认的图文混排效果            图2-20    属性值为left的图文混排效果

需要说明的是，align 属性在 HTML5 中已经被弃用，推荐使用 CSS 样式替代。

---

### ▌▌▌ 多学一招：绝对路径和相对路径

在计算机中查找文件时，需要明确文件所在位置，这个位置也被称为文件的路径。在网页中，路径是指用于定位、访问或引用文件或文件夹的字符串，它包括绝对路径和相对路径两种类型，具体介绍如下。

**1. 绝对路径**

绝对路径是从文件系统的根目录开始的完整路径，它提供了文件或文件夹在文件系统中的准确位置信息。绝对路径示例如下。

① 本地计算机中的绝对路径：C:\folder\file.txt。

② 网络中的绝对路径：https://resource.ityxb.com/static/uploads/book/html5.jpg。

③ 网络中的绝对路径（从网站根目录开始）：/static/uploads/book/html5.jpg。

使用绝对路径，可以准确定位文件或资源，无论这些文件或资源位于计算机的哪个位置或网络的哪个服务器上。需要注意的是，如果将来需要将网页上传到服务器，则在网页中不能使用本地计算机中的绝对路径。

**2. 相对路径**

相对路径不包含完整的路径信息，而是根据上下层级的位置关系来指定文件位置。在网页中，相对路径一般以 HTML 文件为起点，通过层级关系确定文件的位置。网页中相对路径的设置方法有以下 3 种，下面以图像和 HTML 文件为例做具体介绍。

● 图像和 HTML 文件位于同一文件夹：设置相对路径时，只需输入图像的名称即可，如<img src="logo.gif">；也可以在路径开头使用"./"表示当前文件夹。

● 图像位于 HTML 文件的下一级文件夹：设置相对路径时，输入文件夹名和文件名，两者之间用"/"隔开；如果图像位于下两级文件夹中，则需要依次添加"/"隔开，以此类推，例如<img src="images/img01/logo.gif">。

● 图像位于 HTML 文件的上一级文件夹：设置相对路径时，在文件名之前添加"../"；如果位于上两级文件夹中，则需要使用"../../"，以此类推，例如<img src="../logo.gif">。

## 2.6　阶段案例——制作新闻页面

本章前几节重点讲解了 HTML5 的基本结构、文本控制标签和图像标签。为了帮助初学者更好地了解 HTML，本节将以案例的形式分步骤实现网页中常见的新闻页面，案例效果如图 2-21 所示。

图2-21　新闻页面效果

请扫描二维码查看本章阶段案例的具体讲解。

## 2.7　本章小结

本章首先介绍了 HTML5 的优势、基本结构以及标签概述，然后讲解了文本控制标签和图像标签，最后运用所学知识制作了一个新闻页面。

通过本章的学习，读者能够了解 HTML5 文档的基本结构、掌握 HTML 文本控制标签及图像标签的应用技巧，为网页添加指定样式的文本和图像。

## 2.8　课后练习

请扫描二维码查看本章课后练习题。

# 第 3 章

# 初识CSS3

随着网页制作技术的不断发展，HTML5 属性样式的简单应用已经无法满足网页设计的需求。但使用 CSS 能够在不改变原有 HTML 结构的情况下，实现更加丰富的样式效果。例如更多样的字体、更绚丽的图形和动画等，这极大地满足了网页设计的需求。本章主要讲解 CSS3 的基础知识。

## 3.1 结构与表现分离

使用 HTML 标签属性设置网页样式具有很大的局限性，因为所有的属性都是写在标签中的，既不能统一为同一种标签设置样式，也不利于后期批量修改样式。为了更方便地维护网页代码，我们需要使用 CSS 实现结构与表现的分离。结构与表现的分离意味着将网页的结构和样式分开处理。HTML 标签只负责定义网页的结构、内容和语义，并不涉及具体的样式；而所有的样式设置则交由 CSS 来完成，通过 CSS 选择器和 CSS 属性来选择 HTML 元素并定义其具体的样式效果。

CSS 灵活性强，可以嵌入 HTML 文件，也可以作为一个单独的外部文件使用。如果将 CSS 作为独立的文件使用，那么它的文件扩展名必须是.css。图 3-1 所示的代码片段是将

CSS 嵌入 HTML 文件中的示例。

图3-1　CSS嵌入HTML文件中的示例

　　图 3-1 所示的 CSS 代码虽然与 HTML 代码在同一个文件中，但 CSS 代码集中写在 HTML 文件的头部，符合结构与表现分离的规则。

　　如今，大多数网页开发都遵循 Web 标准，这意味着需要使用 HTML 代码编写网页的结构和内容，使用 CSS 代码来控制网页的布局以及文本或图片的显示样式。可以将 HTML 和 CSS 的关系比作人的身体和衣服。就像通过穿上不同的衣服可以改变人的外在形象一样，通过更改 CSS 样式，也可以轻松地控制网页的外观样式。

## 3.2　CSS3 的优势

　　CSS3 是 CSS 的最新版本，它在旧版本 CSS 的基础上增加了许多强大的新功能，可帮助开发人员解决实际问题。使用 CSS3 可以设计出炫酷、美观的网页，并提升网页的性能。相对于旧版本 CSS，CSS3 最突出的优势主要体现在节约成本和提高性能两方面，本节将做具体介绍。

### 1. 节约成本

　　CSS3 提供了许多新功能，如圆角、多背景、透明度、阴影、动画等。与旧版本的 CSS 相比，在 CSS3 中使用这些功能不再需要大量的代码或复杂的操作，也不再需要 JavaScript 脚本或 Flash 代码，这种简化的方式极大地节约了开发成本。

　　例如，图 3-2 展示的旧版本 CSS 实现圆角的方法中，设计者需要先将圆角裁切，然后使用 HTML 标签进行拼接，才能完成圆角效果。但是，使用 CSS3 可以直接实现圆角效果，而无须进行烦琐的操作。

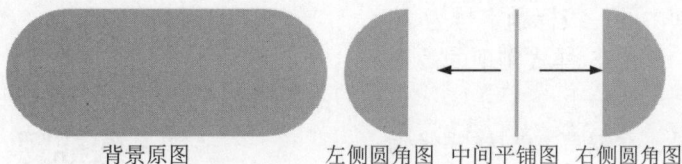

背景原图　　　　左侧圆角图　中间平铺图　右侧圆角图

图3-2　旧版本CSS实现圆角的方法

因此，使用 CSS3 能够有效地简化网页设计和开发过程，让设计者能够更快速、更轻松地实现所需的样式效果，节约开发成本。

**2. 提高性能**

由于 CSS3 的功能增强，可以更少地依赖图片和脚本来创建图形化网站。在进行网页设计时，减少标签的嵌套和图片的使用数量，可以提高网页的加载速度。此外，减少图片和脚本代码的使用还能减少网站的 HTTP 请求数量，从而进一步提升页面加载速度和网站的性能。

# 3.3　CSS 核心基础

掌握 CSS 基础知识是学习 CSS 的基石。本节将详细介绍 CSS 的基础知识，包括 CSS 样式规则、引入 CSS 样式以及 CSS 基础选择器。

## 3.3.1　CSS 样式规则

要想熟练地使用 CSS 对网页进行修饰，首先要了解 CSS 样式规则。设置 CSS 样式的具体语法规则如下。

```
选择器 { 属性 1：属性值 1；属性 2：属性值 2；属性 3：属性值 3；…… }
```

在上面的样式规则中，选择器用于指定需要改变样式的 HTML 标签；大括号内部是一条或多条声明，每条声明由一对属性和属性值组成，属性和属性值以"键值对"的形式出现。

其中属性表示对指定标签设置的样式类型，属性值表示样式的最终显示效果。属性和属性值之间用英文冒号"："连接，多个声明之间用英文分号"；"进行分隔。图 3-3 所示为 CSS 样式规则的结构示例。

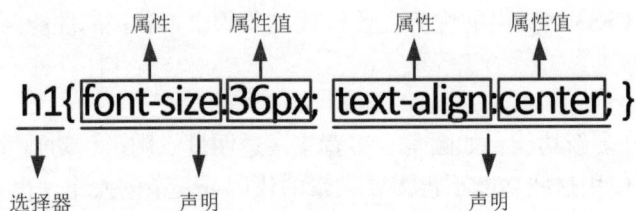

图3-3　CSS样式规则的结构示例

图 3-3 所示的代码是一个完整的 CSS 样式。其中 h1 为选择器，表示 CSS 样式作用的 HTML 对象为<h1>标签；font-size 和 text-align 为 CSS 属性，分别表示字号和标题位置，36px 和 center 是它们的属性值。该 CSS 样式所呈现的效果是页面中的一级标题字号为 36 像素且居中显示，该 CSS 样式实现的效果如图 3-4 所示。

值得一提的是，在编写 CSS 样式代码时，除了要遵循 CSS 样式规则外，还必须注意 CSS 代码结构的特点。CSS 代码结构

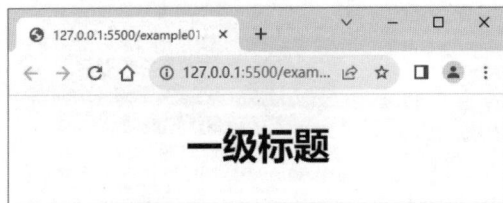

图3-4　CSS样式实现的效果

具有以下特点。

① CSS 样式中的选择器严格区分大小写，而声明不区分大小写。选择器、声明一般采用小写的方式。

② 若有多个声明，则必须用英文分号";"隔开，最后一个声明后的分号可以省略，但是为了便于增加新声明最好保留。

③ 如果属性值由多个单词组成且中间包含空格，则必须为这个属性值加上英文引号，示例代码如下。

```
p { font-family: "Times New Roman"; }
```

④ 在编写 CSS 代码时，为了增强代码的可读性，可使用注释语句进行介绍说明。和 HTML 代码的注释一样，CSS 代码的注释也不会显示在网页中，但二者写法不同，CSS 代码的注释示例如下。

```
/* 这是 CSS 代码的注释，用于增强代码的可读性，不会显示在浏览器窗口中*/
```

⑤ CSS 代码中的空格是不被解析的，大括号及分号前后的空格可有可无。因此可以使用"Tab"键、"Enter"键对 CSS 代码进行排版，即格式化 CSS 代码，这样可以增强代码的可读性，示例如下。

● 代码 1。

```
h1 { color: green; font-size: 14px; }
```

● 代码 2。

```
h1 {
    color: green;              /* 定义颜色属性 */
    font-size: 14px;           /* 定义字号属性 */
}
```

代码 1 和代码 2 本质上是相同的，但是代码 2 的可读性更强。

需要注意的是，属性值和单位之间是不允许出现空格的，否则浏览器解析代码时会出错。例如下面这行代码的书写方式就是错误的。

```
h1 { font-size: 14 px; } /* 14 和单位 px 之间有空格，浏览器解析代码时会出错 */
```

## 3.3.2 引入 CSS 样式

要想使用 CSS 对网页进行美化和修饰，需要在 HTML 文件中引入 CSS 样式。CSS 提供了 4 种样式引入方式，包括行内式、内部式、外部式和导入式，对这 4 种引入方式的具体介绍如下。

### 1. 行内式

行内式也称为内联样式，该方式通过 HTML 标签的 style 属性直接在标签中设置 CSS 样式。行内式代码的写法和 CSS 样式规则略有差异，只作用于所在的标签及其嵌套的子标签。这种方式适用于对某个标签应用独特的样式，但不适用于整个网页的整体样式。行内式的基本语法格式如下。

```
<标签名 style="属性1: 属性值1; 属性2: 属性值2; ……"> 内容 </标签名>
```

在上面的语法格式中，style 是标签的属性，用来设置行内式 CSS 样式。任何 HTML 标签都拥有 style 属性。属性和属性值的书写规范与 CSS 样式规则一致。

例如下面的示例代码就是行内式 CSS 样式的写法。

```
<p style="font-size: 24px; font-style: oblique;">纸上得来终觉浅，绝知此事要躬行。
</p>
```

在上面的示例代码中，使用<p>标签的 style 属性设置行内式 CSS 样式。font-size 属性用于设置字号，font-style 属性用于设置文字倾斜。

示例代码对应效果如图 3-5 所示。

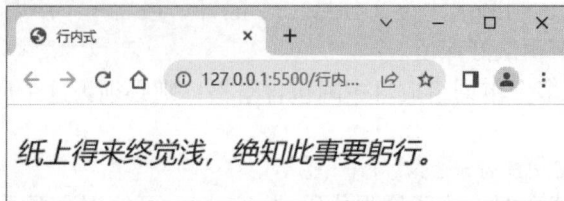

图3-5　行内式效果

需要注意的是，行内式是通过 HTML 标签的属性来控制 CSS 样式的，这并没有做到结构与样式分离，会给代码的维护和修改带来不便。因此，在非必要的情况下，不建议使用行内样式。

## 2. 内部式

内部式是指将 CSS 代码使用<style>标签定义。<style>标签通常写在<head>标签中。内部式的基本语法格式如下。

```
<style>
    选择器 { 属性1: 属性值1; 属性2: 属性值2; 属性3: 属性值3; }
</style>
```

在 HTML5 之前，需要设置<style>标签的 type 属性的值为 text/css，这样浏览器才会知道<style>标签中包含的是 CSS 代码，而在 HTML5 中，type 属性可以省略。

下面通过一个案例来演示如何在 HTML 文件中使用内部式 CSS 样式，如例 3-1 所示。

例 3-1　example01.html

```
1   <!DOCTYPE html>
2   <html>
3   <head>
4       <meta charset="UTF-8">
5       <meta name="viewport" content="width=device-width, initial-scale=1.0">
6       <title>内部式</title>
7       <style>
8           p {
9               font-size: 24px;
10              font-style: oblique;
11          }
12      </style>
13  </head>
14  <body>
15      <p>书山有路勤为径，学海无涯苦作舟。</p>
16  </body>
17  </html>
```

在例 3-1 中，第 7～12 行代码是 CSS 样式代码。这里不需要详细了解代码中的属性用法，只需要知道这是一种引入 CSS 样式的方式即可。

运行例 3-1，效果如图 3-6 所示。

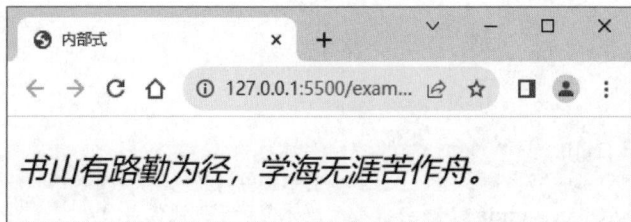

图3-6　内部式效果

通过图 3-6 可以看出，CSS 样式已经生效。内部式 CSS 样式将结构和样式进行了不完全分离，只在其所在的 HTML 页面中有效。因此，在设计单个页面时，使用内部式是一个不错的选择。但是，如果要制作一个网站，不建议使用内部式，因为它无法充分发挥 CSS 代码可重用的优势。

### 3. 外部式

外部式也称为链入式，是指将所有的 CSS 样式代码放在一个或多个以.css 为扩展名的外部 CSS 文件中，并通过<link>标签将外部 CSS 文件链接到 HTML 文件。外部式的基本语法格式如下。

```
<link href="链接文件的路径" rel="stylesheet">
```

在上面的语法格式中，<link>标签要放在<head>标签中，并且需要为<link>标签指定以下两个属性。

● href：定义链接文件的路径。可以是相对路径，也可以是绝对路径。

● rel：定义 HTML 文件与链接文件之间的关系，在这里需要将属性值设置为"stylesheet"，表示链接文件是一个 CSS 文件。

此外，在 HTML5 之前，还需要设置<link>标签的 type 属性的值为 text/css，用于定义链接文件的类型为 CSS 文件。在 HTML5 中，type 属性可以省略。

下面通过一个案例演示使用外部式引入 CSS 文件，具体步骤如下。

① 创建一个 HTML 文件，并在该文件中添加一个标题和一个段落文本，如例 3-2 所示。

例 3-2　example02.html

```
1   <!DOCTYPE html>
2   <html>
3   <head>
4       <meta charset="UTF-8">
5       <meta name="viewport" content="width=device-width, initial-scale=1.0">
6       <title>外部式</title>
7   </head>
8   <body>
9       <h2>《师说》片段</h2>
10      <p>人非生而知之者，孰能无惑？惑而不从师，其为惑也，终不解矣。生乎吾前，其闻道也固先乎吾，
    吾从而师之；生乎吾后，其闻道也亦先乎吾，吾从而师之。</p>
11  </body>
12  </html>
```

将例 3-2 的 HTML 文件命名为 example02.html，保存在 chapter03 文件夹中。

② 创建一个 CSS 文件，将 CSS 文件命名为 style02.css，编写 CSS 代码，保存在 chapter03 文件夹中。CSS 代码如下。

```
h2 {
    text-align: center;              /* 标题居中显示 */
}
p {
    font-size: 16px;                 /* 字号为16 像素 */
    color: red;                      /* 文本颜色为红色 */
    text-decoration: underline;      /* 文本显示下划线效果 */
}
```

③ 在例 3-2 的<head>头部标签中添加<link>标签，将 style.css 外部样式表文件链接到 example02.html 文件中，具体代码如下。

```
<link href="style02.css" rel="stylesheet">
```

保存 example02.html 文件并在浏览器中运行，外部式效果如图 3-7 所示。

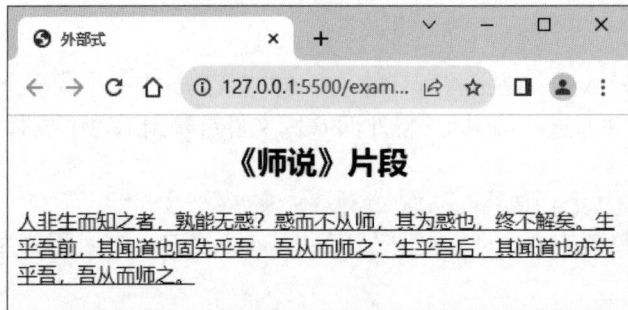

图3-7　外部式效果

外部式在网页设计中是一种使用频率最高、最实用的引入方式。外部式的最大好处是可以让不同的 HTML 页面链接使用同一个 CSS 文件，同时一个 HTML 页面也可以通过多个<link>标签链接多个 CSS 文件。通过外部式，HTML 代码与 CSS 代码被分离到不同的文件中，实现了结构和样式完全分离的效果，使得网页的前期制作和后期维护都变得非常方便。

**4. 导入式**

导入式是指在<head>标签中使用<style>标签，并在<style>标签中使用@import 语句来导入外部 CSS 文件，其基本语法格式如下。

```
<style>
  @import url(CSS 文件路径); 或 @import "CSS 文件路径";
    /* 在此还可以存放其他 CSS 样式 */
</style>
```

在上面的语法格式中，@import 语句有两种书写形式，这两种书写形式均可以导入 CSS 样式。在<style>标签中还可以存放其他的 CSS 样式，但@import 语句需要位于其他 CSS 样式的上方，例如下面的示例代码。

```
<style>
    @import url(style02.css);
    p { color: red; }
</style>
```

上面的代码等价于以下代码。

```
<style>
    @import "style02.css";
```

```
       p { color: red; }
     </style>
```

虽然导入式和外部式都可以引入外部 CSS 文件，但大多数网站会使用外部式，主要原因是导入式和外部式引入的 CSS 文件的加载时间和顺序不同。当一个页面被加载时，外部式引入的 CSS 文件将与页面同时加载，而导入式引入的 CSS 文件会等到页面全部下载完后再被加载。当用户的网速较慢时，使用导入式引入 CSS 样式可能导致页面先显示没有 CSS 样式修饰的内容，给用户带来不好的体验。而使用外部式则能够避免这个问题，确保 CSS 样式能够及时加载和应用到页面上。

### 3.3.3　CSS 基础选择器

要想将 CSS 样式应用于特定的 HTML 标签，首先需要找到该标签。在 CSS 中，执行这一行为的对象被称为选择器。CSS 中的基础选择器有标签选择器、类选择器、id 选择器、通配符选择器，具体介绍如下。

**1. 标签选择器**

标签选择器按 HTML 标签名分类，用于为页面中的某类标签指定统一的 CSS 样式，其基本语法格式如下。

```
标签名 { 属性 1：属性值 1；属性 2：属性值 2；属性 3：属性值 3；…… }
```

在上面的语法格式中，所有的 HTML 标签名都可以作为标签选择器，例如 body、h1、p、strong 等。用标签选择器定义的样式对页面中指定类型的所有标签都有效。

例如，使用 p 选择器定义 HTML 页面中所有段落的样式，示例代码如下。

```
p { font-size: 12px; color: #666; font-family: "微软雅黑"; }
```

上面的 CSS 代码用于设置 HTML 页面中所有的段落文本，其中字号为 12px、颜色为灰色（#666）、字体为微软雅黑。标签选择器最大的优点是能够快速为页面中同类型的标签统一样式，但是它不能用于设计差异化样式。

**2. 类选择器**

类选择器使用英文点号 "." 进行标识，其后紧跟类名。类选择器的基本语法格式如下。

```
.类名 { 属性 1：属性值 1；属性 2：属性值 2；属性 3：属性值 3；…… }
```

在上面的语法格式中，类名即 HTML 标签的 class 属性的值，由开发者自行定义，在一个 HTML 标签中可以定义多个类名，类名之间用空格分隔。同时，多个标签也可以使用同一个类名来应用相同的样式。大多数 HTML 标签都可以定义 class 属性。类选择器最大的优势是可用于为标签定义单独的样式。

需要注意的是，类名的第一个字符不能为数字，并且严格区分大小写，一般采用小写的英文字符。

下面通过一个案例演示类选择器的使用方法，如例 3-3 所示。

例 3-3　example03.html

```
1  <!DOCTYPE html>
2  <html>
3  <head>
4    <meta charset="UTF-8">
5    <meta name="viewport" content="width=device-width, initial-scale=1.0">
6    <title>类选择器</title>
7    <style>
```

```
8          .line { text-decoration: underline; }
9          .del { text-decoration: line-through; }
10         .font22 { font-size: 22px; }
11         p {
12            text-decoration: underline;
13            font-family: "微软雅黑";
14         }
15      </style>
16   </head>
17   <body>
18      <h2 class="line">二级标题文本</h2>
19      <p class="del font22">段落 1 文本内容</p>
20      <p class="line font22">段落 2 文本内容</p>
21      <p>段落 3 文本内容</p>
22   </body>
23   </html>
```

在例 3-3 中，为<h2>标签添加 class="line"，表示通过类选择器为二级标题添加下划线；为段落 1 文本所在的<p>标签添加 class="del font22"，表示通过类选择器为段落 1 文本设置 22 像素的字号和删除线；为段落 2 文本所在的<p>标签添加 class="line font22"，表示通过类选择器为段落 2 文本设置 22 像素的字号和下划线。第 7~15 行代码为嵌入的 CSS 样式，通过类选择器调用。

运行例 3-3，效果如图 3-8 所示。

通过图 3-8 可以看出，设置的样式均已生效。由此可见多个标签可以使用同一个类名设置相同的样式。同时一个 HTML 标签也可以应用多个类名，以设置差异化的样式。

图3-8 使用类选择器的效果

**3. id 选择器**

id 选择器使用"#"进行标识，其后紧跟 id 名，其基本语法格式如下。

#id 名 { 属性1: 属性值1; 属性2: 属性值2; 属性3: 属性值3; …… }

在上面的语法格式中，id 名为 HTML 标签 id 属性的值，大多数 HTML 标签都有 id 属性，标签的 id 名是唯一的，对应文件中某个具体的标签。

下面通过一个案例演示 id 选择器的使用方法，如例 3-4 所示。

例 3-4   example04.html

```
1    <!DOCTYPE html>
2    <html>
3    <head>
4       <meta charset="UTF-8">
5       <meta name="viewport" content="width=device-width, initial-scale=1.0">
6       <title>id 选择器</title>
7       <style>
8          #bold { font-weight: bold; }
9          #font24 { font-size: 24px; }
10      </style>
```

```
11  </head>
12  <body>
13      <p id="bold">段落 1 设置粗体文字。</p>
14      <p id="font24">段落 2 设置字号为 24px。</p>
15  </body>
16  </html>
```

在例 3-4 中，为两个<p>标签设置了 id 属性，并通过相应的 id 选择器设置了粗体文字和字号。

运行例 3-4，效果如图 3-9 所示。

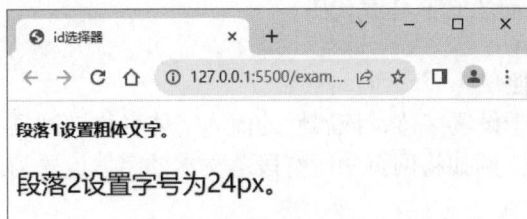

图3-9　使用id选择器的效果

#### 4. 通配符选择器

通配符选择器用"*"进行标识，它是所有选择器中作用范围最广的，常用于匹配页面中的所有标签，其基本语法格式如下。

```
*  { 属性1：属性值1；属性2：属性值2；属性3：属性值3；…… }
```

例如，使用通配符选择器定义 CSS 样式，清除所有 HTML 标签的默认边距，示例代码如下。

```
*  {
    margin: 0;                    /* 清除外边距 */
    padding: 0;                   /* 清除内边距 */
}
```

在实际网页开发中，并不建议使用通配符选择器来定义 CSS 样式。这是因为使用通配符选择器定义的 CSS 样式会被应用于所有 HTML 标签，而不管这些标签是否需要设置 CSS 样式，这样会降低代码的执行速度，反而不利于优化网页性能。

## 3.4　设置文本样式

在学习 HTML 时，可以使用文本样式标签及其属性来控制文本的显示样式。但是，这种方式往往比较烦琐，并且不利于代码的复用和移植。为了解决这个问题，CSS 提供了一系列的文本样式属性，让我们可以更轻松、方便地设置文本样式。本节将通过字体样式属性和文本外观属性详细讲解设置文本样式的方法。

### 3.4.1　字体样式属性

字体样式属性是 CSS 用于控制文字自身显示样式的一组属性。例如 font-size 属性、font-family 属性等。下面将对字体样式属性进行讲解。

#### 1. font-size 属性

font-size 属性用于设置字号，该属性的值可以为像素值、倍率、百分数等。表 3-1 列举了 font-size 属性常用的属性值单位，具体如表 3-1 所示。

表 3-1　font-size 属性常用的属性值单位

| 单位 | 说明 |
| --- | --- |
| px | 像素值单位，表示相对当前文本的像素数 |
| em | 倍率单位，表示相对当前文本的倍数 |
| % | 百分数单位，表示相对当前文本的百分比 |

在表 3-1 所示的属性值单位中，推荐使用 px。例如，将网页中所有段落文本的字号设置为 12px，可以使用下面的 CSS 样式代码。

```
p { font-size: 12px; }
```

### 2. font-family 属性

font-family 属性用于设置字体，该属性的值为字体名称。网页中常用的中文字体有宋体、微软雅黑、黑体等。例如将网页中所有段落文本的字体设置为微软雅黑，可以使用下面的 CSS 样式代码。

```
p { font-family: "微软雅黑"; }
```

font-family 属性可以同时指定多个字体，各字体之间以英文逗号隔开。如果浏览器不支持第一种字体，则会尝试使用下一种字体，直到匹配到合适的字体为止。例如同时指定 3 种中文字体，示例代码如下。

```
body { font-family: "华文彩云", "宋体", "黑体"; }
```

当运行上面的代码时，浏览器会先使用"华文彩云"字体，如果用户计算机上没有安装该字体，则浏览器尝试使用"宋体"。以此类推，当 font-family 属性指定的字体在计算机上都没有安装时，浏览器会使用计算机默认的字体。

使用 font-family 属性设置字体时，需要注意以下几点。

● 每种字体名称之间必须使用英文逗号","分隔。

● 中文字体名称需要使用英文引号引起来，而英文字体名称则不需要。当需要设置多个字体时，应先设置英文字体，再设置中文字体，这样可以确保英文字体优先应用，否则中文字体会影响英文字体的正确显示，示例代码如下。

```
body { font-family: Arial, "微软雅黑", "宋体", "黑体"; }
```

● 如果字体名称中包含空格、英文符号（如#、$等），则必须使用英文引号将字体名称引起来。

● 为确保网页字体在不同的浏览器中展示效果一致，建议使用计算机系统默认字体或使用@font-face 规则在服务器中统一定义字体。

### 3. font-weight 属性

font-weight 属性用于设置文字的粗细程度。font-weight 的属性值如下。

● normal：默认值，用于定义标准样式的文字。

● bold：用于定义粗体文字。

● bolder：用于定义比父级元素更粗的文字。

● lighter：用于定义比父级元素更细的文字。

● 100～900（100 的整数倍）：用于定义由细到粗的文字。其中 400 对应的文字效果等同于 normal，700 对应的效果等同于 bold，数值越大文字越粗。

在实际工作中，常用的属性值为 normal 和 bold。需要说明的是，bolder 和 lighter 的文字效果取决于所使用的字体，在某些字体中，文字效果的变化可能不是非常明显。

### 4. font-variant 属性

font-variant 属性用于设置字体的变体效果，该属性仅对英文字符有效。font-variant 的常用属性值如下。

- normal：默认值，浏览器显示的标准字体。
- small-caps：用于使浏览器显示小型大写的字体，即将所有的小写字母均转换为大写字母，但是转换后的字母比原字母更小。

图 3-10 中线框标示的字母，就是使用 small-caps 属性设置的小型大写字母。

### 5. font-style 属性

font-style 属性用于定义字体的显示风格，包括斜体、倾斜和正常字体。通过指定不同的属性值，可以设置对应的字体显示风格。常用的属性值如下。

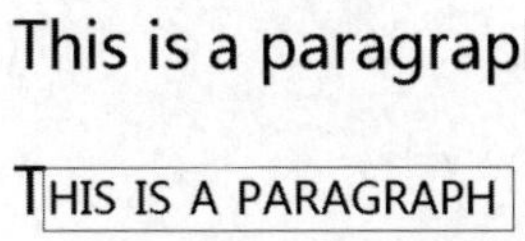

This is a paragraph

THIS IS A PARAGRAPH

图3-10　小型大写字母

- normal：默认值，用于使浏览器显示标准的字体。
- italic：用于使浏览器显示斜体风格。
- oblique：用于使浏览器显示倾斜风格。

使用 italic 和 oblique 定义的文字，在显示风格上并没有本质的区别。然而，italic 是调用字体自身的斜体属性，如果字体自身没有斜体属性，那么 italic 就不会生效。而 oblique 则会对所有字体进行倾斜处理。在使用时，推荐使用 italic 调用字体自身的斜体属性。如果字体没有斜体属性导致 italic 无效果，那么可以尝试使用 oblique 设置倾斜风格。

### 6. font 属性

font 属性用于对字体样式进行综合设置，其基本语法格式如下。

```
选择器 { font: font-style font-variant font-weight font-size/line-height font-family; }
```

使用 font 属性时，各属性值必须按上述语法格式中的顺序书写，且以空格隔开。line-height 属性用于指定行高，在 3.4.2 小节中会详细介绍。

下面以一个设置段落文本字体样式的示例代码做演示，具体如下。

```
p {
font-family: Arial, "宋体";
font-size: 30px;
font-variant: small-caps;
font-style: italic;
font-weight: bold;
line-height: 40px;
}
```

上述示例代码等价于以下代码。

```
p { font: italic small-caps bold 30px/40px Arial, "宋体"; }
```

需要注意的是，在设置字体样式属性时，不需要设置的属性可以省略（取默认值），但必须保留 font-size 属性和 font-family 属性，否则 font 属性将不起作用。

下面使用 font 属性对字体样式进行综合设置，如例 3-5 所示。

例 3-5　example05.html

```
1  <!DOCTYPE html>
2  <html>
```

```
3  <head>
4      <meta charset="UTF-8">
5      <meta name="viewport" content="width=device-width, initial-scale=1.0">
6      <title>font 属性</title>
7      <style>
8          .one { font: italic 18px/30px "隶书"; }
9          .two { font: italic 18px/30px; }
10     </style>
11  </head>
12  <body>
13      <p class="one">段落1：把做好每件事情的着力点放在每一个环节、每一个步骤上，不心浮气躁，
    不好高骛远。</p>
14      <p class="two">段落2：把做好每件事情的着力点放在每一个环节、每一个步骤上，不心浮气躁，
    不好高骛远。</p>
15  </body>
16  </html>
```

在例 3-5 中，第 13~14 行代码设置了两个段落文本；第 8~9 行代码分别使用 font 属性设置段落文本的样式，其中，第 9 行代码没有为段落文本样式添加 font-family 属性。

运行例 3-5，font 属性效果如图 3-11 所示。

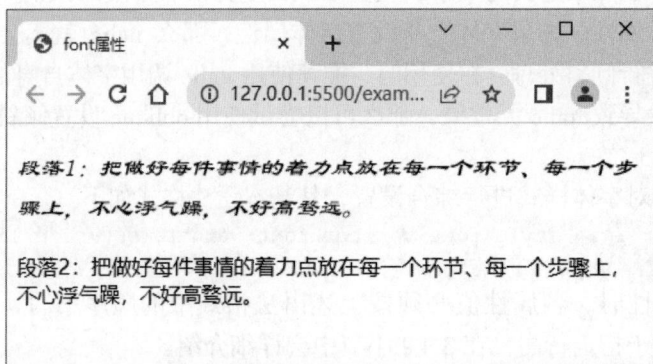

图3-11　font属性效果

从图 3-11 可以看出，使用 font 属性设置的样式并没有对段落 2 生效，这是因为未对第 2 个段落的文本设置 font-family 属性。

### 7. @font-face 规则

@font-face 是 CSS3 的新增规则，用于定义服务器字体。通过@font-face 规则，可以在计算机中使用未安装的字体。使用@font-face 规则定义服务器字体的基本语法格式如下。

```
@font-face {
    font-family: 字体名称;
    src: 字体路径;
}
```

在上面的语法格式中，font-family 用于指定字体名称，字体名称由用户自行定义；src 属性用于指定字体文件的路径。

在网页中使用服务器字体的步骤如下。

① 下载字体，并将其存储到相应的文件夹中。

② 使用@font-face 规则定义服务器字体。

③ 为元素设置 font-family 属性，以应用服务器字体。

下面通过一个设置服务器字体的案例演示@font-face 规则的具体用法，如例 3-6 所示。

例 3-6  example06.html

```
1  <!DOCTYPE html>
2  <html>
3  <head>
4     <meta charset="UTF-8">
5     <meta name="viewport" content="width=device-width, initial-scale=1.0">
6     <title>服务器字体</title>
7     <style>
8         @font-face {
9             font-family: SYHT;            /* 服务器字体名称 */
10            src: url(font/bb4171.TTF);    /* 服务器字体路径 */
11        }
12        p {
13            font-family: SYHT;            /* 设置字体样式 */
14            font-size: 32px;
15        }
16    </style>
17 </head>
18 <body>
19    <p>一样的教育</p>
20    <p>不一样的品质</p>
21 </body>
22 </html>
```

在例 3-6 中，第 8～11 行代码用于定义服务器字体；第 13 行代码用于为段落标签设置字体样式。

运行例 3-6，效果如图 3-12 所示。

从图 3-12 可以看出，当定义并设置服务器字体后，页面中会正常显示服务器字体。

### 3.4.2 文本外观属性

CSS 提供了一系列的文本外观属性，用于设置丰富的文本外观效果，例如文本颜色、行间距、阴影等。本小节将对这些文本外观属性进行详细讲解。

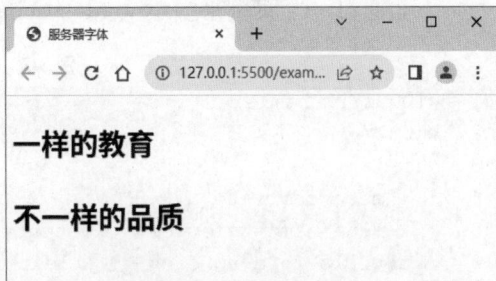

图3-12  应用服务器字体效果

**1. color 属性**

color 属性用于定义文本的颜色，其属性值有如下 3 种。

● 颜色的英文名称。例如 red、green、blue 等。

● 十六进制颜色值。例如#f00、#ff6600、#29d794 等。在实际工作中，十六进制颜色值较为常用。使用十六进制颜色值时，颜色值的英文字母不区分大小写。

● RGB 颜色值。例如，红色可以表示为 rgb(255,0,0)或 rgb(100%,0%,0%)。

例如把段落文本设置为红色，可以使用以下代码。

```
p { color: red; }
```

如果使用 RGB 代码的百分比颜色值，取值为 0 时也不能省略百分号，必须写为 0%。

**多学一招：十六进制颜色值的缩写**

十六进制颜色值由#开头的 6 位十六进制数值组成，每两位数值为一个颜色分量，分别表示红、绿、蓝 3 个颜色分量。当颜色分量的 2 位十六进制数值相同时，可使用缩写形式。例如，#ff6600 可缩写为#f60，#ff0000 可缩写为#f00，#ffffff 可缩写为#fff。

### 2. letter-spacing 属性

letter-spacing 属性用于定义字间距，字间距就是字符与字符的间隔。letter-spacing 属性的值可以为不同单位的数值，例如 px、em 等。默认值为 normal，表示正常间距。字间距可以为正数或负数，正数表示增加字间距，使字符之间的距离更大；而负数表示减小字间距，使字符之间更为紧密。

例如，分别为<h2>标签和<h3>标签定义不同单位数值的字间距，示例代码如下。

```
h2 { letter-spacing: 20px; }
h3 { letter-spacing: -0.5em; }
```

### 3. word-spacing 属性

word-spacing 属性用于定义英文单词的间距，对中文字符无效。和 letter-spacing 一样，word-spacing 属性的值可以为不同单位的数值。单词的间距可以为正数或负数，正数表示增大单词间距，负数表示减小单词间距。

word-spacing 属性和 letter-spacing 属性均可对英文进行设置。不同的是 letter-spacing 属性用于定义字母之间的距离，而 word-spacing 属性用于定义英文单词的间距。

下面通过一个案例来演示 word-spacing 和 letter-spacing 的差异，如例 3-7 所示。

例 3-7　example07.html

```
1   <!DOCTYPE html>
2   <html>
3   <head>
4       <meta charset="UTF-8">
5       <meta name="viewport" content="width=device-width, initial-scale=1.0">
6       <title>word-spacing属性和letter-spacing属性</title>
7       <style>
8           .letter { letter-spacing: 20px; }
9           .word { word-spacing: 20px; }
10      </style>
11  </head>
12  <body>
13      <p class="letter">letter spacing(字母间距)</p>
14      <p class="word">word spacing word spacing(单词间距)</p>
15  </body>
16  </html>
```

在例 3-7 中，第 8 行和第 9 行代码分别对两个段落文本应用 letter-spacing 属性和 word-spacing 属性。

运行例 3-7，效果如图 3-13 所示。

图3-13　letter-spacing属性和word-spacing属性的对比效果

### 4. line-height 属性

line-height 属性用于设置行间距,行间距就是行与行之间的距离,即字符的垂直间距。在图 3-14 中,用背景颜色标识的区域就是文本的行间距。

line-height 属性值常用的单位有 3 种,分别为 px、em 和%,实际工作中使用较多的是 px。

下面通过一个案例来演示 line-height 属性的使用,如例 3-8 所示。

图3-14　行高示例

例 3-8　example08.html

```
1  <!DOCTYPE html>
2  <html>
3  <head>
4      <meta charset="UTF-8">
5      <meta name="viewport" content="width=device-width, initial-scale=1.0">
6      <title>line-height 属性</title>
7      <style>
8          .one {
9              font-size: 16px;
10             line-height: 18px;
11         }
12         .two {
13             font-size: 12px;
14             line-height: 2em;
15         }
16         .three {
17             font-size: 14px;
18             line-height: 150%;
19         }
20     </style>
21 </head>
22 <body>
23     <p class="one">读书不觉已春深,一寸光阴一寸金。</p>
24     <p class="two">读书不觉已春深,一寸光阴一寸金。</p>
25     <p class="three">读书不觉已春深,一寸光阴一寸金。</p>
26 </body>
27 </html>
```

在例 3-8 中,分别使用像素单位 px、倍率单位 em 和百分比单位%设置 3 段文本的行高。

运行例 3-8,效果如图 3-15 所示。

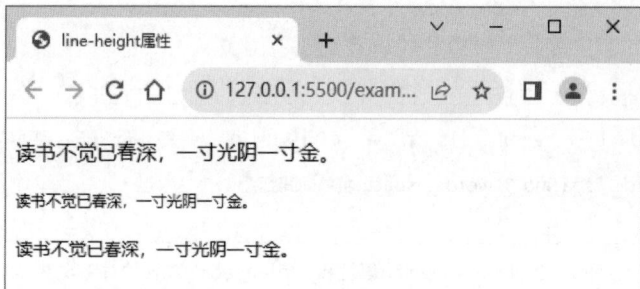

图3-15   设置不同行间距的效果

### 5. text-transform 属性

text-transform 属性用于控制英文字母的大小写，其可用属性值如下。

- none：不进行转换，为默认值。
- capitalize：将首字母转换为大写。
- uppercase：将全部字符转换为大写。
- lowercase：将全部字符转换为小写。

### 6. text-decoration 属性

text-decoration 属性用于设置文本的下划线、上划线、删除线等装饰效果，其可用属性值如下。

- none：没有装饰，文本效果为普通文本样式。
- underline：用于设置下划线。
- overline：用于设置上划线。
- line-through：用于设置删除线。

使用 text-decoration 属性可以添加多个属性值，用于同时给文本添加多种显示效果。例如，希望文字既有下划线效果又有删除线效果，就可以将 underline 和 line-through 两个属性值同时赋予 text-decoration 属性。

下面通过一个案例来演示 text-decoration 属性的使用，如例 3-9 所示。

例 3-9   example09.html

```
1   <!DOCTYPE html>
2   <html>
3   <head>
4       <meta charset="UTF-8">
5       <meta name="viewport" content="width=device-width, initial-scale=1.0">
6       <title>text-decoration 属性</title>
7       <style>
8           .one { text-decoration: underline; }
9           .two { text-decoration: overline; }
10          .three { text-decoration: line-through; }
11          .four { text-decoration: underline line-through; }
12      </style>
13  </head>
14  <body>
15      <p class="one">设置下划线（underline）</p>
16      <p class="two">设置上划线（overline）</p>
```

```
17        <p class="three">设置删除线（line-through）</p>
18        <p class="four">同时设置下划线和删除线（underline line-through）</p>
19    </body>
20  </html>
```

在例 3-9 中，第 15～18 行代码共定义了 4 个段落文本，第 8～11 行代码分别使用 text-decoration 属性为这些段落文本设置了不同的装饰效果。其中，第 11 行代码对第 4 个段落文本同时设置了 underline 和 line-through 两个属性值，即同时添加两种装饰效果。

运行例 3-9，效果如图 3-16 所示。

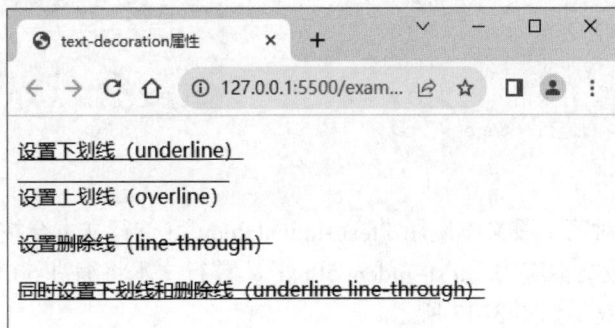

图3-16　使用text-decoration属性的效果

### 7. text-align 属性

text-align 属性用于设置文本的水平对齐方式，类似于 HTML 中的 align 属性，其可用属性值如下。

- left：左对齐，为默认值。
- right：右对齐。
- center：居中对齐。

例如，设置二级标题居中对齐可使用如下 CSS 代码。

```
h2 { text-align: center; }
```

text-align 属性仅适用于块元素，对行内元素无效，块元素和行内元素将在后面具体介绍。如果需要设置图像水平居中，可以为图像添加一个父标签，然后对父标签应用 text-align 属性。

### 8. text-indent 属性

text-indent 属性用于设置首行文本的缩进，其属性值可为不同单位的数值。例如 px、em、%等。通常推荐使用倍率 em 作为单位，使用 em 作为单位可以实现相对于当前字体大小的缩进效果，方便计算缩进距离。设置首行文本缩进时，允许使用正数和负数，正数用于使文本向右移动，产生缩进的效果；而负数则将文本向左移动，产生悬挂缩进的效果。

下面通过一个案例来演示 text-indent 属性的使用，如例 3-10 所示。

例 3-10　example10.html

```
1  <!DOCTYPE html>
2  <html>
3  <head>
4      <meta charset="UTF-8">
5      <meta name="viewport" content="width=device-width, initial-scale=1.0">
```

```
6        <title>text-indent 属性</title>
7        <style>
8            p { font-size: 14px; }
9            .one { text-indent: 2em; }
10           .two { text-indent: 50px; }
11       </style>
12   </head>
13   <body>
14       <p class="one">山不在高，有仙则名。水不在深，有龙则灵。斯是陋室，惟吾德馨。苔痕上阶绿，
草色入帘青。谈笑有鸿儒，往来无白丁。可以调素琴，阅金经。无丝竹之乱耳，无案牍之劳形。南阳诸葛庐，
西蜀子云亭。孔子云：何陋之有？</p>
15       <p class="two">山不在高，有仙则名。水不在深，有龙则灵。斯是陋室，惟吾德馨。苔痕上阶绿，
草色入帘青。谈笑有鸿儒，往来无白丁。可以调素琴，阅金经。无丝竹之乱耳，无案牍之劳形。南阳诸葛庐，
西蜀子云亭。孔子云：何陋之有？</p>
16   </body>
17   </html>
```

在例 3-10 中，对第 1 段文本应用 "text-indent:2em;"，首行文本会按当前字号大小缩进两个字符；对第 2 段文本应用 "text-indent:50px;"，首行文本将缩进 50 像素。

运行例 3-10，效果如图 3-17 所示。

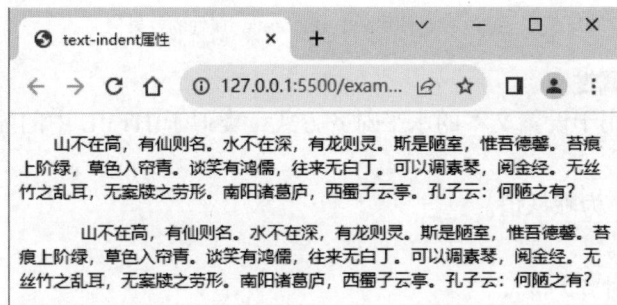

图3-17  使用text-indent属性的效果

text-indent 属性在理论上仅适用于块元素，对行内元素无效。然而，对于一些特殊的行内元素，如行内块元素和某些带有文本内容的行内元素（如 img 元素、input 元素），也可以使用 text-indent 属性来设置其内部包含文字的缩进效果。

**9. white-space 属性**

在使用 HTML 制作网页时，无论源代码中有多少个空格，浏览器在渲染时只会显示 1 个空格。在 CSS 中，通过设置 white-space 属性的值可以设置空格的显示方式。white-space 属性的值介绍如下。

① normal（默认值）：正常显示。在此模式下，文本中的空格和换行符会被合并成 1 个空格，并且当文本达到区域边界时会自动换行。

② pre：预格式化显示。在此模式下，空格和换行符会保留原始书写格式。这种模式通常用于处理代码或其他需要保留空格和换行符的场景。

③ nowrap：不换行显示。此模式下，空格和换行符无效，强制文本不能自动换行。除非遇到换行标签<br>，否则文本内容不会换行。即使文本内容超出元素的边界，文本也不会自动换行，而是直接溢出；如果文本超出浏览器窗口的范围，浏览器会自动添加滚动条

来容纳文本。

　　下面通过一个案例来演示 white-space 属性的用法，如例 3-11 所示。

例 3-11　example11.html

```
1   <!DOCTYPE html>
2   <html>
3   <head>
4       <meta charset="UTF-8">
5       <meta name="viewport" content="width=device-width, initial-scale=1.0">
6       <style>
7           .one { white-space: normal; }
8           .two { white-space: pre; }
9           .three { white-space: nowrap; }
10      </style>
11  </head>
12  <body>
13      <p class="one">段落 1：这个              段落中        有很多
14      空格。</p>
15      <p class="two">段落 2：这个              段落中        有很多
16      空格。此段落应用 white-space:pre;。</p>
17      <p class="three">段落 3：这是一个较长的段落。这是一个较长的段落。这是一个较长的段落。
这是一个较长的段落。这是一个较长的段落。这是一个较长的段落。这是一个较长的段落。这是一个较长的段
落。这是一个较长的段落。这是一个较长的段落。</p>
18  </body>
19  </html>
```

　　在例 3-11 中，定义了 3 个段落，其中前两个段落文本中包含大量空格，第 3 个段落包含较多的文本。第 7～9 行代码使用 white-space 属性来分别设置各个段落中空格的处理方式。

　　运行例 3-11，效果如图 3-18 所示。

　　从图 3-18 可以看出，使用"white-space:pre;"定义的段落保留了文本原有的空格和换行效果。使用"white-space:nowrap;"定义的段落未自动换行，并且浏览器窗口中出现了滚动条。

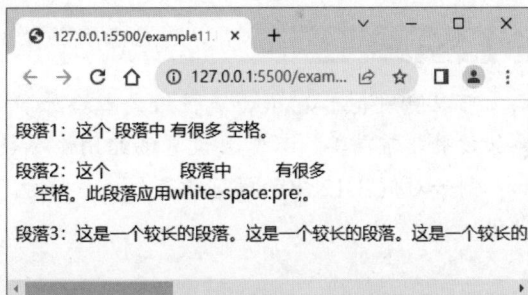

图3-18　使用white-space属性的效果

### 10. text-shadow 属性

　　text-shadow 属性是 CSS3 的新增属性，使用该属性可以为页面中的文本添加阴影效果。text-shadow 属性的基本语法格式如下。

```
选择器 { text-shadow: h-shadow v-shadow blur color; }
```

　　在上面的语法格式中，h-shadow 用于设置水平阴影的距离，v-shadow 用于设置垂直阴影的距离，blur 用于设置模糊半径，它们的常用属性值均为像素值；color 用于设置阴影颜色。各属性值之间用空格分隔。

　　下面通过一个案例来演示 text-shadow 属性的用法，如例 3-12 所示。

例 3-12　example12.html

```
1   <!DOCTYPE html>
```

```
2  <html>
3  <head>
4      <meta charset="UTF-8">
5      <meta name="viewport" content="width=device-width, initial-scale=1.0">
6      <title>Document</title>
7      <style>
8          p {
9              font-size: 50px;
10             text-shadow: 10px 10px 10px red;  /* 设置文字阴影效果 */
11         }
12     </style>
13 </head>
14 <body>
15     <p>Hello CSS3</p>
16 </body>
17 </html>
```

在例 3–12 中，第 10 行代码用于为文本添加阴影效果，设置阴影的水平和垂直距离为 10px、模糊半径为 10px、颜色为红色。

运行例 3–12，效果如图 3–19 所示。

通过图 3–19 可以看出，在文本右下方出现了模糊的红色阴影效果。值得一提的是，将阴影的水平距离或垂直距离设置为负数时，可以改变阴影的投射方向。但阴影的模糊半径参数只能设置为正数，数值越大阴影向外模糊的范围也就越大。

图3-19    使用text-shadow属性的效果

**多学一招：设置阴影叠加的效果**

可以使用 text-shadow 属性给文本添加多个阴影，从而实现阴影叠加的效果。设置阴影叠加效果非常简单，只需要设置多组阴影参数，并使用逗号分隔它们即可。

例如对例 3-12 中的段落设置红色和绿色阴影叠加的效果，可以将样式代码更改为如下代码。

```
p {
    font-size: 32px;
    text-shadow: 10px 10px 10px red, 20px 20px 20px green;
    /* 红色和绿色的阴影叠加 */
}
```

在上面的代码中，为文本依次设置了红色和绿色的阴影效果，并设置了阴影的位置和模糊程度，对应的效果如图 3-20 所示。

**11. text-overflow 属性**

text-overflow 属性同样为 CSS3 的新增属性，该属性用于处理溢出的文本。该属性的基本语法格式如下。

选择器 { text-overflow: 属性值; }

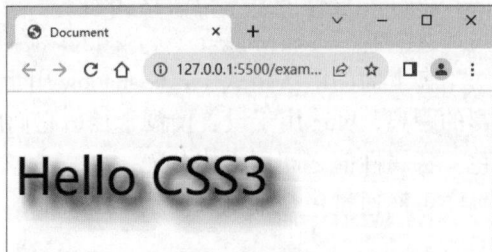

图3-20    阴影叠加的效果

在上面的语法格式中，text-overflow 属性的值有两个，具体介绍如下。

① clip：用于修剪溢出文本，不显示 "…"。

② ellipsis：用 "…" 替代被修剪的文本，"…" 是最后一个字符。

使用 "…" 替代被修剪的文本时，除了需要设置 text-overflow 属性，还需要使用其他属性，具体如下。

① 使用 width 属性为元素设置固定的宽度。

② 使用 "white-space: nowrap;" 强制文本不能换行。

③ 使用 "overflow: hidden;" 隐藏溢出的文本。

④ 使用 "text-overflow: ellipsis;" 显示省略符号。

下面通过一个案例来演示 text-overflow 属性的用法，如例 3-13 所示。

例 3-13　example13.html

```
1   <!DOCTYPE html>
2   <html>
3   <head>
4       <meta charset="UTF-8">
5       <meta name="viewport" content="width=device-width, initial-scale=1.0">
6       <title>Document</title>
7       <style>
8           p {
9               width: 200px;              /* 设置宽度 */
10              height: 100px;             /* 设置高度 */
11              border: 1px solid #000;    /* 设置边框效果 */
12              white-space: nowrap;
13              overflow: hidden;
14              text-overflow: ellipsis;
15          }
16      </style>
17  </head>
18  <body>
19      <p>把从一段很长的文本中溢出的内容隐藏，并显示 "…" </p>
20  </body>
21  </html>
```

在例 3-13 中，第 12 行代码用于强制文本不能换行，第 13 行代码用于隐藏溢出的文本，第 14 行代码用于显示省略符号。

运行例 3-13，效果如图 3-21 所示。

通过图 3-21 可以看出，当文本内容溢出时，会显示 "…" 来标示溢出文本。需要注意的是，要实现用 "…" 替代溢出文本的效果，"white-space: nowrap;" "overflow: hidden;" "text-overflow: ellipsis;" 这 3 个样式必须同时使用，缺一不可。

图3-21　标示溢出文本的效果

### 12. word-wrap 属性

word-wrap 是 CSS3 的新增属性，用于实现单词的自动换行，其基本语法格式如下。

```
选择器 { word-wrap: 属性值; }
```

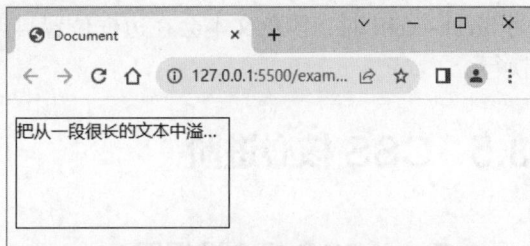

在上面的语法格式中，word-wrap 属性的值有两个，如表 3-2 所示。

表 3-2　word-wrap 属性值

| 值 | 描述 |
|---|---|
| normal | 默认值，只在允许的单词分隔点换行 |
| break-word | 在单词内部进行换行 |

下面通过一个 URL 换行的案例演示 word-wrap 属性的用法，如例 3-14 所示。

例 3-14　example14.html

```
1  <!DOCTYPE html>
2  <html>
3  <head>
4      <meta charset="UTF-8">
5      <meta name="viewport" content="width=device-width, initial-scale=1.0">
6      <title>word-wrap 属性</title>
7      <style>
8          p {
9              width: 100px;
10             height: 100px;
11             border: 1px solid #000;
12         }
13         .break_word { word-wrap: break-word; }   /* 单词内部换行 */
14     </style>
15  </head>
16  <body>
17     <span>word-wrap:normal;</span>
18     <p>网页设计学院 http://icd.XXXXXXX12qwwq3234948747/</p>
19     <span>word-wrap:break-word;</span>
20     <p class="break_word">网页设计学院 icd.XXXXXXX12qwwq3234948747/</p>
21  </body>
22  </html>
```

在例 3-14 中，第 18 行和第 20 行代码定义了两个段落，并为它们设置了相同的宽度、高度。第 13 行代码对第 2 个段落应用 "word-wrap: break-word;"，以实现单词内部换行。

运行例 3-14，效果如图 3-22 所示。

通过图 3-22 可以看出，默认情况下，段落文本会溢出元素边框；当 word-wrap 属性的值为 break-word 时，段落文本会在边框位置自动换行。

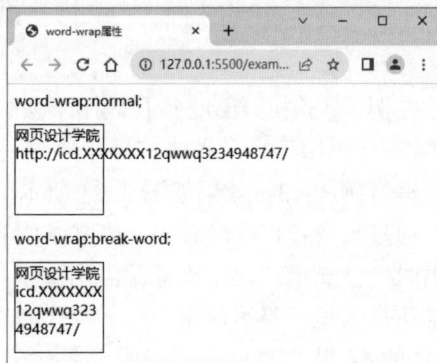

图3-22　使用word-wrap属性的效果

## 3.5　CSS 核心进阶

### 3.5.1　CSS 复合选择器

书写 CSS 样式时，可以使用 CSS 基础选择器选取需要设置样式的标签。但是在实际网站开发中，一个页面可能包含大量的标签，仅使用 CSS 基础选择器是远远不够的。为了实现更强大、更方便的选取功能，CSS 提供了复合选择器。复合选择器由两个或多个基础选择器以不同的方式组合而成，用于更精确地选取需要设置样式的标签。下面将介绍几种常用的复合选择器。

### 1. 交集选择器

交集选择器也被称为标签指定式选择器，可以为特定的标签单独指定样式。交集选择器是一种复合选择器，由两个或两个以上的选择器组成，其中第 1 个为标签选择器，第 2 个为类选择器或 id 选择器，并且第 1 个选择器和第 2 个选择器之间不能有空格，如 h3.special、p#one。

下面通过一个案例演示交集选择器的用法，如例 3-15 所示。

例 3-15　example15.html

```
1  <!DOCTYPE html>
2  <html>
3  <head>
4      <meta charset="UTF-8">
5      <meta name="viewport" content="width=device-width, initial-scale=1.0">
6      <title>交集选择器</title>
7      <style>
8          p { color: #bbb; }
9          .special { color: #999; }
10         p.special { color: #333; }    /* 交集选择器 */
11     </style>
12 </head>
13 <body>
14     <p>段落文本 1（浅灰色）</p>
15     <p class="special">段落文本 2（深灰色）</p>
16     <h3 class="special">标题文本（中灰色）</h3>
17 </body>
18 </html>
```

在例 3-15 中，第 8 行代码使用标签选择器 p 设置文本颜色为浅灰色，第 9 行代码使用类选择器.special 设置文本颜色为中灰色，第 10 行代码使用交集选择器 p.special 设置文本颜色为深灰色。

运行例 3-15，效果如图 3-23 所示。

从图 3-23 可以看出，仅第 2 段文本显示为深灰色。由此可见通过交集选择器 p.special 定义的样式仅适用于<p class="special">标签，而不会影响使用.special 类选择器的其他标签。

### 2. 后代选择器

后代选择器可以用来控制内部嵌套标签的样式。当发生标签嵌套时，内

图3-23　交集选择器的使用效果

层标签就成为外层标签的后代。后代选择器的写法就是将两个选择器用空格分隔，左边的选择器用于选择外层标签，右边的选择器用于选择内层标签。

例如，当<p>标签嵌套<strong>标签时，使用后代选择器对其中的<strong>标签进行样式控制，相关代码如例 3-16 所示。

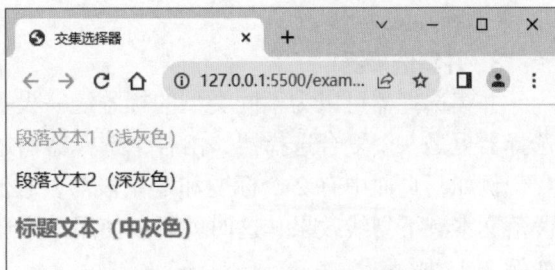

例 3-16    example16.html

```
1  <!DOCTYPE html>
2  <html>
3  <head>
4      <meta charset="UTF-8">
5      <meta name="viewport" content="width=device-width, initial-scale=1.0">
6      <title>后代选择器</title>
7      <style>
8          p strong { font-size: 24px; }      /* 后代选择器 */
9          strong { font-size: 48px; }
10     </style>
11 </head>
12 <body>
13     <p>天下难事，<strong>必作于易。</strong></p>
14     <strong>天下大事，必作于细。</strong>
15 </body>
16 </html>
```

在例 3–16 中，第 13 行和 14 行代码定义了两个<strong>标签，其中，第 13 行代码将<strong>标签嵌套在<p>标签中。第 8 行和 9 行代码分别使用 p strong 和 strong 选择器设置文本的字号，其中 p strong 选择器设置文本为小字号，strong 选择器设置文本为大字号。

运行例 3–16，效果如图 3–24 所示。

由图 3–24 可以看出，第 1 段加粗文本显示为小字号，第 2 段加粗文本显示为大字号。可见通过后代选择器 p strong 定义的样式仅适用于嵌套在<p>标签中的<strong>标签，其他<strong>标签不受影响。

图3-24　使用后代选择器的效果

此外，后代选择器的数量没有限制。如果需要添加更多的后代选择器，只需在选择器之间加上空格并按顺序书写即可。例如，在例 3–16 的第 13 行代码中，如果<strong>标签内部再嵌套一个<em>标签，可以使用后代选择器 p strong em 来选择<em>标签。

### 3. 并集选择器

并集选择器可以为不同类型的标签统一设置相同的样式，从而避免代码的冗余。并集选择器也是一个复合选择器，由各个选择器通过英文逗号连接而成。

例如，页面中有 2 个标题和 3 个段落，它们的字号和颜色相同。其中一个标题和两个段落文本有下划线效果，这时就可以使用并集选择器统一设置相同的 CSS 样式，相关代码如例 3–17 所示。

例 3-17    example17.html

```
1  <!DOCTYPE html>
2  <html>
3  <head>
4      <meta charset="UTF-8">
5      <meta name="viewport" content="width=device-width, initial-scale=1.0">
6      <title>并集选择器</title>
```

```
7      <style>
8          h2, h3, p { color: gray; font-size: 14px; }
9          h3, .special, #one { text-decoration: underline; }
10     </style>
11 </head>
12 <body>
13     <h2>2 级标题文本(红色)</h2>
14     <h3>3 级标题文本(红色、下划线)</h3>
15     <p class="special">段落文本 1(红色、下划线)</p>
16     <p>段落文本 2(红色)</p>
17     <p id="one">段落文本 3(红色、下划线)</p>
18 </body>
19 </html>
```

在例 3-17 中，第 8 行代码使用由标签选择器组成的并集选择器 h2, h3, p 设置所有标题和段落文本的字号和颜色；第 9 行代码使用由标签选择器、类选择器、id 选择器组成的并集选择器 h3, .special, #one 为部分标题和段落文本设置下划线效果。

运行例 3-17，效果如图 3-25 所示。

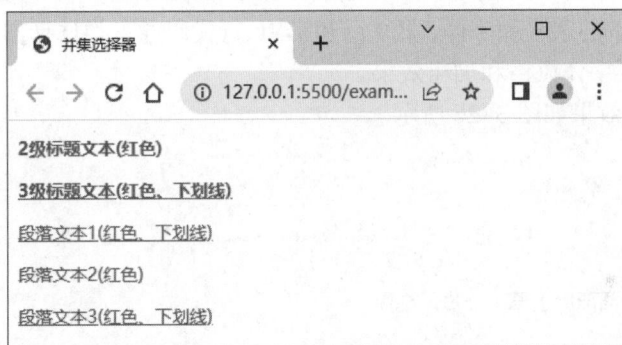

图3-25　使用并集选择器的效果

通过图 3-25 可以看出，所有的标题文本和段落文本均为灰色、字号大小相同。其中，3 级标题文本、段落文本 1、段落文本 3 具有下划线效果，可见使用并集选择器能实现与使用标签选择器、类选择器、id 选择器相同的样式效果，并且使用并集选择器编写的 CSS 代码看起来更简洁、直观。

### 3.5.2　CSS 层叠性和继承性

层叠性和继承性是 CSS 的基本特征。在网页制作中，合理利用 CSS 的层叠性和继承性能够简化代码结构，提高网页代码的运行速度。下面将对 CSS 的层叠性和继承性进行详细讲解。

**1. 层叠性**

层叠性是指多个样式应用到同一标签上时，这些样式会相互影响，从而形成叠加的效果。例如，使用标签选择器定义<p>标签的字号为 12px，使用类选择器定义<p>标签的颜色为红色，那么<p>标签中段落文本的字号为 12px、颜色为红色，说明字号和颜色这两种样式进行了叠加。

下面通过一个案例帮助读者更好地理解 CSS 的层叠性，如例 3-18 所示。

例 3-18　example18.html

```
1   <!DOCTYPE html>
2   <html>
3   <head>
4       <meta charset="UTF-8">
5       <meta name="viewport" content="width=device-width, initial-scale=1.0">
6       <title>层叠性</title>
7       <style>
8           p { font-size: 18px; font-family: "微软雅黑"; }
9           .special { font-style: italic; }
10          #one { font-weight: bold; }
11      </style>
12  </head>
13  <body>
14      <p>离离原上草，一岁一枯荣。</p>
15      <p class="special" id="one">野火烧不尽，春风吹又生。</p>
16  </body>
17  </html>
```

在例 3-18 中，第 14 行和第 15 行代码定义了两个<p>标签，第 8 行代码通过标签选择器统一设置段落文本的字号和字体，第 9 行和第 10 行代码通过类选择器和 id 选择器为第 2 个<p>标签单独定义字体风格和加粗效果。

运行例 3-18，效果如图 3-26 所示。

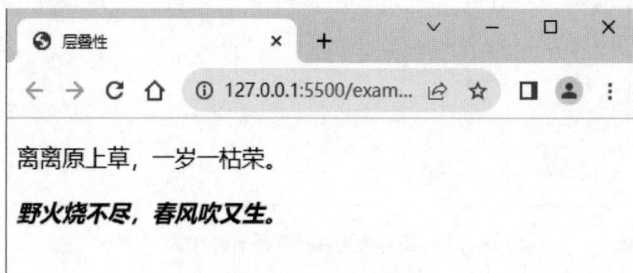

图3-26　利用CSS样式层叠性的效果

通过图 3-26 可以看出，第 2 段文本应用了微软雅黑字体，并且以加粗和倾斜的形式显示。可见使用标签选择器、类选择器、id 选择器定义的 CSS 样式进行了叠加。

**2. 继承性**

继承性指的是在 CSS 中，子标签会继承父标签的某些样式。例如，将主体标签<body>的文本颜色设置为黑色，那么页面中所有的文本都会显示为黑色。这是因为页面中的其他标签都被嵌套在主体标签中，这些嵌套的标签成为主体标签的子标签。子标签会继承父标签的一些样式，所以这些子标签具有和父标签相同的效果。

继承性非常有用，它可以让开发者避免在每个后代标签中重复添加相同的样式。如果某个属性是可继承的，只需将样式应用于父标签即可。下面是一个示例代码。

```
p, div, h1, h2, h3, h4, ul, ol, dl, li { color: #333; }
```

利用继承性，可以将上述示例代码简化为如下代码。

```
body { color: #333; }
```

在上述代码中，使用 body 标签选择器可以实现相同的样式效果，且代码更加简洁。

合理利用 CSS 的继承样式能让代码变得简洁、明了，但如果在网页中过度使用继承样式，可能会让样式的来源难以判断。因此，在实际工作中，我们可以将全局样式（即所有页面都需要的公共样式）使用继承样式进行设置。例如字体、字号、颜色、行间距等，可以在<body>标签中集中设置，通过继承性来控制文档中的文本样式。而其他样式则可以使用 CSS 选择器单独设置。

此外，需要注意的是，并非所有的 CSS 属性都可以被继承，例如下面这些属性就不具有继承性。

- 边框属性。
- 外边距属性。
- 内边距属性。
- 背景属性。
- 定位属性。
- 浮动属性。
- 宽度属性。
- 高度属性。

**注意:**

标题标签有时不会应用<body>标签中设置的字号，这是因为标题标签默认自带字号样式，如果<body>标签设置的字号过小，就会被标题标签自带样式覆盖。

### 3.5.3　CSS 优先级

在 CSS 中定义样式时，经常会遇到多个样式同时应用在同一个 HTML 标签上的情况。这时，我们需要通过 CSS 优先级来确定哪个样式会被优先应用。CSS 优先级是根据权重进行计算的，在 CSS 中，权重可以简单理解为样式的重要程度，权重最高的样式将优先被应用到 HTML 标签上。CSS 中的每个选择器都有对应的权重，选择器的特性决定了它们权重的高低。

下面通过一段示例代码分析选择器的权重，具体代码如下。

```
p { color: red; }              /* 通过标签选择器设置颜色为红色 */
.blue { color: green; }        /* 通过类选择器设置颜色为绿色 */
#header { color: blue; }       /* 通过 id 选择器设置颜色为蓝色 */
```

对应的 HTML 结构如下。

```
<p id="header" class="blue">
    帮帮我，我到底显示什么颜色？
</p>
```

上面的代码应用了不同的 CSS 选择器来设置同一个标签的文本颜色。在这种情况下，浏览器会根据选择器的权重来确定优先级顺序。尽管 CSS 选择器的权重没有直接显示为数值，但我们可以通过虚拟数值的方式对 CSS 选择器的权重进行匹配。假设标签选择器的权重为 1，类选择器的权重则为 10，id 选择器的权重则为 100。因此 id 选择器#header 具有最高的权重，优先被应用，文本将显示为蓝色。

　　对于由多个基础选择器构成的复合选择器（并集选择器除外），其权重为这些基础选择器权重的叠加。例如下面的 CSS 代码。

```
p strong { color: black; }          /* 权重为 1+1 */
strong.test { color: green; }        /* 权重为 1+10 */
.father strong { color: yellow; }    /* 权重为 10+1 */
p.father strong { color: orange; }   /* 权重为 1+10+1 */
p.father .test { color: gold; }      /* 权重为 1+10+10 */
#header strong { color: pink; }      /* 权重为 100+1 */
#header strong.test { color: red; }  /* 权重为 100+1+10 */
```

对应的 HTML 结构如下。

```
<p class="father" id="header" >
    <strong class="test">文本的颜色</strong>
</p>
```

此时文本将应用权重最高的 CSS 选择器设置的样式，显示为红色。

　　需要注意的是，在设置 CSS 样式时，还有一些影响 CSS 样式的其他因素，具体如下。

　　（1）继承样式的权重为 0

　　在嵌套结构中，当父元素的样式被子元素继承时，无论父元素样式的权重有多高，继承的样式的权重都为 0。这意味着子元素定义的样式会覆盖继承自父元素的样式。

　　例如下面的 CSS 样式代码。

```
strong { color: red; }
#header { color: green; }
```

对应的 HTML 结构如下。

```
<p id="header" class="blue">
    <strong>继承样式不如自己定义</strong>
</p>
```

　　在上面的代码中，虽然#header 选择器权重为 100，但是当该样式被<strong>标签继承时，其权重就变为 0。而 strong 选择器的权重虽然仅为 1，但它比继承样式的权重高，因此页面中的文本将显示为红色。

　　（2）行内式 CSS 样式优先

　　使用行内式设置 CSS 样式具有比上面提到的选择器更高的优先级，这意味着行内式 CSS 样式将直接应用于对应的标签，并覆盖通过选择器应用的样式。

　　（3）权重相同时，CSS 样式遵循就近优先原则

　　靠近标签的样式具有最高的优先级，或者说当 CSS 样式写在头部时，排在最下面的样式的优先级最高。下面为外部定义的 CSS 示例代码。

```
#header { color: red; }          /* CSS 样式, CSS 文件名为 style_red.css */
```

对应的 HTML 结构代码（关键部分）如下。

```
1    <title>CSS 优先级</title>
2    <link rel="stylesheet" href="style_red.css">
3    <style>
4        #header { color: gray; }       /* 内部式样式 */
5    </style>
6    </head>
7    <body>
8      <p id="header">权重相同时，就近优先</p>
9    </body>
```

　　在上面的示例代码中，第 2 行代码通过外部式引入 CSS 样式，该样式用于设置文本颜色为红色；第 3~5 行代码通过内部式引入 CSS 样式，该样式用于设置文本颜色为灰色。

　　上面的代码被解析后，文本会显示为灰色，即内部式样式优先。这是因为内部样式比外部式样式更靠近 HTML 标签。因此，如果同时引用两个外部样式表，则排在下面的样式表具有更高的优先级。如果此时将第 4 行代码更改为下面的代码。

```
p { color: gray; }                    /* 内部式样式 */
```

　　更改后，由于 id 选择器和标签选择器权重不同，#header 的权重更高，文字会显示为红色。

　　（4）使用!important 命令赋予 CSS 样式最高的优先级

　　在 CSS 样式中使用!important 命令，可以让 CSS 样式的优先级最高，不受选择器和样式代码位置的影响，直接应用该 CSS 样式。例如下面的示例代码。

```
#header { color: red!important; }
```

　　上述示例代码表示将段落文本显示为红色，且该样式拥有最高的优先级。需要注意的是，!important 命令必须位于属性值和分号之间，否则无效。

**▌ 脚下留心：复合选择器权重的叠加**

　　复合选择器的权重是由组成它的基础选择器的权重叠加而成的，但是这种叠加并不是简单的数值相加。下面通过一个案例来具体说明，如例 3-19 所示。

例 3-19　example19.html

```
1   <!DOCTYPE html>
2   <html>
3   <head>
4       <meta charset="UTF-8">
5       <meta name="viewport" content="width=device-width, initial-scale=1.0">
6       <title>复合选择器权重的叠加</title>
7       <style>
8           /* 类选择器用于定义删除线，权重为 10 */
9           .inner { text-decoration: line-through; }
10          /* 后代选择器用于定义下划线，权重为 11 个 1 的叠加 */
11          div div div div div div div div div div div { text-decoration: underline; }
12      </style>
13  </head>
14  <body>
15      <div><div><div><div><div><div><div><div><div><div>
16          <div class="inner">文本的样式</div>
17      </div></div></div></div></div></div></div></div></div></div>
18  </body>
19  </html>
```

　　在例 3-19 中，第 15~17 行的代码定义了 11 对嵌套的<div>标签，第 16 行代码给最内层的<div>标签定义类名 inner，用来设置差异化的样式。第 9 行和第 11 行代码分别使用了类选择器和后代选择器来定义最内层<div>标签的样式。

　　此时网页中文本的样式会如何显示呢？如果仅将基础选择器的权重相加，后代选择器包含 11 个 div 标签选择器，每个标签选择器权重为 1，则整体权重为 11；类选择器.inner 的权重为 10。读者此时可能会认为，文本将添加下划线。

运行例 3-19，效果如图 3-27 所示。

从图 3-27 可以看出，文本并没有像预期的那样添加下划线，而是添加了删除线。这说明，无论外层添加多少个<div>标签，标签选择器组成的复合选择器的权重都不会高于类选择器。同理，类选择器组成的复合选择器的权重也不会高于 id 选择器。

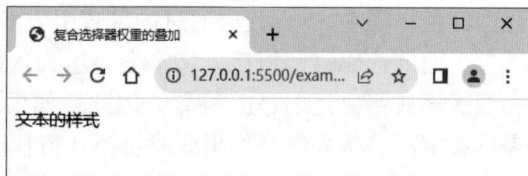

图3-27　复合选择器权重的叠加效果

## 3.6　阶段案例——制作活动通知页面

本章重点讲解了 CSS 样式规则、CSS 选择器、CSS 文本相关样式及 CSS 层叠性、继承性、优先级等内容。为了使初学者能够更好地认识 CSS，本节将以案例的形式分步骤讲解如何制作一个活动通知页面，页面效果如图 3-28 所示。

图3-28　活动通知页面效果

请扫描二维码查看本章阶段案例的具体讲解。

## 3.7　本章小结

本章首先讲解了 CSS3 的基础知识，包括结构与表现分离的特点、CSS3 的优势、CSS 样式规则、引入 CSS 样式和 CSS 基础选择器；然后讲解了设置文本样式的方法，包括字体样式属性和文本外观属性；最后讲解了 CSS 进阶知识，包括 CSS 复合选择器、层叠性、继承性和优先级，并制作了一个活动通知页面。

通过本章的学习，读者可以充分理解 CSS 实现结构与表现分离的原理，并掌握 CSS 使用技巧，能够熟练地运用 CSS 控制页面中的文本的外观样式。

## 3.8　课后练习

请扫描二维码查看本章课后练习题。

# 第4章

# CSS3中其他类型的选择器

★ 熟悉属性选择器的用法，能够阐明不同属性选择器的特点。

★ 掌握关系选择器的用法，能够使用关系选择器选择父标签中嵌套的子标签。

★ 掌握结构化伪类选择器的用法，能够使用不同功能的结构化伪类选择器精确选择对应的标签。

★ 掌握伪元素选择器的用法，能够使用伪元素选择器控制标签的样式。

选择器在 CSS3 中是比较重要的内容。第 3 章已经介绍了 CSS 基础选择器和复合选择器，它们基本能够满足开发者的设计需求。然而，在 CSS3 中还有一些其他类型的选择器，它们可以提高开发者编写和修改 CSS 样式的效率。本章将详细介绍 CSS 中其他类型的选择器。

## 4.1 属性选择器

属性选择器可以根据标签的属性及属性值来选择对应标签，从而为标签设置差异化的样式。CSS3 中有多种属性选择器，本节将介绍常用的 3 种属性选择器——E[attribute^=value]选择器、E[attribute$=value]选择器和 E[attribute*=value]选择器。

### 4.1.1 E[attribute^=value]选择器

E[attribute^=value]选择器是 CSS3 中新增的选择器，该选择器用于选择标签名称为 E（代指标签名称）、属性为 attribute（代指属性名称）、属性值以 value（代指属性值字符串）开始的标签。例如，div[id^=section]用于匹配包含 id 属性，且 id 属性值是以 section 开始的<div>标签。

下面通过一个案例对 E[attribute^=value]选择器的用法进行演示，如例 4-1 所示。

例 4-1 example01.html

```
1  <!DOCTYPE html>
2  <html>
```

```
3   <head>
4       <meta charset="UTF-8">
5       <meta name="viewport" content="width=device-width, initial-scale=1.0">
6       <title>E[attribute^=value]选择器</title>
7       <style>
8           p[id^=one] {
9               color: #999;
10              font-size: 20px;
11          }
12      </style>
13  </head>
14  <body>
15      <p id="one">山不在高，有仙则名。</p>
16      <p id="two">水不在深，有龙则灵。</p>
17      <p id="one1">斯是陋室，惟吾德馨。</p>
18      <p id="two1">孔子云：何陋之有？</p>
19  </body>
20  </html>
```

在例 4-1 中，第 8～11 行代码使用 p[id^=one]选择器为所有 id 属性值以 one 开始的<p>标签设置文本样式为灰色、大字号。

运行例 4-1，效果如图 4-1 所示。

通过图 4-1 可以看出，第 1 段文本和第 3 段文本样式为灰色、大字号，这正是代码中所设置的样式。可见 p[id^=one]选择器会选取所有属性值以 one 开始的<p>标签。

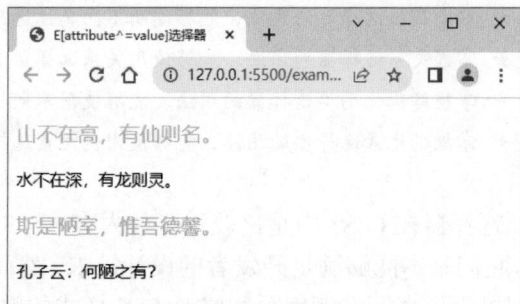

图4-1　使用E[attribute^=value]选择器的效果

### 4.1.2　E[attribute$=value]选择器

E[attribute$=value]选择器是 CSS3 中新增的选择器，该选择器的用法和 E[attribute^=value]选择器类似，用于选择属性值以 value（代指属性值字符串）结尾的标签。例如，div[id$=section]表示匹配包含 id 属性，且 id 属性值以 section 结尾的<div>标签。

下面通过一个案例对 E[attribute$=value]选择器的用法进行演示，如例 4-2 所示。

例 4-2　example02.html

```
1   <!DOCTYPE html>
2   <html>
3   <head>
4       <meta charset="UTF-8">
5       <meta name="viewport" content="width=device-width, initial-scale=1.0">
6       <title>E[attribute$=value]选择器</title>
7       <style>
8           p[id$=main] {
9               color: #ccc;
10              font-size: 20px;
```

```
11              }
12          </style>
13      </head>
14      <body>
15          <p id="one1">山不在高，有仙则名。</p>
16          <p id="two1">水不在深，有龙则灵。</p>
17          <p id="onemain">斯是陋室，惟吾德馨。</p>
18          <p id="twomain">孔子云：何陋之有？</p>
19      </body>
20  </html>
```

在例 4-2 中，第 8～11 行代码使用 p[id$=main]选择器为 id 名称以 main 结尾的<p>标签设置文本样式为灰色、20px。

运行例 4-2，效果如图 4-2 所示。

图4-2　使用E[attribute$=value]选择器的效果

通过图 4-2 可以看出，第 3 段文本和第 4 段文本样式为灰色、20px，可见 p[id$=main]选择器会选取所有属性值以 main 结尾的<p>标签。

### 4.1.3　E[attribute*=value]选择器

E[attribute*=value]选择器是 CSS3 中新增的选择器，该选择器用于选取标签名称为 E（代指标签名称）、属性为 attribute（代指属性名称）、属性值包含 value（代指属性值字符串）的标签。例如，div[id*=section]表示匹配包含 id 属性，且 id 属性值包含 section 字符串的<div>标签。

下面通过一个案例对 E[attribute*=value]选择器的用法进行演示，如例 4-3 所示。

例 4-3　example03.html

```
1  <!DOCTYPE html>
2  <html>
3  <head>
4      <meta charset="UTF-8">
5      <meta name="viewport" content="width=device-width, initial-scale=1.0">
6      <title>E[attribute*=value]选择器</title>
7      <style>
8          p[id*=one] {
9              color: #ccc;
10             font-size: 20px;
```

```
11          }
12      </style>
13  </head>
14  <body>
15      <p id="one1">山不在高，有仙则名。</p>
16      <p id="two1">水不在深，有龙则灵。</p>
17      <p id="onemain">斯是陋室，惟吾德馨。</p>
18      <p id="monen">孔子云：何陋之有？</p>
19  </body>
20  </html>
```

在例 4-3 中，第 8～11 行代码使用 p[id*=one]选择器为 id 属性值包含 one 字符串的<p>标签设置文本样式。

运行例 4-3，效果如图 4-3 所示。

通过图 4-3 可以看出，第 1 段文本、第 3 段文本和第 4 段文本样式为灰色、大字号。可见 p[id*=one]选择器会选取所有属性值包含 one 的<p>标签。

图4-3　使用E[attribute*=value]选择器的效果

## 4.2　关系选择器

在 CSS3 中，使用关系选择器可以选择指定标签的特定子标签或兄弟标签。通过这种方式，可以更精细地控制网页中标签的样式。关系选择器由多个基础选择器组成，主要包括子代关系选择器和兄弟关系选择器，本节将详细讲解这两种关系选择器。

### 4.2.1　子代关系选择器

子代关系择器由多个基础选择器组成，各基础选择器之间使用"＞"连接，主要用来选择某个父级标签的子标签。

例如，想要选择<h1>标签的子标签<strong>，可以使用子代关系选择器 h1 ＞ strong。

下面通过一个案例对子代关系选择器的用法进行演示，如例 4-4 所示。

例 4-4　example04.html

```
1   <!DOCTYPE html>
2   <html>
3   <head>
4       <meta charset="UTF-8">
5       <meta name="viewport" content="width=device-width, initial-scale=1.0">
6       <title>子代关系选择器</title>
7       <style>
8           h2 > strong {
9               color: #ccc;
10              font-size: 20px;
11          }
12      </style>
```

```
13  </head>
14  <body>
15      <h2>前不见<strong>古人</strong>，后不见<strong>来者</strong>。</h2>
16      <h2>念天地之悠悠，<em><strong>独怆</strong></em>然而涕下。</h2>
17  </body>
18  </html>
```

在例 4-4 中，第 15 行代码的<strong>
标签为<h2>标签的子标签（二级标签）；第
16 行代码的<strong>标签为<h2>标签的三
级标签；第 8～11 行代码使用 h2 > strong
选择器设置<h2>标签的子标签<strong>中
的文本显示为灰色、20px。

运行例 4-4，效果如图 4-4 所示。

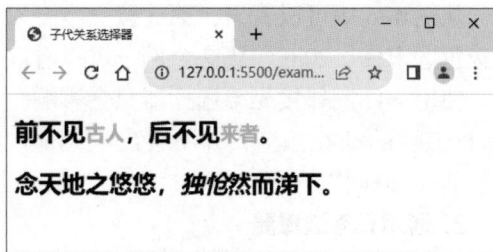

## 4.2.2　兄弟关系选择器

图4-4　使用子代关系选择器的效果

兄弟关系选择器用于选择位于同一个
父标签中、指定标签后，且和指定标签具有并列关系的子标签。在 CSS3 中，兄弟选择器分
为邻接兄弟选择器和通用兄弟选择器两种，具体介绍如下。

### 1. 邻接兄弟选择器

邻接兄弟选择器使用加号 "+" 来连接前后两个基础选择器。其中 "+" 前面的基础选
择器用于选择指定标签，"+" 后面的基础选择器用于选择紧挨着指定标签的标签。指定标
签和被选择的标签的父标签相同，其他标签不会被选择。

下面通过一个案例对邻接兄弟选择器的用法进行演示，如例 4-5 所示。

例 4-5　example05.html

```
1   <!DOCTYPE html>
2   <html>
3   <head>
4       <meta charset="UTF-8">
5       <meta name="viewport" content="width=device-width, initial-scale=1.0">
6       <title>邻接兄弟选择器</title>
7       <style>
8           p+h2 {
9               color: #ccc;
10              font-family: "宋体";
11              font-size: 20px;
12          }
13      </style>
14  </head>
15  <body>
16      <h2>赠汪伦</h2>
17      <p>李白乘舟将欲行，</p>
18      <h2>忽闻岸上踏歌声。</h2>
19      <h2>桃花潭水深千尺，</h2>
20      <h2>不及汪伦送我情。</h2>
21  </body>
```

```
22  </html>
```

在例4-5中，第8～12行代码用于为<p>标签后的相邻兄弟标签<h2>定义样式。从代码结构中可以看出，<p>标签的相邻兄弟标签所在位置为第18行代码，因此第18行代码的文本内容将显示为灰色、宋体、20px。

运行例4-5，效果如图4-5所示。

从图4-5中可以看出，第3段文本变成灰色、宋体、20px。从这个例子可以看出，使用 p+h2 邻接兄弟选择器只会影响<p>标签后的<h2>标签，并不会影响其他位置的<h2>标签。

**2. 通用兄弟选择器**

通用兄弟选择器使用"～"来连接前后两个基础选择器。其中"～"前面的基础选择器用于选择指定标签，"～"后面的基础选择器用于选择指定标签之后同一类型的子标签，其他位置和不同类型的子标签不会被选择。

下面通过一个案例对通用兄弟选择器的用法进行演示，如例4-6所示。

图4-5 使用邻接兄弟选择器的效果

例4-6 example06.html

```
1   <!DOCTYPE html>
2   <html>
3   <head>
4       <meta charset="UTF-8">
5       <meta name="viewport" content="width=device-width, initial-scale=1.0">
6       <title>通用兄弟选择器</title>
7       <style>
8           p~h2 {
9               color: #ccc;
10              font-family: "宋体";
11              font-size: 20px;
12          }
13      </style>
14  </head>
15  <body>
16      <h2>世界风景依旧</h2>
17      <p>你站在桥上看风景</p>
18      <h2>看风景的人在楼上看你</h2>
19      <h2>明月装饰了你的窗子</h2>
20      <h3>你装饰了别人的梦</h3>
21  </body>
22  </html>
```

在上面的代码中，第 8～12 行代码用于为<p>标签后的兄弟标签<h2>定义样式。从代码结构中可以看出<p>标签后的兄弟标签所在位置为第18行和19行代码,因此这两行代码的文本内容将显示为灰色、宋体、20px。

运行例4-6，效果如图4-6所示。

图4-6　使用通用兄弟选择器的效果

从图 4-6 中可以看出，第 3、4 段文本变成灰色、宋体、20px。从这个例子可以看出，使用 p～h2 通用兄弟选择器只会影响\<p\>标签之后的\<h2\>标签，并不会影响其他位置的\<h2\>标签和\<p\>标签之后的\<h3\>标签。

## 4.3　结构化伪类选择器

结构化伪类选择器能根据 HTML 文档结构选择对应的标签，即使在没有添加 class 属性或 id 属性的情况下，也能使用结构化伪类选择器选择结构复杂的标签。CSS3 中提供了多种结构化伪类选择器，它们以 "：" 作为前缀，包括:root 选择器、:not 选择器、:only-child 选择器、:first-child 选择器、:last-child 选择器等。本节将详细介绍这些常用的结构化伪类选择器。

### 4.3.1　:root 选择器

:root 选择器用于匹配文档根标签，即\<html\>标签。使用:root 选择器定义的样式适用于页面中的所有标签。

下面通过一个案例对:root 选择器的用法进行演示，如例 4-7 所示。

例4-7　example07.html

```
1  <!DOCTYPE html>
2  <html>
3  <head>
4      <meta charset="UTF-8">
5      <meta name="viewport" content="width=device-width, initial-scale=1.0">
6      <title>:root 选择器</title>
7      <style>
8          :root { color: #999; }
9          h2 { text-decoration: underline; }
10     </style>
11 </head>
12 <body>
13     <h2>赠汪伦</h2>
14     <p>李白乘舟将欲行，忽闻岸上踏歌声。桃花潭水深千尺，不及汪伦送我情。</p>
```

```
15 </body>
16 </html>
```

在上述代码中，第 8 行代码使用:root 选择器将页面中所有的文本设置为灰色，第 9 行代码用于为<h2>标签设置下划线。

运行例 4-7，效果如图 4-7 所示。

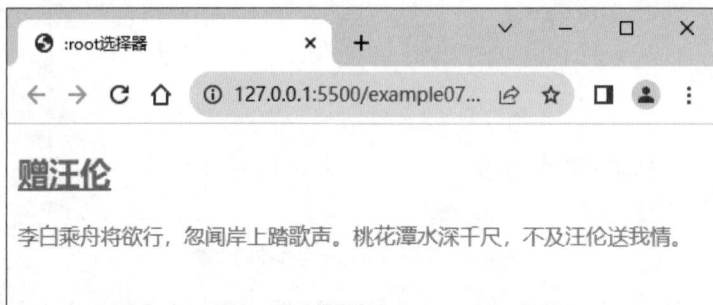

图4-7　使用:root选择器的效果

### 4.3.2　:not 选择器

:not 选择器用于选择除特定标签之外的所有标签。在:not 之前，可以添加标签名，指定要选择的标签类型；在:not 之后，需要添加括号，在括号内指定要排除的标签。例如，h3:not(.one)会选取没有类名.one 的<h3>标签。下面通过一个案例演示:not 选择器的具体用法，如例 4-8 所示。

例 4-8　example08.html

```
1  <!DOCTYPE html>
2  <html>
3  <head>
4     <meta charset="UTF-8">
5     <meta name="viewport" content="width=device-width, initial-scale=1.0">
6     <title>:not 选择器</title>
7     <style>
8        p:not(.one) {
9           color: #ccc;
10          font-family: "宋体";
11       }
12    </style>
13 </head>
14 <body>
15    <h3>约客</h3>
16    <p>黄梅时节家家雨，</p>
17    <p class="one">青草池塘处处蛙。</p>
18    <p>有约不来过夜半，</p>
19    <strong>闲敲棋子落灯花。</strong>
20 </body>
21 </html>
```

在例 4-8 中，第 8～11 行代码使用 p:not(.one)选择器为 class 属性值为除 one 之外的<p>标签设置文本样式为灰色、宋体。

运行例 4-8，效果如图 4-8 所示。

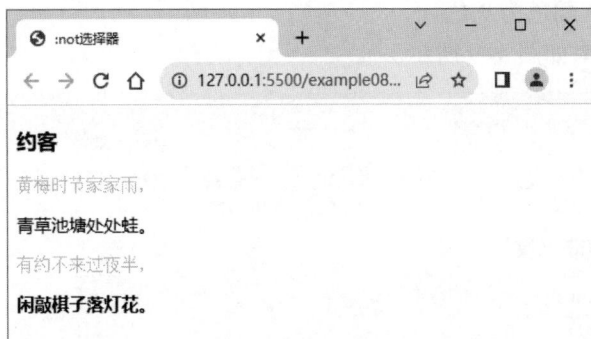

图4-8　使用:not选择器的效果

从图 4-8 中可以看出，第 2 段文本和第 4 段文本样式为灰色、宋体，第 1、3、5 段文本样式仍为黑色、微软雅黑。可见 p:not(.one)选择器只选择了除 class 属性值为 one 之外的<p>标签。

### 4.3.3　:only-child 选择器

:only-child 选择器用于选择父标签中的唯一子标签，也就是说，如果某个父标签仅有一个子标签，使用:only-child 选择器可以选择这个子标签。

下面通过一个案例对:only-child 选择器的用法进行演示，如例 4-9 所示。

例 4-9　example09.html

```
1  <!DOCTYPE html>
2  <html>
3  <head>
4      <meta charset="UTF-8">
5      <meta name="viewport" content="width=device-width, initial-scale=1.0">
6      <title>:only-child 选择器</title>
7      <style>
8          strong:only-child { color: #ccc; }
9      </style>
10 </head>
11 <body>
12     <p>
13         <strong>泊秦淮</strong>
14         <strong>杜牧</strong>
15     </p>
16     <p>
17         <strong>烟笼寒水月笼沙, </strong>
18     </p>
19     <p>
20         <strong>夜泊秦淮近酒家。</strong>
21         <strong>商女不知亡国恨, </strong>
22         <strong>隔江犹唱后庭花。</strong>
23     </p>
24 </body>
25 </html>
```

在例 4-9 中，第 8 行代码使用 strong:only-child 选择器选择唯一子标签<strong>，并设置<strong>标签的文本颜色为灰色。

运行例 4-9，效果如图 4-9 所示。

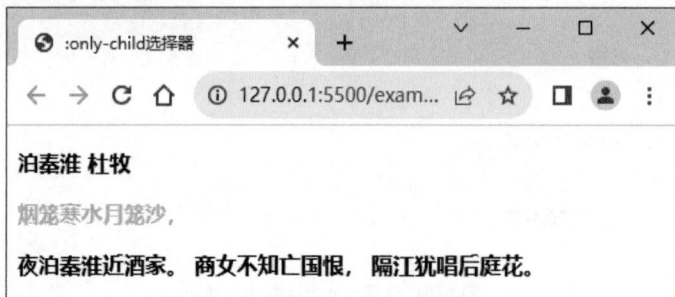

图4-9　使用:only-child选择器的效果

### 4.3.4　:first-child 选择器和:last-child 选择器

:first-child 选择器和:last-child 选择器的用法类似。:first-child 选择器用于选择父标签中的第一个子标签；:last-child 选择器用于选择父标签中的最后一个子标签。

下面通过一个案例来演示:first-child 选择器和:last-child 选择器的使用方法，如例 4-10 所示。

例 4-10　example10.html

```
1   <!DOCTYPE html>
2   <html>
3   <head>
4       <meta charset="UTF-8">
5       <meta name="viewport" content="width=device-width, initial-scale=1.0">
6       <title>:first-child选择器和:last-child选择器</title>
7       <style>
8          p:first-child {
9              color: #ccc;
10             font-size: 36px;
11          }
12          p:last-child {
13             color: #999;
14             font-size: 16px;
15          }
16      </style>
17  </head>
18  <body>
19      <div>
20          <p>第 1 篇 毕业了</p>
21          <p>第 2 篇 关于考试</p>
22          <p>第 3 篇 夏日飞舞</p>
23          <p>第 4 篇 惆怅的心</p>
24          <p>第 5 篇 畅谈美丽</p>
25      </div>
```

```
26  </body>
27  </html>
```

在例 4-10 中，第 8~11 行代码使用 p:first-child 选择器为第 1 个<p>标签设置文本颜色为浅灰色、字号为 36px，第 12~15 行代码使用 p:last-child 选择器为最后一个<p>标签设置文本颜色为灰色、字号为 16px。

运行例 4-10，效果如图 4-10 所示。

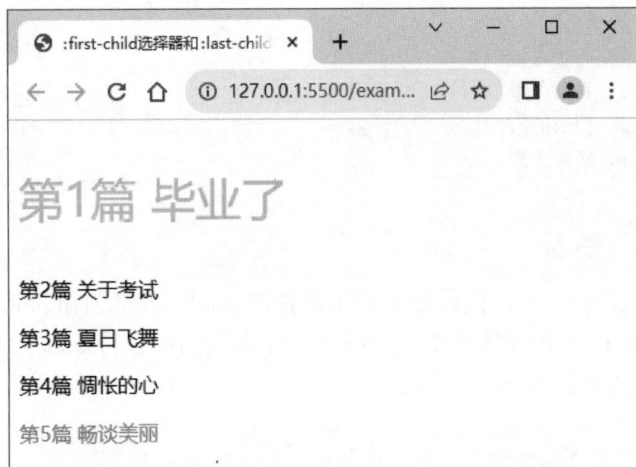

图4-10　使用:first-child选择器和:last-child选择器的效果

### 4.3.5　:nth-child(n)选择器和:nth-last-child(n)选择器

:nth-child(n)选择器和:nth-last-child(n)选择器是:first-child 和:last-child 选择器的扩展，用于选择父标签中其他位置的子标签。其中，:nth-child(n)选择器可用于选择父标签中的第 n 个子标签，:nth-last-child(n)选择器用于选择父标签中的倒数第 n 个子标签。

在:nth-child(n)选择器和:nth-last-child(n)选择器中，n是由开发者自定义的属性值，可以设置成数字、odd（奇数）或 even（偶数）。例如，p:nth-child(odd)表示选择奇数行的<p>标签。

下面对:nth-child(n)和:nth-last-child(n)选择器的用法进行演示，如例 4-11 所示。

例 4-11　example11.html

```
1   <!DOCTYPE html>
2   <html>
3   <head>
4       <meta charset="UTF-8">
5       <meta name="viewport" content="width=device-width, initial-scale=1.0">
6       <title>:nth-child(n)选择器和:nth-last-child(n)选择器</title>
7       <style>
8           p:nth-child(2) {
9               color: #ccc;
10              font-size: 36px;
11          }
12          p:nth-last-child(2) {
```

```
13              color: #999;
14              font-size: 16px;
15          }
16      </style>
17  </head>
18  <body>
19      <div>
20          <p>第 1 篇 毕业了</p>
21          <p>第 2 篇 关于考试</p>
22          <p>第 3 篇 夏日飞舞</p>
23          <p>第 4 篇 惆怅的心</p>
24          <p>第 5 篇 畅谈美丽</p>
25      </div>
26  </body>
27  </html>
```

在例 4-11 中，第 8～15 行代码分别使用选择器 p:nth-child(2)和 p:nth-last-child(2)，选取父标签的第 2 个子标签和倒数第 2 个子标签，并为它们设置特殊的文本样式。

运行例 4-11，效果如图 4-11 所示。

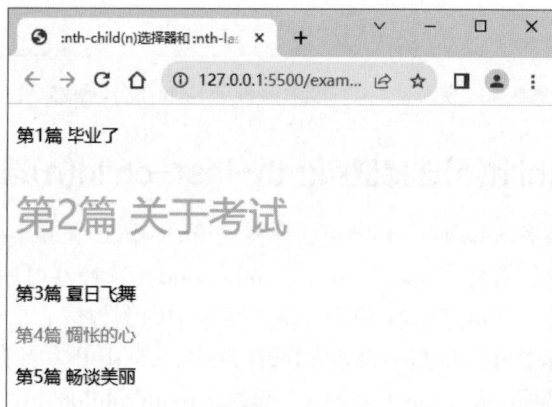

图4-11　使用:nth-child(n)选择器和:nth-last-child(n)选择器的效果

### 4.3.6　:first-of-type 选择器和:last-of-type 选择器

:first-of-type 选择器和:last-of-type 选择器用于匹配父标签中特定类型的子标签。其中，:first-of-type 选择器用于匹配父标签中第 1 个特定类型的子标签，而:last-of-type 选择器用于匹配父标签中最后一个特定类型的子标签。

下面通过一个案例对:first-of-type 选择器和:last-of-type 选择器的用法做具体演示，如例 4-12 所示。

例 4-12　example12.html

```
1  <!DOCTYPE html>
2  <html>
3  <head>
4      <meta charset="UTF-8">
5      <meta name="viewport" content="width=device-width, initial-scale=1.0">
```

```
6          <title>:first-of-type 选择器和:last-of-type 选择器</title>
7          <style>
8              h2:last-of-type { text-decoration: underline; }
9              p:first-of-type { text-decoration: line-through; }
10         </style>
11     </head>
12     <body>
13         <div>
14             <h2>李白</h2>
15             <p>字太白，号青莲居士，唐代伟大的浪漫主义诗人。</p>
16             <h2>杜甫</h2>
17             <p>字子美，自号少陵野老，唐代伟大的现实主义诗人。</p>
18             <h2>孟浩然</h2>
19             <p>字浩然，号孟山人，唐代著名的山水田园派诗人。</p>
20             <h2>李贺</h2>
21             <p>字长吉，唐朝中期的浪漫主义诗人。 </p>
22         </div>
23     </body>
24 </html>
```

在例 4-12 中，第 14～21 行代码设置了多个<h2>标签和<p>标签。第 8 行代码使用选择器 h2:last-of-type 为最后一个<h2>标签添加下划线，第 9 行代码使用选择器 p:first-of-type 为第一个<p>标签添加删除线。

运行例 4-12，效果如图 4-12 所示。

图4-12　使用:first-of-type选择器和:last-of-type选择器的效果

### 4.3.7　:nth-of-type(n)选择器和:nth-last-of-type(n)选择器

:nth-of-type(n)选择器和:nth-last-of-type(n)选择器用于匹配父标签中特定类型的第 n 个子标签和倒数第 n 个子标签，n 的取值为数字、odd（奇数）或 even（偶数）。

下面通过一个案例对:nth-of-type(n)和:nth-last-of-type(n)选择器的用法做具体演示，如例 4-13 所示。

例 4-13　example13.html

```
1  <!DOCTYPE html>
2  <html>
3  <head>
4     <meta charset="UTF-8">
5     <meta name="viewport" content="width=device-width, initial-scale=1.0">
6     <title>:nth-of-type(n)选择器和:nth-last-of-type(n)选择器</title>
7     <style>
8        h2:nth-of-type(odd) { text-decoration: underline; }
9        p:nth-last-of-type(even) { text-decoration: line-through; }
10    </style>
11 </head>
12 <body>
13    <div>
14       <h2>李白</h2>
15       <p>字太白，号青莲居士，唐代伟大的浪漫主义诗人。</p>
16       <h2>杜甫</h2>
17       <p>字子美，自号少陵野老，唐代伟大的现实主义诗人。</p>
18       <h2>孟浩然</h2>
19       <p>字浩然，号孟山人，唐代著名的山水田园派诗人。</p>
20       <h2>李贺</h2>
21       <p>字长吉，唐朝中期的浪漫主义诗人。</p>
22    </div>
23 </body>
24 </html>
```

在例 4-13 中，第 8 行代码用于为奇数行的<h2>标签添加下划线，第 9 行代码用于为倒数偶数行的<p>标签添加删除线。

运行例 4-13，效果如图 4-13 所示。

图4-13　使用:nth-of-type(n)选择器和:nth-last-of-type(n)选择器的效果

从图 4-13 中可以看出，奇数行标题添加了下划线，倒数偶数行文本添加了删除线。可见 h2:nth-of-type(odd)选择器会为所有奇数行的标题添加指定样式，而 p:nth-last-of-type(even)选择器会为所有倒数的偶数行文本添加指定样式。

### 4.3.8　:empty 选择器

:empty 选择器用来选择没有子元素或内容为空的所有元素。下面通过一个案例对:empty选择器的用法进行演示，如例 4-14 所示。

例 4-14　example14.html

```
1  <!DOCTYPE html>
2  <html>
3  <head>
4      <meta charset="UTF-8">
5      <meta name="viewport" content="width=device-width, initial-scale=1.0">
6      <title>:empty 选择器</title>
7      <style>
8          p {
9              width: 150px;
10             height: 30px;
11         }
12         :empty { background-color: #999; }
13     </style>
14 </head>
15 <body>
16     <div>
17         <p>草树知春不久归，</p>
18         <p>百般红紫斗芳菲。</p>
19         <p>杨花榆荚无才思，</p>
20         <p></p>
21         <p>惟解漫天作雪飞。</p>
22     </div>
23 </body>
24 </html>
```

在例 4-14 中，第 20 行代码定义了 1 个无内容的<p>标签，第 12 行代码使用:empty 选择器将页面中无内容的<p>标签的背景颜色设置为灰色。

运行例 4-14，效果如图 4-14 所示。

从图 4-14 中可以看出，没有内容的<p>标签添加了灰色背景，其他包含内容的<p>标签无变化。

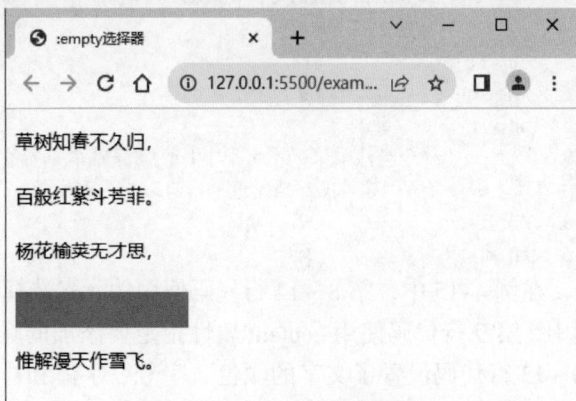

图4-14　使用:empty选择器的效果

## 4.4　伪元素选择器

伪元素选择器是 CSS3 中的一种特殊选择器，它可以在不改变 HTML 标签结构的情况下，在 HTML 标签的指定位置插入内容。伪元素选择器以 "::" 作为前缀，这是它和伪类选择器较为明显的区别。CSS3 中有很多伪元素选择器，本节将介绍两种常用的伪元素选择器——::before 选择器和::after 选择器。

### 4.4.1　::before 选择器

::before 选择器用于在标签内容前面插入内容。使用::before 选择器时必须配合 content 属性来指定要插入的具体内容，其基本语法格式如下。

```
标签名称::before {
    content: 文字或图片的 url();
}
```

在上面的语法格式中，需要先指定要插入内容的标签名称，并使其位于 "::before" 之前。{}中的 content 属性用来指定要插入的具体内容，插入的内容既可以是文字也可以是图片的 URL。

下面通过一个案例对::before 选择器的用法进行演示，如例 4-15 所示。

例 4-15　example15.html

```
1  <!DOCTYPE html>
2  <html>
3  <head>
4      <meta charset="UTF-8">
5      <meta name="viewport" content="width=device-width, initial-scale=1.0">
6      <title>::before 选择器</title>
7      <style>
8          p::before {
9              content: "初，权谓吕蒙曰: ";
10             color: #ccc;
11             font-size: 20px;
12             font-family: "微软雅黑";
13             font-weight: bold;
14         }
15     </style>
16 </head>
17 <body>
18     <p>"卿今当涂掌事，不可不学！"蒙辞以军中多务。权曰："孤岂欲卿治经为博士邪！但当涉猎，
见往事耳。卿言多务，孰若孤？孤常读书，自以为大有所益。"</p>
19 </body>
20 </html>
```

在例 4-15 中，第 8~14 行代码使用伪元素选择器 p::before 在段落文本前添加文字内容。其中，第 9 行代码使用 content 属性指定要添加的具体文字。为了使插入的文字更醒目，第 10~13 行代码设置了文字的颜色、字号、字体和样式（粗体）。

运行例 4-15，效果如图 4-15 所示。

通过图 4-15 可以看出，黑色的段落文字前方显示了灰色、大字号、微软雅黑和粗体的文字内容，这些文字内容是使用::before 伪元素选择器添加的。

### 4.4.2　::after 选择器

::after选择器用于在标签内容后面插入内容，其使用方法与::before 选择器相同。下面通过一个案例对::after 选择器的用法做具体演示，如例 4-16 所示。

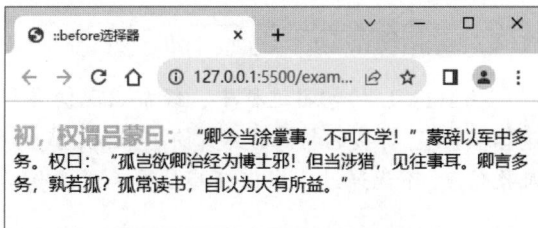

图4-15　使用::before选择器的效果

例 4-16　example16.html

```
1  <!DOCTYPE html>
2  <html>
3  <head>
4      <meta charset="UTF-8">
5      <meta name="viewport" content="width=device-width, initial-scale=1.0">
6      <title>::after 选择器</title>
7      <style>
8          p:after { content: url(zhongqiu.png); }
9      </style>
10 </head>
11 <body>
12     <p>中秋圆月</p>
13 </body>
14 </html>
```

在例 4-16 中，第 8 行代码 p:after { content: url(zhongqiu.png); }表示在段落文本之后插入一张名称为 zhongqiu.png 的图片。

运行例 4-16，效果如图 4-16 所示。

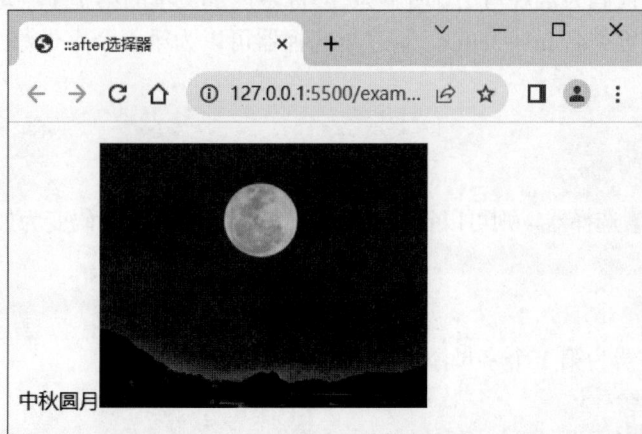

图4-16　使用::after选择器的效果

通过图 4-16 可以看出，插入的图片出现在段落文本的后面，可见使用::after 伪元素选择器可以在段落文本后面插入内容。

在 HTML 的学习过程中，经常出现伪类和伪元素的概念。伪类和伪元素是 CSS 中用来选择 HTML 标签的特殊方式。简单来说，我们可以将伪类理解为不能通过普通选择器获取的抽象信息。下面通过一张班级座位图来对比伪类选择器和基础选择器的差别，如图 4-17 所示。

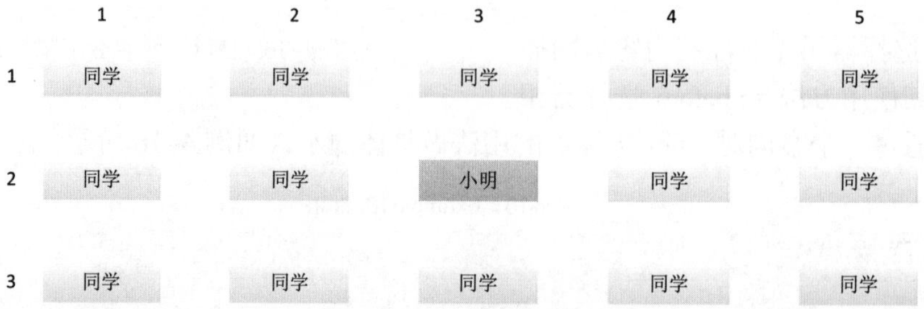

图4-17　班级座位图

在图 4-17 中，如果想要选择小明，我们可以直接通过名字（基础选择器）进行选择，也可以通过特定的位置（伪类选择器）——第 2 行第 3 列进行选择。

在获取 HTML 标签时，通常可以通过选择器直接获取指定的标签。但要想获取特定条件的标签，如获取奇数行或偶数行的标签，当标签数量足够多时，很难通过常规的 CSS 选择器实现，这时可以使用:nth-of-type(odd)选择器或:nth-of-type(even)选择器进行选择。使用伪类选择器，我们可以弥补常规的 CSS 选择器无法满足特定需求方面的不足。

伪元素是依托现有标签创建的一个虚拟标签，我们可以为这个虚拟标签添加内容或样式。例如用下面的 HTML 代码为文本的第 1 个字母添加<span>标签。

```
<p>
    <span class="first-letter">H</span>ello, World
</p>
```

上面的 HTML 代码为常规写法，用于为<p>标签内部文本的第 1 个字母添加<span>标签，并为<span>标签设置类名 first-letter。通过类选择器可以为第 1 个字母添加 CSS 样式，具体代码如下。

```
.first-letter {
    color: red;
}
```

如果使用伪元素选择器，则可以省略<span>标签，将 HTML 代码变为如下样式。

```
<p>
    Hello, World
</p>
```

使用伪类选择器为第 1 个字母添加 CSS 样式的代码如下。

```
p::first-letter {
    color: red;
}
```

在上面的 CSS 代码中，"::first-letter"就是一个伪元素，相当于为字母 H 设置一个虚拟的标签<span class="first-letter">H</span>，从而设置其样式。

## 4.5　阶段案例——制作列车时刻表

本章的前几节重点介绍了 CSS3 中各种不同类型的选择器的使用方法。为了帮助读者更好地掌握这些知识点，本节将以案例演示的方式，分步骤讲解如何制作一个列车时刻表，该页面的默认效果如图 4-18 所示。

图4-18　列车时刻表效果

请扫描二维码查看本章阶段案例的具体讲解。

## 4.6　本章小结

本章重点讲解了 CSS3 中不同类型的选择器，包括属性选择器、关系选择器、结构化伪类选择器和伪元素选择器，帮助读者了解它们的特点和使用方法。最后，本章还通过一个制作列车时刻表的案例来应用所学的选择器知识点。

选择器是 CSS3 中非常重要的内容，它能够满足样式设置的各种需求。本章只演示了部分选择器的功能和使用方法，读者可以自行学习 CSS3 其他选择器的特性和用法，以更好地完成网页设计与制作。

## 4.7　课后练习

请扫描二维码查看本章课后练习题。

# 第 5 章

# 盒子模型

· · · · ·
**学习目标** ⎬

★ 了解盒子模型的概念，能够阐述盒子模型的基本结构。

★ 了解盒子模型的相关属性，能够利用这些属性设置盒子模型。

★ 熟悉元素的类型，能够说明块元素和行内元素的区别和用途。

★ 掌握<div>标签和<span>标签的用法，能够使用这两个标签搭建页面模块。

★ 掌握元素类型的转换方法，能够转换不同类型的元素。

★ 了解块元素垂直外边距的合并规则，能够根据这个规则合理设置页面模块。

盒子模型是网页布局中非常重要的概念，了解它的规律和特征对准确控制页面元素的布局来说至关重要。本章将深入讲解盒子模型及相关知识，包括盒子模型的相关属性、元素的类型和转换、块元素垂直外边距的合并规则，为后续学习网页布局打下坚实的基础。

## 5.1 认识盒子模型

在浏览网站时，我们会发现网页内容被分隔成不同的区域，每块区域分别承载着不同的内容，使得网页的内容虽然零散，但是在版式排列上依然清晰、有条理。例如图 5-1 所示的教程网站页面。

在图 5-1 中，网页被划分为两个区域，这两个区域内又被分出多个子区域，网页的内容全部放置在这些区域中。这些承载内容的区域被称为盒子。盒子模型就是把 HTML 页面中的元素看作一个方形的盒子，每个方形的盒子可以由内容、宽度、高度、内边距、边框和外边距组成。

为了更形象地认识盒子模型，下面以生活中常见的手机盒子为例，分析盒子模型的构成。手机盒子如图 5-2 所示。

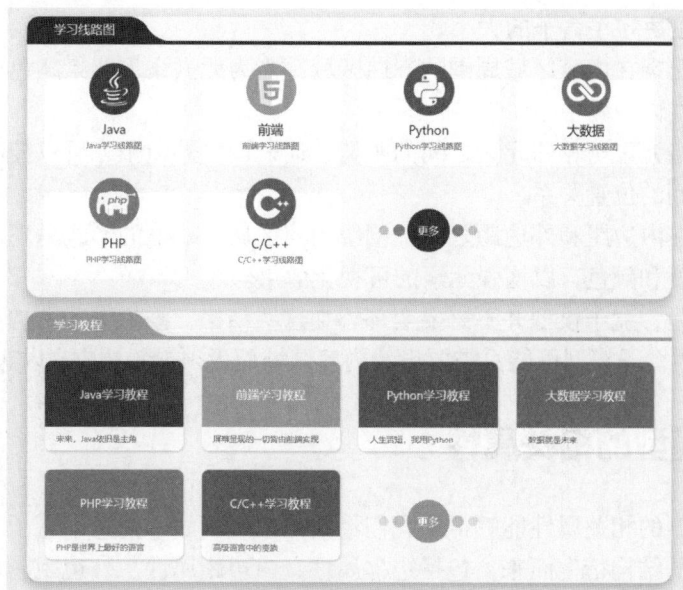

图5-1　教程网站页面

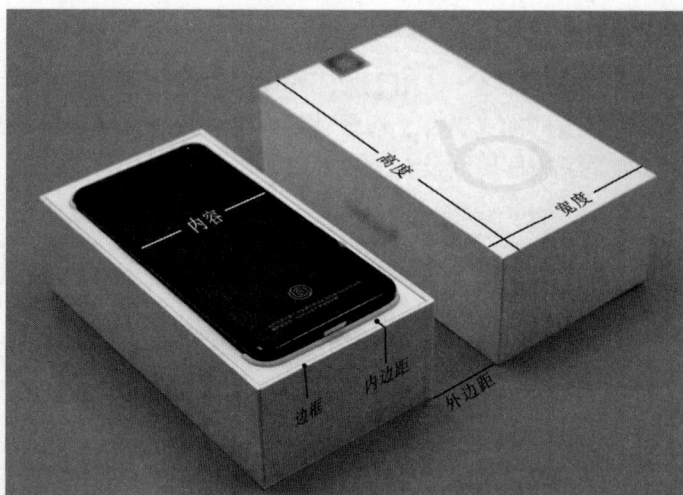

图5-2　手机盒子

通过图 5-2 可以看出，一个完整的手机盒子通常包含手机、填充泡沫和盛装手机的纸盒等。类比盒子模型的结构如下。

- 内容：手机可以看作盒子模型的内容。
- 宽度和高度：手机盒子的宽度和高度可以看作盒子模型的宽度和高度。
- 内边距：填充泡沫可以看作盒子模型的内边距。
- 外边距：当多个手机盒子并列放在一起时，它们之间的距离可以看作盒子模型的外边距。
- 边框：纸盒的厚度可以看作盒子模型的边框。

在盒子模型中，各部分结构的作用描述如下。

- 内容是用户自行定义的。

- 宽度和高度决定了盒子的大小。
- 内边距是出现在内容区域周围的空白区域。当为元素添加背景颜色或背景图像时，这些背景将出现在内边距中。
- 外边距是指元素与相邻元素之间的距离。通过调整外边距，可以控制元素之间的距离或控制它们之间的位置关系。
- 边框显示在内边距和外边距之间，围绕内容区域以线框的形式呈现。边框可以具有不同的样式、宽度和颜色，以增强元素的可视化效果。

需要注意的是，盒子模型并不需要全部添加这些结构，添加哪些结构取决于具体的设计要求，例如有些盒子模型可能只需要设置内容区域而无须设置边框、内边距和外边距等。

## 5.2　盒子模型的相关属性

掌握盒子模型的相关属性能够帮助我们灵活地控制页面中的每个盒子。盒子模型的属性基于盒子模型的结构衍生而来，包括边框属性、内边距属性、外边距属性、宽度属性、高度属性以及和盒子模型相关的背景属性。本节将详细讲解盒子模型的相关属性。

### 5.2.1　边框属性

边框属性是盒子模型的属性之一，用于为元素设置边框效果。在 CSS 中，边框属性并不是某个属性，而是包含边框样式属性、边框宽度属性、边框颜色属性、边框综合属性等一系列属性。表 5-1 列举了边框属性及对应属性值。

表 5-1　边框属性及对应属性值

| 属性 | 说明 | 属性值 |
| --- | --- | --- |
| border-style | 边框样式属性 | none：无边框（默认值）<br>solid：单实线边框<br>dashed：虚线边框<br>dotted：点线边框<br>double：双实线边框 |
| border-width | 边框宽度属性 | 像素值 |
| border-color | 边框颜色属性 | 颜色的英文名称<br>十六进制颜色值<br>RGB 颜色值 |
| border | 边框综合属性 | 各边框属性对应的属性值 |

下面对表 5-1 中的属性和属性值进行具体讲解。

#### 1. 边框样式

边框样式指的是边框的显示形态，例如实线边框、虚线边框等。在 CSS 属性中，border-style 属性用于设置边框样式，其常用属性值如下。

- none：不添加边框样式（默认值）。
- solid：边框样式为单实线。
- dashed：边框样式为虚线。

- dotted：边框样式为点线。
- double：边框样式为双实线。

例如，定义边框显示为双实线，具体代码如下。

```
border-style: double;
```

上面的代码会将上、下、左、右 4 条边框的样式都设置为双实线。如果想要设置某侧边框的样式，可以通过以下属性进行设置。

```
border-top-style: 上边框样式;
border-right-style: 右边框样式;
border-bottom-style: 下边框样式;
border-left-style: 左边框样式;
```

同时，为了避免代码冗余，也可以通过为 border-style 属性设置多个属性值的方式，综合设置 4 条边框的样式，具体格式如下。

```
border-style: 上边框样式 右边框样式 下边框样式 左边框样式;
border-style: 上边框样式 左右边框样式 下边框样式;
border-style: 上下边框样式 左右边框样式;
```

在上面的代码中，border-style 属性可以设置 1~4 个属性值，各属性值之间使用空格分隔，并按照"值复制"原则进行设置。值复制原则是指在设置属性值时，可以按照指定规则省略部分相同的属性值。在设置边框样式时，遵循的值复制原则如下。

① 设置 4 个属性值：按照上、右、下、左的顺序，分别设置 4 条边框的样式。

② 设置 3 个属性值：按照上、左右、下的顺序，分别设置 4 条边框的样式，其中左右边框的样式相同。

③ 设置 2 个属性值：按照上下、左右的顺序，分别设置 4 条边框的样式，其中上下边框样式相同，左右边框样式相同。

接下来通过一个案例演示 border-style 属性的用法和使用效果，如例 5-1 所示。

例 5-1　example01.html

```
1  <!DOCTYPE html>
2  <html>
3  <head>
4      <meta charset="UTF-8">
5      <meta name="viewport" content="width=device-width, initial-scale=1.0">
6      <title>边框样式</title>
7      <style>
8          h2 { border-style: double; }                    /* 4 条边框均为双实线 */
9          .one { border-style: dotted solid; }            /* 上下边框为点线，左右边框
为单实线 */
10         .two { border-style: solid dotted dashed; }     /* 上边框为单实线、左右边框
为点线、下边框为虚线 */
11     </style>
12 </head>
13 <body>
14     <h2>己亥杂诗</h2>
15     <p class="one">段落 1：浩荡离愁白日斜，吟鞭东指即天涯。</p>
16     <p class="two">段落 2：落红不是无情物，化作春泥更护花。</p>
17 </body>
18 </html>
```

例 5-1 使用 border-style 属性设置标题和段落文本的边框样式。第 8 行代码使用 1 个属性值统一设置 4 条边框的样式，第 9 行代码使用 2 个属性值分别设置上下边框和左右边框的样式，第 10 行代码使用 3 个属性值分别设置上边框、左右边框和下边框的样式。

运行例 5-1，效果如图 5-3 所示。

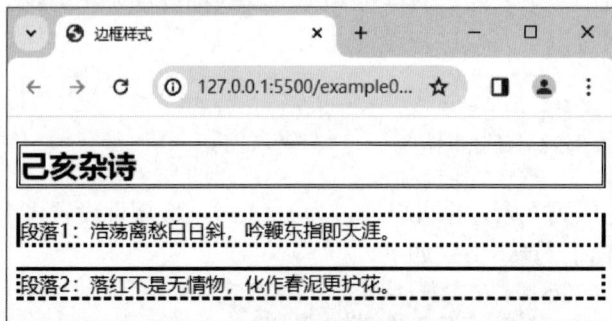

图5-3　设置border-style属性后的效果

需要注意的是，由于兼容性的问题，点线和虚线的显示样式在不同的浏览器中可能会略有差异。

### 2. 边框宽度

边框宽度指的是边框的粗细程度。在 CSS 属性中，border-width 属性用于设置边框宽度，其常用属性值是以 px 为单位的数值。例如设置宽度为 5px 的边框，具体代码如下。

```
border-width: 5px;
```

上面的代码会将上、下、左、右 4 条边框的宽度都设置为 5px。border-width 属性遵循值复制原则，可以设置 1~4 个值，具体如下。

- 1 个值：将 4 条边框的宽度都设置为同一数值。
- 2 个值：分别表示上下和左右边框的宽度。
- 3 个值：分别表示上、左右、下边框的宽度。
- 4 个值：分别表示上、右、下、左边框的宽度。

如果想要设置某侧边框的宽度，可以通过以下属性进行设置。

```
border-top-width: 上边框宽度;
border-right-width: 右边框宽度;
border-bottom-width: 下边框宽度;
border-left-width: 左边框宽度;
```

下面通过一个案例演示 border-width 属性的用法，如例 5-2 所示。

例 5-2　example02.html

```
1  <!DOCTYPE html>
2  <html>
3  <head>
4    <meta charset="UTF-8">
5    <meta name="viewport" content="width=device-width, initial-scale=1.0">
6    <title>边框宽度</title>
7    <style>
8      .one { border-width: 3px; }
9      .two { border-width: 3px 1px; }
```

```
10          .three { border-width: 3px 1px 2px; }
11      </style>
12  </head>
13  <body>
14      <p class="one">盼望着，盼望着，东风来了，春天的脚步近了。</p>
15      <p class="two">盼望着，盼望着，东风来了，春天的脚步近了。</p>
16      <p class="three">盼望着，盼望着，东风来了，春天的脚步近了。</p>
17  </body>
18  </html>
```

在例 5-2 中，第 8~10 行代码分别定义了 1 个属性值、2 个属性值和 3 个属性值，以对比边框宽度的变化。

需要注意的是，在设置边框宽度时，必须同时设置边框样式，如果未设置边框样式，则不论边框宽度设置为多少，页面中都不会显示边框效果。运行例5-2，得到未设置边框样式时的效果，如图 5-4 所示。

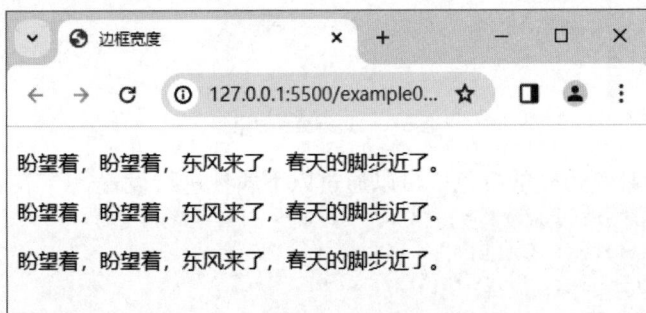

图5-4　未设置边框样式时的效果

在例 5-2 的 CSS 代码中，为<p>标签添加实线边框，代码如下。

```
p { border-style: solid; }    /* 边框样式为单实线 */
```

保存 HTML 文件，刷新页面，效果如图 5-5 所示。

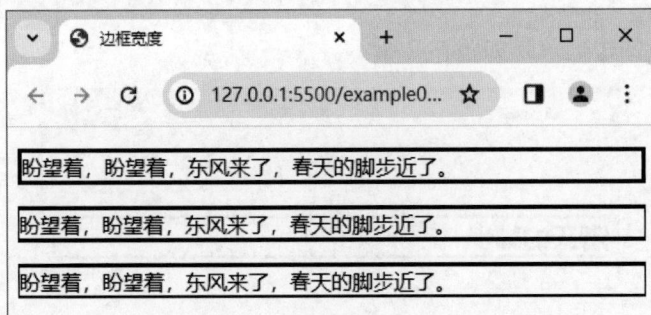

图5-5　添加单实线边框后的效果

在图 5-5 中，页面中显示了对应的边框样式和不同的边框宽度。

### 3. 边框颜色

边框颜色指的是边框显示的色彩，默认颜色为黑色。在 CSS 属性中，border-color 属性用来设置边框颜色，其属性值可以是颜色的英文名称、十六进制颜色值或 RGB 颜色值，其中十六进制颜色值在实际工作中较为常用。与之前提到的边框属性类似，border-color

属性同样遵循值复制原则，可以设置 1～4 个属性值来分别表示上、右、下、左 4 条边框的颜色。

例如，设置段落的边框样式为单实线，上下边框颜色为灰色，左右边框颜色为红色，代码如下。

```
p {
    border-style: solid;          /* 综合设置边框样式 */
    border-color: #ccc red;       /* 设置边框颜色 */
}
```

在上面的代码中，#ccc 用于设置上下边框颜色为灰色，red 用于设置左右边框颜色为红色。示例代码对应的边框效果如图 5-6 所示。

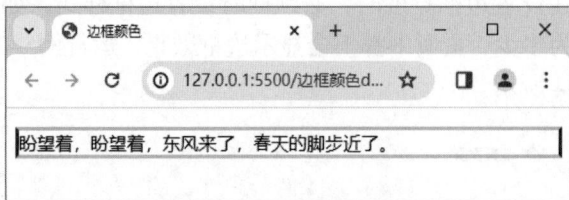

图5-6　边框颜色效果1

如果想要设置某侧边框的颜色，可以通过以下属性进行设置。

```
border-top-color: 上边框颜色;
border-right-color: 右边框颜色;
border-bottom-color: 下边框颜色;
border-left-color: 左边框颜色;
```

例如，设置二级标题的边框样式为单实线，下边框为红色，其余边框均采用默认的颜色，代码如下。

```
h2 {
    border-style: solid;              /* 设置边框样式为单实线 */
    border-bottom-color: red;         /* 单独设置下边框颜色 */
}
```

示例代码对应的边框效果如图 5-7 所示。

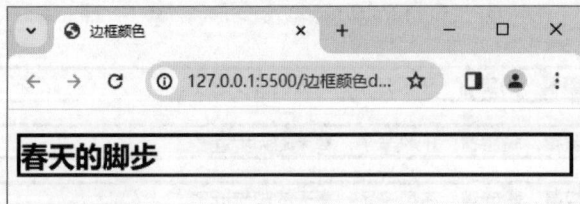

图5-7　边框颜色效果2

**注意：**

使用 RGB 颜色值设置边框颜色时，如果括号中的百分数数值为 0，则需要在数值后面添加百分号，写作 0%。这可以确保语法和颜色表示的正确性。

**多学一招：透明边框的用法**

如果需要暂时使元素的边框不可见，可以使用 border-color: transparent;属性将边框设置

　　为透明。当需要再次显示边框时，只需设置相应的颜色即可。这种方法可以保证元素的区域范围不发生变化。

　　需要注意的是，border-color: transparent;与 border-color: none;是不同的。border-color: none;表示取消元素的边框，此时边框的宽度为 0，元素的区域范围可能发生变化。而 border-color: transparent;只是使边框变得不可见，但仍存在，元素的区域范围不会发生变化。

### 4. 综合设置边框样式

　　使用 border-style、border-width 和 border-color 属性可以实现各种丰富的边框效果。不过，这种编写代码的方式比较烦琐。为此，CSS3 提供了一个更便捷的属性来综合设置边框样式，即 border 属性。border 属性的基本语法格式如下。

```
border: 宽度 样式 颜色;
```

　　在上述语法格式中，边框宽度、样式、颜色的属性值不分先后顺序，可以只指定需要设置的边框属性值，省略的属性值将采用默认值，但边框样式的属性值不能省略。

　　例如，将二级标题的边框设置为 3px 宽、双实线、红色，代码如下。

```
h2 { border: 3px double red; }
```

　　如果想要单独定义某侧的边框样式，可以使用单侧边框的综合属性进行设置，具体格式如下。

```
border-top: 上边框宽度 样式 颜色;
border-right: 右边框宽度 样式 颜色;
border-bottom: 下边框宽度 样式 颜色;
border-left: 左边框宽度 样式 颜色;
```

　　例如，单独定义段落文本的上边框，代码如下。

```
p { border-top: 2px solid #ccc; }        /* 定义上边框，各个属性值顺序任意 */
```

　　像 border、border-top 等属性，可以使用一个属性代替多个属性来定义多种样式，这类属性在 CSS 中称为复合属性。在实际工作中常使用复合属性。复合属性可以简化代码、提高页面的加载速度。常用的复合属性有 font、margin、padding 和 background 等。

　　为了更好地理解复合属性，接下来使用 border 复合属性分别为标题、段落和图像设置边框，如例 5-3 所示。

例 5-3　example03.html

```
1   <!DOCTYPE html>
2   <html>
3   <head>
4       <meta charset="UTF-8">
5       <meta name="viewport" content="width=device-width, initial-scale=1.0">
6       <title>综合设置边框样式</title>
7       <style>
8       h2 { /* 用单侧边框复合属性设置边框样式 */
9           border-top: 3px dashed #f00;
10          border-right: 10px double #900;
11          border-bottom: 5px double #ff6600;
12          border-left: 10px solid green;
13      }
14      .zhangjiuling { border: 15px solid #ff6600; }    /* 用 border 复合属性设置边框
    样式 */
15      </style>
```

```
16  </head>
17  <body>
18      <h2>张九龄</h2>
19      <img class="zhangjiuling" src="images/1.jpg" alt="张九龄">
20  </body>
21  </html>
```

在例 5-3 中，第 9~12 行代码使用单侧边框复合属性，为二级标题添加边框样式，使每条边框显示为不同的样式；第 14 行代码则使用了复合属性 border 为图像设置了边框样式。

运行例 5-3，效果如图 5-8 所示。

### 5.2.2 内边距属性

为了调整内容在盒子中的显示位置，经常需要给元素设置内边距属性。内边距也称为内填充，指的是元素内容与边框之间的距离。在 CSS3 中，padding 属性用于设置内边距，和边框属性 border 一样，padding 属性也是复合属性。为元素添加内边距的语法格式如下。

图5-8   综合设置边框样式的页面效果

```
padding: 上内边距 [右内边距 下内边距 左内边距];
```

在上面的设置中，padding 属性可以设置 1~4 个属性值，各属性值之间使用空格分隔。属性值可以为 auto（默认值，表示自适应），也可以为不同单位的数值，例如 3px、5% 等。在实际工作中，最常用的数值单位是 px，采用 px 作为单位可以精确地控制和预测元素位置。需要注意的是，padding 属性的值不允许为负值。

使用 padding 属性定义内边距时，同样遵循值复制原则，1 个属性值作用于 4 个内边距，2 个属性值作用于上下内边距和左右内边距，3 个属性值作用于上内边距、左右内边距和下内边距，4 个属性值按照上、右、下、左的顺序作用于各内边距。

此外，也可以通过单侧内边距属性单独设置元素某侧的内边距，设置方式如下。

```
padding-top: 上内边距;
padding-right: 右内边距;
padding-bottom: 下内边距;
padding-left: 左内边距;
```

接下来通过一个案例来演示 padding 属性的用法。在页面中添加一个图像和一段文本，然后使用 padding 属性控制它们的内边距，如例 5-4 所示。

例 5-4   example04.html

```
1   <!DOCTYPE html>
2   <html>
3   <head>
4       <meta charset="UTF-8">
```

```
5        <meta name="viewport" content="width=device-width, initial-scale=1.0">
6        <title>内边距属性</title>
7        <style>
8           .border { border: 5px solid #ccc; }
9           img {
10             padding: 80px;        /* 设置 4 侧的内边距 */
11             padding-bottom: 0;    /* 设置下内边距 */
12          }
13          p { padding: 5%; }        /* 段落内边距为父元素宽度的 5% */
14       </style>
15   </head>
16   <body>
17       <img class="border" src="images/in.png">
18       <p class="border">爱岗敬业，无私奉献</p>
19   </body>
20   </html>
```

在例 5-4 中，第 10 行代码使用 padding 属性统一设置 4 侧的内边距；第 11 行代码使用 padding-bottom 属性单独设置下内边距为 0，使图片紧贴下边框显示；第 13 行代码为<p>标签设置 padding 属性的值为百分数。

运行例 5-4，效果如图 5-9 所示。

图5-9　设置内边距属性后的效果

在图 5-9 中，图像和段落文本同时应用了内边距效果。与图像不同，段落文本的内边距属性值采用了百分数。当通过拖动浏览器窗口来改变段落文本的宽度时，段落文本的内边距会根据设置的百分比进行自动调整。

**注意:**

内边距属性的百分数数值是相对于父元素宽度的百分比，因此内边距会随父元素的变化而变化，和高度无关。

### 5.2.3 外边距属性

网页是由多个盒子排列而成的，要想拉开盒子与盒子之间的距离，合理地布局网页，就需要为盒子设置外边距。外边距指的是相邻元素（盒子）之间的距离。CSS3 中 margin 属性用于设置外边距，它是一个复合属性，与内边距属性 padding 的用法类似，设置外边距的语法格式如下。

```
margin: 上外边距 [右外边距 下外边距 左外边距];
```

在上面的设置方式中，margin 属性和 padding 属性的用法类似，同样遵循值复制原则，可以设置 1~4 个属性值，代表不同方向的外边距。不同之处在于 margin 属性的值可以为负值，使相邻元素重叠显示。

当对块元素应用宽度属性 width，并将左右的外边距属性值都设置为 auto 时，可使块元素水平居中，实际工作中常用这种方式进行网页布局，示例代码如下。

```
.num { margin: 0 auto; }
```

此外，也可以通过单侧外边距属性单独设置元素某侧的外边距，设置方式如下。

```
margin-top: 上外边距;
margin-right: 右外边距;
margin-bottom: 下外边距;
margin-left: 左外边距;
```

下面通过一个案例演示 margin 属性的用法和使用效果。在页面中添加多个图像，然后使用 margin 属性控制它们的外边距，如例 5-5 所示。

例 5-5　example05.html

```
1   <!DOCTYPE html>
2   <html>
3   <head>
4       <meta charset="UTF-8">
5       <meta name="viewport" content="width=device-width, initial-scale=1.0">
6       <title>外边距属性</title>
7       <style>
8          img {
9              border: 5px solid #ccc;
10             margin: 80px;        /* 设置 4 侧的外边距 */
11          }
12      </style>
13  </head>
14  <body>
15      <img src="images/in.png">
16      <img src="images/in.png">
17      <img src="images/in.png">
18      <img src="images/in.png">
19  </body>
20  </html>
```

在例 5-5 中，第 10 行代码使用 margin 属性设置图像的外边距，从而在图像之间创建了一定的距离。

运行例 5-5，效果如图 5-10 所示。

图5-10 设置外边距属性后的效果

**注意:**

内边距比外边距的容错率高,如果没有明确定义标签的宽度和高度,建议优先使用内边距。这里需说明的是,容错率即为允许错误出现的范围与概率。

### 5.2.4 背景属性

网页的背景图像可以给人留下强烈的第一印象,尤其是节日主题的网站页面中经常会使用喜庆、祥和的图片来营造节日氛围。因此,在网页设计中,背景颜色和背景图像至关重要。使用 CSS3 的背景属性可以控制网页背景,下面将详细介绍背景属性的相关内容。

#### 1. 设置背景颜色

在 CSS3 中,使用 background-color 属性来设置网页元素的背景颜色,其属性值与文本颜色的取值一样,可使用颜色的英文名称、十六进制颜色值或 RGB 颜色值。background-color 属性的默认值为 transparent,即背景透明。背景透明的子元素会显示其父元素的背景颜色。

接下来通过一个案例演示 background-color 属性的用法,如例 5-6 所示。

例 5-6 example06.html

```
1  <!DOCTYPE html>
2  <html>
3  <head>
4      <meta charset="UTF-8">
5      <meta name="viewport" content="width=device-width, initial-scale=1.0">
6      <title>设置背景颜色</title>
7      <style>
8          body { background-color: #ccc; }  /* 设置网页的背景颜色 */
9          h2 {
10             font-family: "微软雅黑";
11             color: #fff;
12             background-color: #36c;        /* 设置标题的背景颜色 */
13         }
14     </style>
15 </head>
```

```
16  <body>
17      <h2>热爱工作，具有奉献精神</h2>
18      <p>奉献就像蒲公英的种子，随风飘散，落到哪里就在哪里生根、成长，就会在哪里开出美丽的金色
小花；而我们的行动就像那传播种子的缕缕清风，让我们拿出心中的热情、奉献我们的青春，用真诚的态度对
待工作、对待生活、对待人生。</p>
19  </body>
20  </html>
```

在例 5-6 中，第 8 行代码和第 12 行代码通过 background-color 属性分别控制网页和标题的背景颜色。

运行例 5-6，效果如图 5-11 所示。

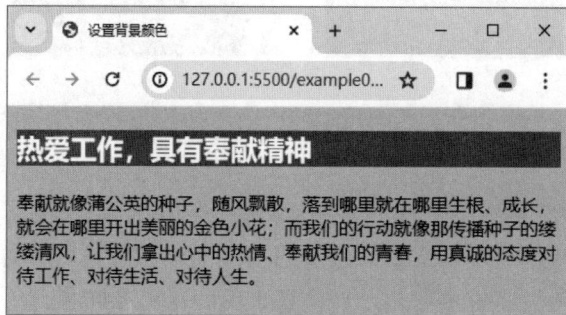

图5-11  设置背景颜色后的效果

在图 5-11 中，标题的背景颜色为蓝色，而段落文本却显示了父元素 body 的背景颜色，即灰色。这是由于段落标签<p>的背景颜色未设置，因此使用默认属性值 transparent（透明），此时段落文本将显示父元素 body 的背景颜色。

### 2. 设置背景图像

在网页设计中，不仅可以设置背景颜色，还可以设置背景图像。使用 CSS3 中的 background-image 属性可以为元素设置背景图像。

以例 5-6 为基础，准备一张背景图像，如图 5-12 所示。将背景图像放置在 images 文件夹中，然后更改<body>标签的 CSS 代码，具体代码如下。

```
body {
    background-color: #ccc;                  /* 设置网页的背景颜色 */
    background-image: url(images/bg.png);    /* 设置网页的背景图像 */
}
```

保存 HTML 文件，刷新网页，设置背景图像的效果如图 5-13 所示。

图5-12  背景图像

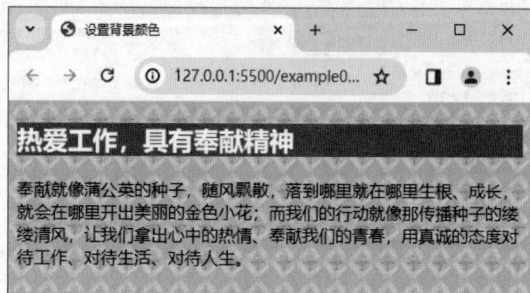

图5-13  设置背景图像后的效果

通过图 5-13 可以看出，背景图像自动沿着水平和垂直两个方向平铺，充满整个页面，并且覆盖了部分<body>标签的背景颜色。

### 3. 设置背景图像平铺方式

默认情况下，背景图像会自动沿水平和垂直两个方向平铺。如果不希望背景图像平铺，或者希望其只沿着一个方向平铺，可以通过 background-repeat 属性来控制，该属性的取值及相关介绍如下。

- repeat：用于设置背景图像沿水平和垂直两个方向平铺（默认值）。
- no-repeat：用于设置背景图像不平铺，背景图像位于元素的左上角，只显示一次。
- repeat-x：用于设置背景图像只沿水平方向平铺。
- repeat-y：用于设置背景图像只沿垂直方向平铺。

例如，若希望上面例子中的图像只沿水平方向平铺，可以将<body>标签的 CSS 代码更改为以下代码。

```
body {
    background-color: #CCC;                    /* 设置网页的背景颜色 */
    background-image: url(images/bg.png);      /* 设置网页的背景图像 */
    background-repeat: repeat-x;               /* 设置背景图像沿水平方向平铺 */
}
```

保存 HTML 文件，刷新页面，效果如图 5-14 所示。

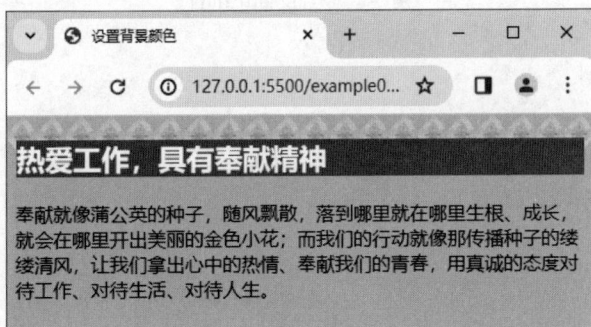

图5-14　设置背景图像只沿水平方向平铺

在图 5-14 中，背景图像只沿水平方向平铺，其覆盖的区域就显示背景图像，没有覆盖的区域按照设置的背景颜色显示。可见当背景图像和背景颜色同时存在时，背景图像将优先显示。

### 4. 设置背景图像的位置

如果将背景图像的平铺属性 background-repeat 的值定义为 no-repeat，背景图像将显示在元素的左上角。如果想要自由控制背景图像的位置，可以使用 CSS 中的 background-position 属性。background-position 属性用于精确控制背景图像的位置，其语法格式如下。

```
background-position: 属性值 1 属性值 2;
```

在上面的语法格式中，background-position 属性的值可以设置 1 个或 2 个。两个属性值中间用空格分隔，属性值 1 表示背景图像的水平位置，属性值 2 表示背景图像的垂直位置。background-position 属性的取值有多种，具体如下。

（1）使用不同单位的数值

最常用的是像素值，可以使用像素值直接设置图像左上角在元素中的水平坐标和垂直坐标，例如 background-position: 20px 20px;。

（2）使用方位名词

方位名词用于指定背景图像在元素中的对齐方式。

- 水平方向值：left、center、right。
- 垂直方向值：top、center、bottom。

两个方位名词的顺序任意，若只有一个方位名词则另一个默认居中。例如，center 相当于 center center（水平居中　垂直居中），top 相当于 center top（水平居中、垂直居上）。

（3）使用百分数

百分数会将背景图像和元素的指定点对齐。

- 0% 0%：表示背景图像左上角与元素的左上角对齐。
- 50% 50%：表示背景图像 50% 50% 的中心点与元素 50% 50% 的中心点对齐。
- 20% 30%：表示背景图像 20% 30% 的点与元素 20% 30% 的点对齐。
- 100% 100%：表示背景图像右下角与元素的右下角对齐。

如果 background-position 属性的值只有一个百分数，该值将作为水平值，垂直值则默认为 50%。

下面通过一个示例演示 background-position 属性的用法，如例 5-7 所示。

例 5-7　example07.html

```html
1  <!DOCTYPE html>
2  <html>
3  <head>
4    <meta charset="UTF-8">
5    <meta name="viewport" content="width=device-width, initial-scale=1.0">
6    <title>设置背景图像的位置</title>
7    <style>
8      body {
9        background-image: url(images/jiangzhang.png);  /* 设置网页的背景图像 */
10       background-repeat: no-repeat;                   /* 设置背景图像不平铺 */
11     }
12     h2 {
13       font-family: "微软雅黑";
14       color: #fff;
15       background-color: #36c;                         /* 设置标题的背景颜色 */
16     }
17   </style>
18 </head>
19 <body>
20   <h2>热爱工作，具有奉献精神</h2>
21     <p>奉献就像蒲公英的种子，随风飘散，落到哪里就在哪里生根、成长，就会在哪里开出美丽的金色小花；而我们的行动就像那传播种子的缕缕清风，让我们拿出心中的热情、奉献我们的青春，用真诚的态度对待工作、对待生活、对待人生。奉献就像蒲公英的种子，随风飘散，落到哪里就在哪里生根、成长，就会在哪里开出美丽的金色小花；而我们的行动就像那传播种子的缕缕清风，让我们拿出心中的热情、奉献我们的青春，用真诚的态度对待工作、对待生活、对待人生。</p>
22 </body>
23 </html>
```

在例 5-7 中，第 10 行代码将<body>标签的 background-repeat 属性值设置为 no-repeat，即设置背景图像不平铺。

运行例 5-7，效果如图 5-15 所示。

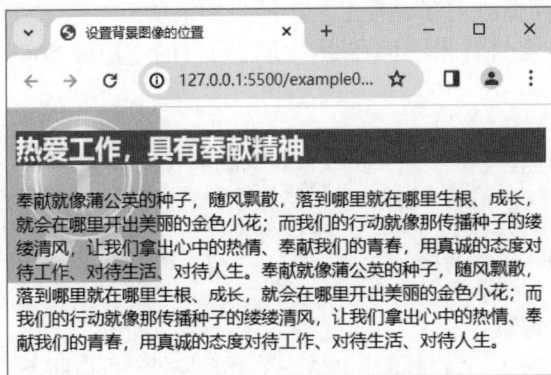

图5-15  设置背景图像位置的效果1

通过图 5-15 可以看出，背景图像位于 HTML 页面的左上角，这是背景图像的默认显示位置。如果希望背景图像出现在其他位置，可以使用 background-position 属性。例如，将例 5-7 中的背景图像定义在页面的右下角，可以更改<body>标签的 CSS 代码，具体如下。

```
body {
    background-image: url(images/jiangzhang.png);    /* 设置网页的背景图像 */
    background-repeat: no-repeat;                     /* 设置背景图像不平铺 */
    background-position: right bottom;                /* 设置背景图像的位置 */
}
```

在上面的代码中，使用 right 设置背景图像水平靠右，使用 bottom 设置背景图像垂直靠底部。

保存 HTML 文件，刷新网页，效果如图 5-16 所示。

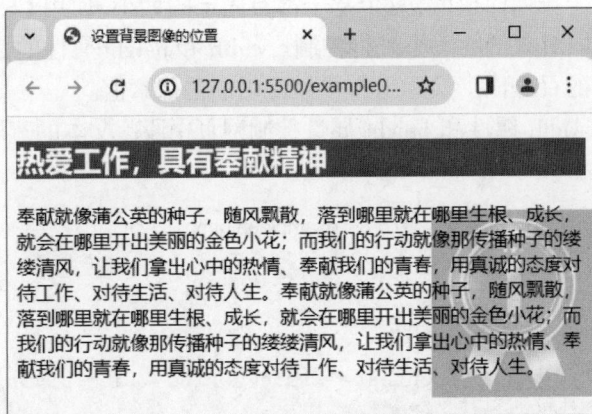

图5-16  设置背景图像位置的效果2

### 5. 设置背景图像固定

当网页中的内容较多时，背景图像会随着页面滚动条的移动而移动，如果希望背景图像固定在浏览器窗口的某个位置，可以使用 background-attachment 属性。background-attachment 属性有两个值，分别代表不同的含义，具体解释如下。

- scroll：设置背景图像随页面一起滚动（默认值）。
- fixed：设置背景图像固定在屏幕上，不随页面滚动。

例如下面的代码，会将背景图像在距浏览器窗口的左边缘 50px、上边缘 80px 的位置固定。

```css
body {
    background-image: url(images/jiangzhang.png);
    background-repeat: no-repeat;              /* 设置背景图像不平铺 */
    background-position: 50px 80px;            /* 用像素值控制背景图像的位置 */
    background-attachment: fixed;              /* 设置背景图像的位置固定 */
}
```

**6. 综合设置元素的背景**

同边框属性一样，CSS3 的背景属性也是一个复合属性，可以将与背景相关的样式都综合定义在一个复合属性 background 中。使用 background 属性综合设置背景样式的语法格式如下。

```css
background: 背景颜色 url(图像) 平铺 位置 固定;
```

在上面的语法格式中，各属性值的顺序可以调整，不需要的样式可以省略。例如下面的代码。

```css
background: url(images/bg.png) no-repeat 50px 80px fixed;
```

上述代码省略了背景颜色，等价于如下代码。

```css
body {
    background-image: url(images/bg.png);      /* 设置网页的背景图像 */
    background-repeat: no-repeat;              /* 设置背景图像不平铺 */
    background-position: 50px 80px;            /* 用像素值控制背景图像的位置 */
    background-attachment: fixed;              /* 设置背景图像的位置固定 */
}
```

### 5.2.5 宽度属性与高度属性

网页是由多个盒子排列而成的，每个盒子都有固定的大小，使用 CSS3 的宽度属性 width 和高度属性 height 可以对盒子的大小进行控制。width 和 height 属性的值可以为不同单位的数值或相对于父元素的百分比，实际工作中最常用的是像素值。

下面的代码通过 width 属性和 height 属性控制网页中段落文本的宽度和高度，如例 5-8 所示。

例 5-8　example08.html

```html
1   <!DOCTYPE html>
2   <html>
3   <head>
4       <meta charset="UTF-8">
5       <meta name="viewport" content="width=device-width, initial-scale=1.0">
6       <title>宽度属性和高度属性</title>
7       <style>
8       .box {
9           width: 450px;                      /* 设置段落文本的宽度 */
10          height: 120px;                     /* 设置段落文本的高度 */
11          border: 8px solid #00f;
12          margin: 10px;
```

```
13          }
14      </style>
15  </head>
16  <body>
17      <p class="box">知幸与不幸，则其读书也必专，而其归书也必速。</p>
18  </body>
19  </html>
```

在例 5-8 中，第 9~10 行代码通过 width 属性和 height 属性分别设置段落文本的宽度为 450px、高度为 120px；第 11 行代码通过 border 属性设置段落文本的边框宽度为 8px；第 12 行代码通过 margin 属性设置段落文本的外边距为 10px。

运行例 5-8，效果如图 5-17 所示。

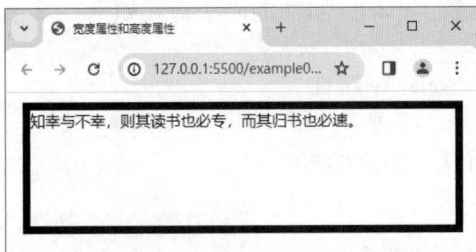

图5-17　设置宽度属性和高度属性的效果

在例 5-8 设计的盒子中，初学者可能会误以为盒子的总宽度为 450px。然而，根据 CSS 规范，盒子的宽度属性和高度属性仅指元素自身的宽度和高度，并不包括元素的内边距、边框和外边距。因此，计算盒子的总宽度和总高度需要遵循以下原则。

① 盒子的总宽度 = width 值 + 左右内边距之和 + 左右边框宽度之和 + 左右外边距之和。

② 盒子的总高度 = height 值 + 上下内边距之和 + 上下边框宽度之和 + 上下外边距之和。

在浏览器中查看某个盒子时，浏览器只会显示盒子的边框、内边距、宽度和高度的数值之和，并不包括外边距。但是，在进行网页布局时，外边距也会占据空间并被视为盒子宽度或高度的一部分，因此外边距的值也需要纳入盒子的总宽度和总高度的计算。

## 5.3　CSS3 新增盒子模型属性

为了丰富网页的样式功能并且去除一些冗余的样式代码，CSS3 中添加了一些新的盒子模型属性，如透明度、圆角边框、阴影、渐变等。本节将详细介绍这些全新的 CSS 样式属性。

### 5.3.1　透明度

在网页设计中，可以通过调整元素的透明度实现不同的显示效果。CSS3 中提供了两种设置透明度的方法，即使用 RGBA 颜色值和 opacity 属性。下面将详细介绍这两种设置方法以及它们之间的差异。

#### 1. RGBA 颜色值

RGBA 颜色值是 CSS3 新增的颜色值，是 RGB 颜色值的延伸。RGBA 颜色值在红、绿、蓝三原色的基础上添加了不透明度参数，其语法格式如下。

```
rgba(r, g, b, alpha);
```

在上面的语法格式中，前 3 个参数与 RGB 颜色值中对应的参数含义相同，alpha 参数是一个介于 0.0（完全透明）和 1.0（完全不透明）之间的数字。

例如，使用 RGBA 颜色值为\<p>标签设置透明度为 0.5、颜色为红色的背景，代码如下。

```
/* 第 1 种方式 */
p { background-color: rgba(255, 0, 0, 0.5); }
/* 第 2 种方式 */
p { background-color: rgba(100%, 0%, 0%, 0.5); }
```

**2. opacity 属性**

opacity 属性是 CSS3 的新增属性，该属性能够使任何元素呈现出透明效果，其作用范围要比 RGBA 颜色值大得多。opacity 属性的语法格式如下。

```
opacity: 参数;
```

在上面的语法格式中，opacity 属性用于定义标签的透明度，"参数"是一个介于 0.0（完全透明）和 1.0（完全不透明）之间的数字。

例如，使用 opacity 属性设置\<img>标签的透明度为 0.5，代码如下。

```
img { opacity: 0.5; }
```

示例代码对应的效果如图 5-18 所示。

通过图 5-18 可以看出，背景图片变为半透明状态，可见 opacity 属性能够改变对象整体的透明度。

图5-18　使用opacity属性设置透明度

## 5.3.2　圆角边框

在网页设计中，为了美化页面效果，经常会将边框设置为圆角样式。使用 CSS3 中的 border-radius 属性可以将方形边框圆角化。border-radius 属性的基本语法格式如下。

```
border-radius: 参数 1/参数 2
```

在上面的语法格式中，border-radius 的属性值包含两个参数，它们的取值可以为像素值或百分数。其中"参数 1"表示圆角的水平半径，"参数 2"表示圆角的垂直半径，两个参数之间用"/"分隔。

下面通过一个案例对 border-radius 属性的用法进行演示，如例 5-9 所示。

例 5-9　example09.html

```
1  <!DOCTYPE html>
2  <html>
3  <head>
4    <meta charset="UTF-8">
5    <meta name="viewport" content="width=device-width, initial-scale=1.0">
6    <title>圆角边框</title>
7    <style>
8      img {
9        border: 8px solid #ccc;
```

```
10              border-radius: 100px/50px;     /* 设置圆角边框的半径 */
11          }
12      </style>
13  </head>
14  <body>
15      <img src="images/tupian1.jpg">
16  </body>
17  </html>
```

在例 5-9 中，第 10 行代码用于设置图片圆角边框的水平半径为 100px、垂直半径为 50px。

运行例 5-9，圆角边框效果如图 5-19 所示。

需要注意的是，在使用 border-radius 属性时，如果省略第 2 个参数，则默认等于第 1 个参数。例如，将例 5-9 中的第 10 行代码替换为以下代码。

```
border-radius: 50px;  /* 设置圆角半径为 50px */
```

保存 HTML 文件，刷新页面，圆角边框效果如图 5-20 所示。

图5-19　圆角边框效果1

图5-20　圆角边框效果2

值得一提的是，border-radius 属性同样遵循值复制原则，其水平半径（参数 1）和垂直半径（参数 2）均可以设置 1~4 个参数值，以设置圆角半径的大小。圆角半径位置示例如图 5-21 所示。

对图 5-21 所示参数的解释如下。

● 当设置 1 对参数时，代表 4 角的圆角半径的数值。

● 当设置 2 对参数时，第 1 对参数代表左上和右下圆角半径的数值，第 2 对参数代表右上和左下圆角半径的数值，示例代码如下。

```
img { border-radius: 50px 20px/30px 60px; }
```

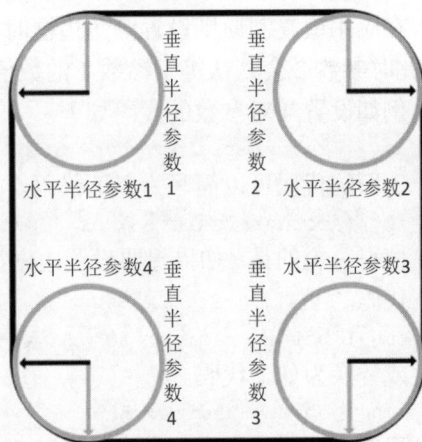

图5-21　圆角半径位置示例

在上面的示例代码中，设置图像左上和右下圆角的水平半径为 50px、垂直半径为 30px，右上和左下圆角的水平半径为 20px、垂直半径为 60px。

示例代码对应的效果如图 5-22 所示。

● 当设置 3 对参数时，第 1 对参数代表左上圆角半径的数值，第 2 对参数代表右上和左下圆角半径的数值，第 3 对参数代表右下圆角半径的数值，具体示例代码如下。

```
img { border-radius: 50px 20px 10px/30px 40px 60px; }
```

在上面的示例代码中，设置图像左上圆角的水平半径为 50px、垂直半径为 30px，右上和左下圆角的水平半径为 20px、垂直半径为 40px，右下圆角的水平半径为 10px、垂直半径为 60px。示例代码对应的效果如图 5-23 所示。

图5-22　设置2对参数的圆角边框效果

图5-23　设置3对参数的圆角边框效果

● 当设置 4 对参数时，第 1 对参数代表左上圆角半径的数值，第 2 对参数代表右上圆角半径的数值，第 3 对参数代表右下圆角半径的数值，第 4 对参数代表左下圆角半径的数值，具体示例代码如下。

```
img { border-radius: 50px 30px 20px 10px/50px 30px 20px 10px; }
```

在上面的示例代码中，设置图像左上圆角的水平和垂直半径均为 50px，右上圆角的水平和垂直半径均为 30px，右下圆角的水平和垂直半径均为 20px，左下圆角的水平和垂直半径均为 10px。示例代码对应的效果如图 5-24 所示。

在应用值复制原则设置圆角边框时，如果参数 2 和参数 1 的数值相同，可以省略参数 2，此时参数 2 会默认等于参数 1 的数值。

例如设置 4 对参数的代码如下。

```
img { border-radius: 50px 30px 20px 10px/50px 30px 20px 10px; }
```

上面的代码可以简写为以下代码。

```
img { border-radius: 50px 30px 20px 10px; }
```

值得一提的是，如果想要设置边框显示为圆形，只需将例 5-9 中的第 10 行代码替换为如下代码。

```
img { border-radius: 100px; }            /* 利用像素值设置圆形边框 */
```

或替换为如下代码。

```
img { border-radius: 50%; }              /* 利用百分数设置圆形边框 */
```

案例中图片的宽度和高度均为 200px，所以圆角的半径需要设置为其宽度和高度的一半，也就是 100px，以实现圆形边框的效果。使用百分数比计算图片的半径值更加方便，因为代码会自动根据图片的宽度和高度计算出正确的半径值。

示例代码对应的效果如图 5-25 所示。

图5-24　设置4对参数的圆角边框效果

图5-25　圆角边框显示为圆形边框

### 5.3.3　图像边框

设置边框样式时，还可以使用自定义的图像作为边框，以实现更为丰富的边框效果。CSS3 中的 border-image 属性用于设置图像边框，该属性是一个复合属性，内部包含 border-image-source、border-image-slice、border-image-width、border-image-outset 以及 border-image-repeat 子属性。border-image 属性的基本语法格式如下。

```
border-image: border-image-source border-image-slice/border-image-width/
border-image-outset border-image-repeat;
```

在上述语法格式中，border-image-slice、border-image-width 和 border-image-outset 的属性值用 "/" 分隔，其他属性值用空格分隔。对上述各属性及属性值的介绍如表 5-2 所示。

表 5-2　对 border-image 包含的属性及属性值的介绍

| 属性 | 描述 | 常用属性值 |
| --- | --- | --- |
| border-image-source | 指定图像的路径 | url() |
| border-image-slice | 指定图像边框顶部、右侧、底部、左侧向内的偏移量（可以简单理解为图像的裁切位置） | 百分数 |
| border-image-width | 指定边框宽度 | 像素值 |
| border-image-outset | 指定图像边框向盒子外部延伸的距离（可以简单理解为边框图像和边框的距离） | 阿拉伯数字 |
| border-image-repeat | 指定图像的填充方式 | repeat（平铺）、stretch（拉伸） |

下面通过一个案例演示图像边框的设置方法，如例 5-10 所示。

例 5-10　example10.html

```
1  <!DOCTYPE html>
2  <html>
3  <head>
4      <meta charset="UTF-8">
5      <meta name="viewport" content="width=device-width, initial-scale=1.0">
6      <title>图像边框</title>
7      <style>
8          p {
9              width: 210px;
10             height: 210px;
11             border-style: solid;
```

```
12          border-image-source: url(images/4.png);    /* 设置图像边框路径 */
13          border-image-slice: 33%;              /* 设置图像边框向内的偏移量 */
14          border-image-width: 42px;            /* 设置图像边框的宽度 */
15          border-image-outset: 0;                /* 设置图像边框向外延伸的距离 */
16          border-image-repeat: repeat;             /* 设置图像的填充方式 */
17       }
18    </style>
19 </head>
20 <body>
21    <p></p>
22 </body>
23 </html>
```

在例 5-10 中，第 11 行代码用于设置边框样式，正常显示图像边框的前提是先设置好边框样式，否则可能不会显示图像边框效果；第 12～16 行代码，通过设置图像边框路径、向内偏移量、边框宽度、向外延伸的距离和图像填充方式实现图像边框效果。图像素材如图 5-26 所示。

运行例 5-10，图像边框效果如图 5-27 所示。

图5-26　图像素材

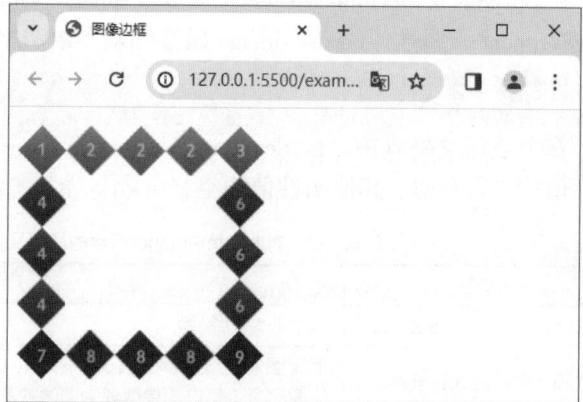

图5-27　图像边框效果1

对比图 5-26 和图 5-27 会发现，边框图像素材的 4 角位置（数字 1、3、7、9 标识的位置）和盒子边框 4 角位置的数字是吻合的，也就是说在使用 border-image 属性设置边框图像时，会将素材分割成 9 个区域，即图 5-26 中使用数字 1～9 标识出来的部分。将 "1" "3" "7" "9" 作为边框 4 角位置的图片，将 "2" "4" "6" "8" 作为边框 4 边的图片进行平铺，如果尺寸不够，则按照自定义的方式进行填充。而中间的 "5" 则在切割时当作透明区域处理。

例如，将例 5-10 中第 16 行代码中图像的填充方式改为拉伸填充，具体代码如下。

```
border-image-repeat: stretch;                      /* 设置图像填充方式为拉伸 */
```

保存 HTML 文件，刷新页面，图像边框效果如图 5-28 所示。

通过图 5-28 可以看出，"2" "4" "6" "8" 区域中的图片被拉伸以填充边框区域。与边框的样式和宽度属性类似，图像边框也可以使用综合属性设置样式。如例 5-10 中的第 12～16 行代码也可以简写为以下代码。

```
border-image: url(images/4.png) 33%/42px/0 repeat;
```

在上面的示例代码中，33%表示图像边框的向内偏移量、42px 表示图像边框的宽度、0 表示图像边框的延伸距离，3 个属性之间需要用 "/" 隔开。

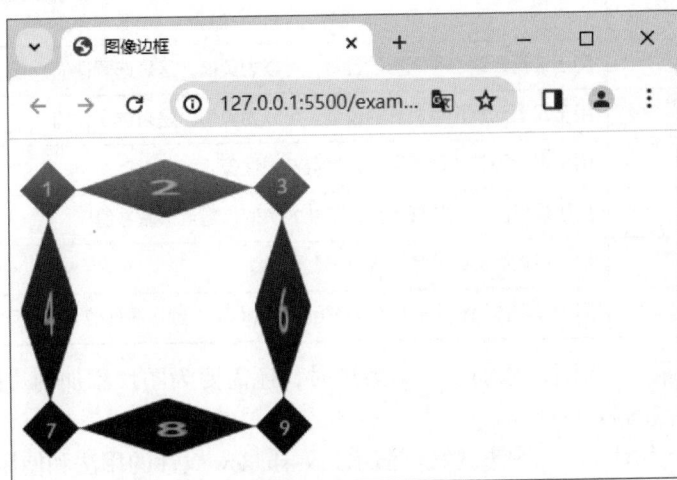

图5-28　图像边框效果2

使用轮廓属性将在元素周围绘制一条线框，该线框位于边框外围。使用轮廓属性设置的线框不会占用元素的空间，可以起到突出元素的作用。表 5-3 列举了 CSS 包含的轮廓属性，具体如下。

表 5-3　CSS 包含的轮廓属性

| 属性 | 描述 | 常用属性值 |
| --- | --- | --- |
| outline-color | 设置轮廓的颜色 | 颜色的英文名称<br>十六进制颜色值 |
| outline-style | 设置轮廓的样式 | dotted（点线）<br>dashed（虚线）<br>solid（单实线）<br>double（双实线） |
| outline-width | 设置轮廓的宽度 | 像素值 |
| outline | 设置所有轮廓属性 | 各轮廓属性对应的属性值 |

表 5-3 列举了 CSS 中的轮廓属性，但在实际网页制作中，轮廓属性应用较少，主要用于清除浏览器默认的线框效果，通常在公共样式中进行设置，具体代码如下。

```
outline: none;
```

## 5.3.4　阴影

在网页制作中，为页面模块添加阴影效果可以让网页看起来更加美观。在 CSS3 之前，实现阴影效果通常需要插入图片。但在 CSS3 中，可以使用 box-shadow 属性直接为页面模块添加阴影效果。box-shadow 属性的基本语法格式如下。

```
box-shadow: 像素值 1 像素值 2 像素值 3 像素值 4 颜色值 阴影类型;
```

在上述语法格式中，box-shadow 属性共包含 6 个属性值，对它们的介绍如表 5-4 所示。

表 5-4　box-shadow 属性值及相应说明

| 属性值 | 说明 |
|---|---|
| 像素值 1 | 用于设置元素水平阴影的位置，可以为负值，是必选属性值 |
| 像素值 2 | 用于设置元素垂直阴影的位置，可以为负值，是必选属性值 |
| 像素值 3 | 用于设置阴影的模糊半径，是可选属性值 |
| 像素值 4 | 用于设置阴影的扩展半径，不能为负值，是可选属性值 |
| 颜色值 | 用于设置阴影的颜色，是可选属性值 |
| 阴影类型 | 用于设置内阴影（inset）/外阴影（outset，默认属性值），是可选属性值 |

值得一提的是，在为图片添加内阴影效果时，还需要为图片添加内边距属性，否则内阴影效果将被图片遮盖。

下面通过一个为图片添加阴影的案例演示 box-shadow 属性的用法和使用效果，如例 5-11 所示。

例 5-11　example11.html

```
1    <!DOCTYPE html>
2    <html>
3    <head>
4        <meta charset="UTF-8">
5        <meta name="viewport" content="width=device-width, initial-scale=1.0">
6        <title>阴影</title>
7        <style>
8        img {
9            padding: 20px;
10           border-radius: 50%;
11           border: 1px solid #ccc;
12           box-shadow: 5px 5px 10px 2px #999 inset;
13       }
14       </style>
15   </head>
16   <body>
17       <img src="images/tupian2.png">
18   </body>
19   </html>
```

在例 5-11 中，第 12 行代码设置了水平阴影的位置和垂直阴影的位置均为 5px、模糊半径为 10px、扩展半径为 2px 的浅灰色内阴影。

运行例 5-11，效果如图 5-29 所示。

在图 5-29 中，图片具有了内阴影效果。值得一提的是，box-shadow 属性与 text-shadow 属性一样，也可以改变阴影的投射方向以及添加多重阴影效果。例如，将例 5-11 中的第 12 行代码更改为以下代码，以添加多重阴影效果。

```
box-shadow: 5px 5px 10px 2px #999 inset, -5px -5px 10px 2px #333 inset;
```

运行案例文件，效果如图 5-30 所示。

图5-29　设置box-shadow属性的效果1

图5-30　设置box-shadow属性的效果2

### 5.3.5　渐变

在 CSS3 之前的版本中，若要实现渐变效果通常需要借助背景图像。而 CSS3 中增加了渐变属性，通过设置渐变属性可以轻松实现渐变效果。CSS3 的渐变属性包括线性渐变、径向渐变和重复渐变，具体介绍如下。

**1. 线性渐变**

在线性渐变中，初始颜色会沿着直线方向按顺序过渡到结束颜色。使用 CSS3 中的"background-image: linear-gradient(参数);"样式可以实现线性渐变效果，其基本语法格式如下。

```
background-image: linear-gradient(渐变角度, 颜色值 1, 颜色值 2, ……, 颜色值 n);
```

在上面的语法格式中，linear-gradient()函数用于设置渐变方式为线性渐变，括号内的参数用于设定渐变角度和颜色值，具体解释如下。

（1）渐变角度

渐变角度指水平线和渐变线之间的夹角，可以是以 deg 为单位的角度数值或 to 与 left、right、top 和 bottom 组成的关键词。其中，0deg 对应 to top，90deg 对应 to right，180deg 对应 to bottom，270deg 对应 to left。渐变角度以元素底部作为起点，按照顺时针方向旋转。渐变角度旋转示例如图 5-31 所示。

当未设置渐变角度时，默认渐变角度为 180deg（等同于 to bottom）。

（2）颜色值

图5-31　渐变角度旋转示例

颜色值用于设置渐变的颜色，其中"颜色值 1"表示初始颜色，"颜色值 n"表示结束颜色。初始颜色和结束颜色之间可以添加多个颜色值，各颜色值之间用","隔开。

下面通过一个案例对线性渐变的用法和使用效果进行演示，如例 5-12 所示。

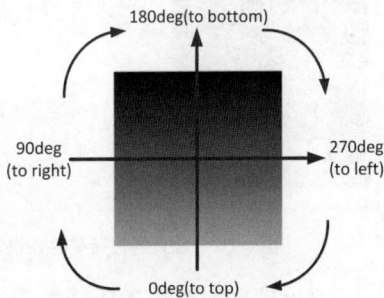

例 5-12　example12.html

```
1  <!DOCTYPE html>
2  <html>
```

```
3   <head>
4       <meta charset="UTF-8">
5       <meta name="viewport" content="width=device-width, initial-scale=1.0">
6       <title>线性渐变</title>
7       <style>
8           p {
9               width: 200px;
10              height: 200px;
11              background-image: linear-gradient(30deg, #0f0, #00f);
12          }
13      </style>
14  </head>
15  <body>
16      <p></p>
17  </body>
18  </html>
```

在例 5-12 中，第 11 行代码为<p>标签定义了一个渐变角度为 30deg、由绿色（#0f0）到蓝色（#00f）的线性渐变。

运行例 5-12，效果如图 5-32 所示。

图 5-32 实现了由绿色到蓝色的线性渐变。值得一提的是，还可以在每个颜色值后面添加一个百分数，用于标识颜色渐变的位置，如以下代码。

```
background-image: linear-gradient(30deg, #0f0 50%, #00F 80%);
```

上面的示例代码表示绿色（#0f0）由 50%的位置渐变至蓝色（#00f），在位于 80%的位置结束渐变。示例代码的对应效果如图 5-33 所示。

图5-32　设置线性渐变的效果1

图5-33　设置线性渐变的效果2

可以用渐变色块类比渐变开始和结束的位置，如图 5-34 所示。

图5-34　用渐变色块类比渐变开始和结束的位置

## 2. 径向渐变

径向渐变同样是网页中常用的一种渐变。在径向渐变过程中，初始颜色会从一个中心点开始，以椭圆或圆形进行扩张渐变。运用 CSS3 中的 "background-image: radial-gradient(参数);"样式可以实现径向渐变效果,其基本语法格式如下。

```
background-image: radial-gradient(渐变形状 圆心位置, 颜色值1, 颜色值2, ……, 颜色值n);
```

在上面的语法格式中,radial-gradient()函数用于定义渐变的方式为径向渐变,括号内的参数用于设定渐变形状、圆心位置和颜色值,对各参数的具体介绍如下。

（1）渐变形状

渐变形状用来定义径向渐变以什么样的形态进行扩张,其取值既可以是像素值或百分数,也可以是相应的关键词。其中关键词主要包括 circle 和 ellipse,具体解释如下。

- 像素值或百分数:用于定义形状的水平半径和垂直半径,例如 "80px 50px" 表示水平半径为 80px、垂直半径为 50px 的椭圆形。
- circle:用于指定径向渐变的形态为圆形。
- ellipse:用于指定径向渐变的形态为椭圆形。

（2）圆心位置

圆心位置用于确定径向渐变的中心位置,使用 at 加上关键词或参数值来定义。该属性值类似于 CSS 中 background-position 的属性值,如果省略则默认为 center。该属性值主要有以下 7 种。

- 像素值:用于定义圆心的水平坐标和垂直坐标,可以为负值。
- 百分数:用于定义圆心的水平和垂直百分比位置,可以为负值。
- left:用于设置左边为径向渐变圆心的横坐标。
- center:用于设置中间为径向渐变圆心的横坐标或纵坐标。
- right:用于设置右边为径向渐变圆心的横坐标。
- top:用于设置顶部为径向渐变圆心的纵坐标。
- bottom:用于设置底部为径向渐变圆心的纵坐标。

（3）颜色值

"颜色值 1" 表示初始颜色,"颜色值 n" 表示结束颜色,初始颜色和结束颜色之间可以添加多个颜色值,各颜色值之间用 "," 隔开。

下面制作一个径向渐变的球体,如例 5-13 所示。

例 5-13　example13.html

```
1   <!DOCTYPE html>
2   <html>
3   <head>
4       <meta charset="UTF-8">
5       <meta name="viewport" content="width=device-width, initial-scale=1.0">
6       <title>径向渐变</title>
7       <style>
8         p {
9             width: 200px;
10            height: 200px;
11            border-radius: 50%;
12            /* 设置径向渐变 */
13            background-image: radial-gradient(ellipse at center, #0f0, #030);
14        }
15      </style>
16  </head>
```

```
17  <body>
18      <p></p>
19  </body>
20  </html>
```

在例 5-13 中，第 11 行代码使用 border-radius 属性将<p>标签的边框设置为圆角；第 13 行代码为<p>标签定义了一个渐变形状为椭圆形、渐变位置在容器中心、由绿色（#0f0）到深绿色（#030）的径向渐变。

运行例 5-13，效果如图 5-35 所示。

在图 5-35 中，球体颜色实现了由绿色到深绿色的径向渐变。值得一提的是，与线性渐变类似，径向渐变的颜色值后面也可以添加一个百分数，用于设置渐变的位置。

**3. 重复渐变**

在网页设计中经常会遇到重复应用渐变颜色的情况，这时就需要使用重复渐变。重复渐变包括重复线性渐变和重复径向渐变，具体解释如下。

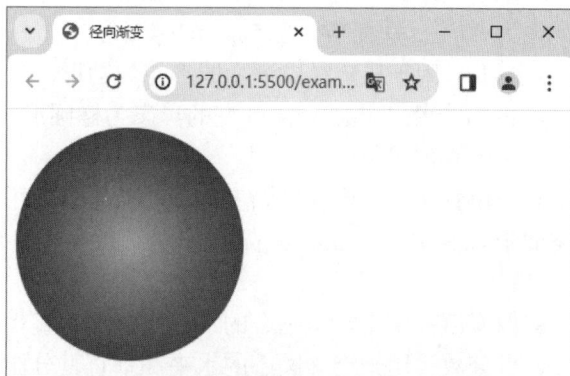

图5-35　设置径向渐变的效果

（1）重复线性渐变

在 CSS3 中，通过 "background-image:repeating-linear-gradient(参数);" 样式可以设置重复线性渐变效果，其基本语法格式如下。

```
background-image: repeating-linear-gradient(渐变角度, 颜色值 1, 颜色值 2, ……, 颜色值 n);
```

在上面的语法格式中，repeating-linear-gradient()函数用于定义渐变方式为重复线性渐变，括号内的参数取值和线性渐变的相同，分别用于定义渐变角度和颜色值，而且同样可以添加百分数来定义渐变的位置。

下面通过一个案例对重复线性渐变进行演示，如例 5-14 所示。

例 5-14　example14.html

```
1   <!DOCTYPE html>
2   <html>
3   <head>
4       <meta charset="UTF-8">
5       <meta name="viewport" content="width=device-width, initial-scale=1.0">
6       <title>重复线性渐变</title>
7       <style>
8           p {
9             width: 200px;
10            height: 200px;
11            background-image: repeating-linear-gradient(90deg, #E50743, #E8ED30 10%, #3FA62E 15%);
12          }
```

```
13        </style>
14  </head>
15  <body>
16      <p></p>
17  </body>
18  </html>
```

在例 5-14 中，第 11 行代码为<p>标签设置了一个渐变角度为 90deg，颜色为红、黄、绿 3 色的重复线性渐变。

运行例 5-14，效果如图 5-36 所示。

图5-36　设置重复线性渐变的效果

（2）重复径向渐变

在 CSS3 中，通过"background-image:repeating-radial-gradient(参数);"样式可以实现重复径向渐变效果，其基本语法格式如下。

```
background-image: repeating-radial-gradient(渐变形状 圆心位置, 颜色值 1, 颜色值
2, ..., 颜色值 n);
```

在上面的语法格式中，repeating-radial-gradient()函数用于定义渐变方式为重复径向渐变，括号内的参数取值和径向渐变的相同，分别用于定义渐变形状、圆心位置和颜色值。

下面通过一个案例对重复径向渐变进行演示，如例 5-15 所示。

例 5-15　example15.html

```
1   <!DOCTYPE html>
2   <html>
3   <head>
4       <meta charset="UTF-8">
5       <meta name="viewport" content="width=device-width, initial-scale=1.0">
6       <title>重复径向渐变</title>
7       <style>
8       p {
9           width: 200px;
10          height: 200px;
11          border-radius: 50%;
12          background-image: repeating-radial-gradient(circle at 50% 50%, #E50743,
    #E8ED30 10%, #3FA62E 15%);
13      }
```

```
14      </style>
15  </head>
16  <body>
17      <p></p>
18  </body>
19  </html>
```

在例 5-15 中，第 12 行代码为<p>标签定义了一个渐变形状为圆形，渐变位置在容器中心点，颜色为红、黄、绿 3 色的重复径向渐变。

运行例 5-15，效果如图 5-37 所示。

### 5.3.6  多背景图像

在 CSS3 之前的版本中，一个容器只能填充一张背景图像，如果重复设置，后设置的背景图像将覆盖之前设置的背景图像。CSS3 中增强了背景图像的功能，允许一个容器显示多个背景图像，让背景图像效果更容易控制。但是 CSS3 并没有为实现多背景图像提供对应的属性，而是通过设置 background-image、background-repeat、background-position 和 background-size 等属性的值来实现多背景图像效果，各属性值之间用英文逗号隔开。

图5-37    设置重复径向渐变的效果

下面通过一个案例演示多背景图像的设置方法，如例 5-16 所示。

例 5-16    example16.html

```
1   <!DOCTYPE html>
2   <html>
3   <head>
4       <meta charset="UTF-8">
5       <meta name="viewport" content="width=device-width, initial-scale=1.0">
6       <title>多背景图像</title>
7       <style>
8           p {
9               width: 300px;
10              height: 300px;
11              border: 1px solid black;
12              background-image:    url(images/dog.png),    url(images/bg1.png),
url(images/bg2.png);
13          }
14      </style>
15  </head>
16  <body>
17      <p></p>
18  </body>
19  </html>
```

在例 5-16 中，第 12 行代码使用 background-image 属性定义了 3 个背景图像。需要注意的是，排列在图层最上方的图像应该先被关联，其次是中间的图像，最后是底部的图像。

运行例 5-16，效果如图 5-38 所示。

### 5.3.7　调整背景图像的属性

CSS3 还增加了一些调整背景图像的属
性，例如调整背景图像的大小、调整背景
图像的显示区域及裁剪区域等，下面将对
这些新属性进行详细讲解。

#### 1. 调整背景图像的大小

CSS3 新增了 background-size 属性，用
于调整背景图像的大小，其基本语法格式
如下。

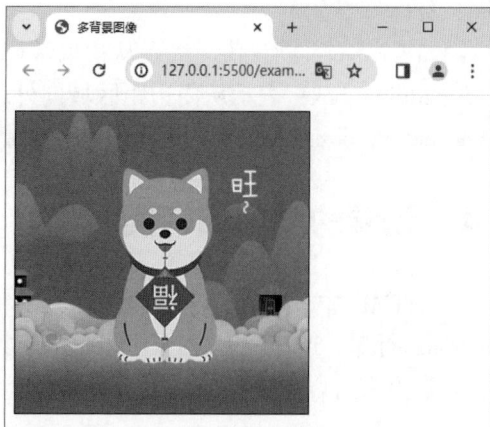

图5-38　多背景图像效果

```
background-size: 属性值1 属性值2;
```

在上面的语法格式中，background-size
属性可以设置一个或两个值，用于定义背景图像的宽度和高度，其中属性值 1 为必选属性
值，属性值 2 为可选属性值。属性值可以是像素值、百分数或 cover、contain 关键字，具体
解释如表 5-5 所示。

表 5-5　background-size 属性值及描述

| 属性值 | 描述 |
| --- | --- |
| 像素值 | 用于设置背景图像的宽度和高度。第一个值设置宽度，第二个值设置高度。如果只设置一个值，则第二个值默认为 auto |
| 百分数 | 用于以父标签的百分比来设置背景图像的宽度和高度。第一个值设置宽度，第二个值设置高度。如果只设置一个值，则第二个值默认为 auto |
| cover | 用于把背景图像扩展，使背景图像完全覆盖背景区域。但背景图像的某些部分也许无法显示在背景区域中 |
| contain | 用于把背景图像扩展，以使其宽度或高度适应内容区域的大小 |

#### 2. 设置背景图像的显示区域

默认情况下，background-position 属性总是以标签左上角为坐标原点定位背景图像，使
用 CSS3 中的 background-origin 属性可以改变这种定位方式，自行定义背景图像的相对位置，
其基本语法格式如下。

```
background-origin: 属性值;
```

在上面的语法格式中，background-origin 属性有 3 种属性值，分别表示不同的含义，具
体介绍如下。

- padding-box：设置背景图像相对于内边距区域定位。
- border-box：设置背景图像相对于边框定位。
- content-box：设置背景图像相对于内容区域定位。

#### 3. 设置背景图像的裁剪区域

在 CSS3 样式中，background-clip 属性用于定义背景图像的裁剪区域，其基本语法格式
如下。

```
background-clip: 属性值;
```

上述语法格式中，background-clip 属性和 background-origin 属性的取值相似，但含义

不同，具体解释如下。

- border-box：默认值，表示从边框区域向外裁剪背景。
- padding-box：表示从内边距区域向外裁剪背景。
- content-box：表示从内容区域向外裁剪背景。

## 5.4　元素的类型和转换

在 HTML 中，有些标签可以设置宽度和高度属性，如<p>标签，而有些标签则不行，如<strong>标签，这是因为通过不同标签创建的元素具有不同的类型。为了满足网页结构需求，元素类型可以相互转换。本节将详细介绍元素的类型和转换的相关知识。

### 5.4.1　元素的类型

为了使页面结构组织起来更加轻松、合理，HTML 中的元素被分为了不同的类型，分别是块元素和行内元素，了解它们的特性可以为使用 CSS 设置样式和布局打下基础。

**1. 块元素**

块元素在页面中以区域块的形式出现。每个块元素通常都会独自占据一行或多行，可以对其设置宽度、高度、对齐等属性，常用于网页布局和搭建网页结构。

常见的块元素有 h1～h6、p、div、ul、ol、li 等，其中 div 是最典型的块元素。

**2. 行内元素**

行内元素也称内联元素或内嵌元素，其特点是不单独占据一行，也不强迫其他元素在新的一行显示。一个行内元素通常会和其他行内元素显示在同一行中，它们不占有独立的区域，仅靠自身的文本内容大小和图像尺寸来支撑结构，一般不可以设置宽度、高度、对齐等属性，常用于控制页面中文本的样式。行内元素可以嵌套在块元素中，而块元素不可以嵌套在行内元素中。

常见的行内元素有 strong、b、em、i、del、s、ins、u、a、span 等，其中 span 为最典型的行内元素。

下面通过一个案例进一步介绍块元素与行内元素，如例 5-17 所示。

例 5-17　example17.html

```
1  <!DOCTYPE html>
2  <html>
3  <head>
4    <meta charset="UTF-8">
5    <meta name="viewport" content="width=device-width, initial-scale=1.0">
6    <title>块元素和行内元素</title>
7    <style>
8      h2 {
9        background: #FCC;
10       width: 350px;
11       height: 50px;
12       text-align: center;
13     }
14     p { background: #090; }
```

```
15          strong {
16              background: #FCC;
17              width: 350px;
18              height: 50px;
19              text-align: center;
20          }
21          em { background: #FF0; }
22          del { background: #CCC; }
23      </style>
24  </head>
25  <body>
26      <h2>h2 元素定义的文本。</h2>
27      <p>p 元素定义的文本。</p>
28      <strong>strong 元素定义的文本。</strong>
29      <em>em 元素定义的文本。</em>
30      <del>del 元素定义的文本。</del>
31  </body>
32  </html>
```

在例 5-17 中，第 26～30 行代码使用了不同类型的标签设置文本内容；第 8～22 行代码对不同的标签应用了不同的背景颜色，并对<h2>标签和<strong>标签应用了相同的背景色、宽度、高度和对齐属性。

运行例 5-17，效果如图 5-39 所示。

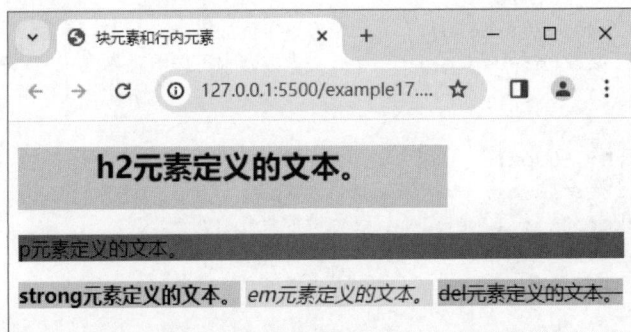

图5-39　块元素和行内元素的显示效果

从图 5-39 可以看出，不同类型的元素在页面中占用的区域不同。块元素 h2 和 p 各自占据一个矩形区域，垂直排列。然而行内元素 strong、em 和 del 排列在同一行。可见块元素通常独占一行，可以设置宽度、高度和对齐属性，而行内元素通常不独占一行，不可以设置宽度、高度和对齐属性。

> **注意：**
>
> 行内元素中有几个特殊的元素，如 img 元素和 input 元素，可以对它们设置宽度、高度和对齐属性，所以这些元素又被称为行内块元素。

### 5.4.2　<div>标签和<span>标签

为了更好地理解块元素和行内元素，下面将详细讲解 CSS 布局中经常使用的<div>标签和

<span>标签，其中<div>标签属于块元素，<span>标签属于行内元素，具体讲解如下。

**1. <div>标签**

<div>标签用于在网页中划分和布局不同的区域。它可以实现网页区域的规划和分隔，如将页面分成导航栏、焦点图、内容区等不同的模块。

<div>标签可以设置外边距、内边距、宽度和高度等属性。<div>标签还可以容纳各种网页元素，如段落、标题、表格、图像等。实际上，大多数 HTML 标签都可以嵌套在<div>标签中，而且<div>标签可以进行多层嵌套。

下面通过一个案例演示<div>标签的用法，如例 5-18 所示。

例 5-18　example18.html

```
1   <!DOCTYPE html>
2   <html>
3   <head>
4       <meta charset="UTF-8">
5       <meta name="viewport" content="width=device-width, initial-scale=1.0">
6       <title>&lt;div&gt;标签</title>
7       <style>
8           .one {
9               width: 600px;            /* 设置宽度 */
10              height: 50px;            /* 设置高度 */
11              background: aqua;        /* 设置背景 */
12              font-size: 20px;         /* 设置字体大小 */
13              font-weight: bold;       /* 设置字体加粗 */
14              text-align: center;      /* 文本内容水平居中对齐 */
15          }
16          .two {
17              width: 600px;            /* 设置宽度 */
18              height: 100px;           /* 设置高度 */
19              background: lime;        /* 设置背景颜色 */
20              font-size: 14px;         /* 设置字体大小 */
21              text-indent: 2em;        /* 设置首行文本缩进 2 字符 */
22          }
23      </style>
24  </head>
25  <body>
26      <div class="one">
27          爱岗敬业，无私奉献
28      </div>
29      <div class="two">
30          <p>青春在平凡的工作岗位上闪光。</p>
31      </div>
32  </body>
33  </html>
```

在例 5-18 中，第 26~28 行和第 29~31 行代码分别定义了两个<div>标签，其中第 2 个<div>标签中嵌套了段落标签<p>。第 26 行和第 29 行代码分别为两个<div>标签添加了 class 属性，用于通过 CSS 控制其宽度、高度、背景颜色和文本样式等。

运行例 5-18，效果如图 5-40 所示。

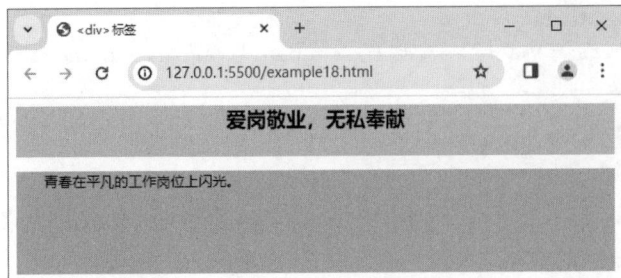

图5-40 <div>标签

从图 5-40 中可以看出,使用<div>标签设置的文本内容,将页面划分为两个模块,每个模块单独占据一个区域。值得一提的是,<div>标签通常会和浮动属性 float 配合使用,以更好地实现网页的布局。

### 2. <span>标签

与<div>标签一样,<span>标签也作为容器标签被广泛应用在 HTML 中。和<div>标签不同的是,使用<span>标签定义的元素属于行内元素,<span>开始标签与</span>结束标签之间只能包含文本和各种行内元素的标签,如<strong>标签、<em>标签等。<span>标签中还可以嵌套<span>标签。

<span>标签通常用于设置 HTML 文档中的某些特殊文本,没有固定的格式或样式,在应用了相应的 CSS 样式后,才会呈现视觉上的变化。

下面通过一个案例演示<span>标签的使用方法,如例 5-19 所示。

例 5-19    example19.html

```
1  <!DOCTYPE html>
2  <html>
3  <head>
4      <meta charset="UTF-8">
5      <meta name="viewport" content="width=device-width, initial-scale=1.0">
6      <title>&lt;span&gt;标签</title>
7      <style>
8          #header {
9              font-family: "黑体";
10             font-size: 14px;
11             color: #515151;
12         }
13         #header .main {
14             color: #0174c7;
15             font-size: 20px;
16             padding-right: 20px;
17         }
18         #header .art {
19             font-size: 18px;
20             color: #ff0cb2;
21         }
22     </style>
23 </head>
24 <body>
```

```
25        <div id="header">
26            <span class="main">东临碣石，</span>以观沧海。<span class="art">水何澹澹，
</span>山岛竦峙。
27        </div>
28    </body>
29    </html>
```

在例 5-19 中，第 25~27 行代码使用<div>标签嵌套了两个<span>标签，用这两个<span>标签控制需要特殊显示的文本。

运行例 5-19，效果如图 5-41 所示。

在图 5-41 中，特殊显示的文本"东临碣石"和"水何澹澹，"都是通过 CSS 控制<span>标签设置的。

需要注意的是，<div>标签可以嵌套<span>标签，但是不建议在<span>标签中嵌套<div>标签。可以将<div>标签视为一个大容器，而将<span>标签视为一个小容器，大容器可以容纳小容器，但小容器却无法容纳大容器。因此，在进行标签的嵌套时，通常应当遵循 HTML 的语法规则，以确保正确的层次结构和语义。

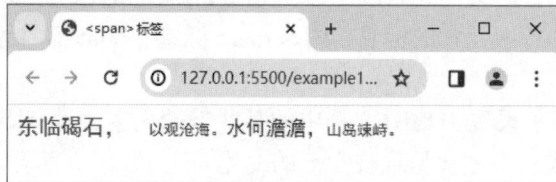

图5-41    <span>标签

### 5.4.3    元素类型的转换

网页是由多个块元素和行内元素构成的盒子排列而成的。如果希望行内元素具有块元素的某些特性，例如可以设置宽度和高度属性等，或者需要块元素具有行内元素的某些特性，例如不单独占据一行排列等，可以使用 display 属性对元素的类型进行转换。

display 属性常用的属性值及含义如下。

• inline：此元素将显示为行内元素。

• block：此元素将显示为块元素。

• inline-block：此元素将显示为行内块元素，可以对其设置宽度、高度和对齐等属性，但是该元素不会独占一行。

• none：此元素将被隐藏，不显示也不占用页面空间，相当于该元素不存在。

使用 display 属性可以对元素的类型进行转换，使元素以不同的方式显示。接下来通过一个案例演示 display 属性的用法和使用效果，如例 5-20 所示。

例 5-20    example20.html

```
1    <!DOCTYPE html>
2    <html>
3    <head>
4        <meta charset="UTF-8">
5        <meta name="viewport" content="width=device-width, initial-scale=1.0">
6        <title>元素类型的转换</title>
7        <style>
```

```
8        div, span {
9            width: 200px;
10           height: 50px;
11           background: #fcc;
12           margin: 10px;
13        }
14        .d_one, .d_two { display: inline; }      /* 转换为行内元素 */
15        .s_one { display: inline-block; }         /* 转换为行内块元素 */
16        .s_three { display: block; }              /* 转换为块元素 */
17    </style>
18 </head>
19 <body>
20    <div class="d_one">第 1 个 div 中的文本</div>
21    <div class="d_two">第 2 个 div 中的文本</div>
22    <div class="d_three">第 3 个 div 中的文本</div>
23    <span class="s_one">第 1 个 span 中的文本</span>
24    <span class="s_two">第 2 个 span 中的文本</span>
25    <span class="s_three">第 3 个 span 中的文本</span>
26 </body>
27 </html>
```

　　例 5-20 中定义了 3 个<div>标签和 3 个<span>标签，并为它们设置了相同的宽度、高度、背景颜色和外边距。前两个<div>标签应用了 "display: inline;" 样式，将它们从块元素转换为行内元素。第 1 个<span>标签应用了 "display: inline-block;" 样式，将其转换为行内块元素。而第 3 个<span>标签应用了 "display: block;" 样式，将其转换为块元素。

　　运行例 5-20，可看到元素类型的转换效果，如图 5-42 所示。

　　从图 5-42 中可以看出，前两个 div 元素排列在了同一行，靠自身的文本内容支撑其宽度和高度，这是因为它们被转换成了行内元素。而第 1 个和第 3 个 span 元素则按固定的宽度和高度显示，不同的是前者不会独占一行，后者则独占一行，这是因为它们分别被转换成了行内块元素和块元素。

　　在上面的例子中，使用 display 的相关属性值，可以实现块元素、行内元素和行内块元素之间的转换。如果希望某个元素不显示，还可以使用 "display: none;" 进行控制。例如，希望例 5-20 中的第 3 个 div 元素不显示，可以在 CSS 代码中增加如下代码。

```
.d_three { display: none; }              /* 隐藏第 3 个 div 元素 */
```

　　保存 HTML 文件，刷新网页，效果如图 5-43 所示。

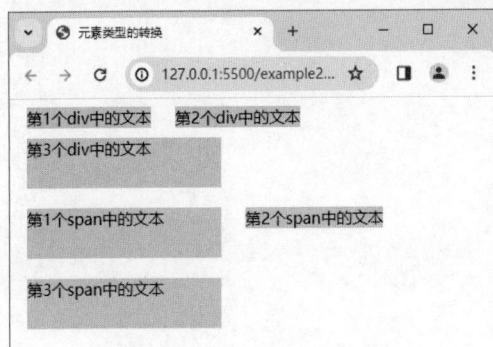

图5-42　元素类型的转换效果

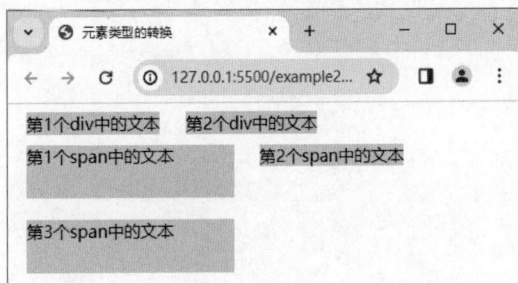

图5-43　定义display属性值为none后的效果

从图 5–43 中可以看出，当定义元素的 display 属性值为 none 时，该元素将不在页面中显示，且不再占据页面空间。

> **注意：**
>
> 行内元素只可以添加左侧和右侧的外边距，无法添加上方和下方的外边距。

## 5.5　块元素垂直外边距的合并

当两个相邻或嵌套的块元素相遇时，其垂直方向的外边距会自动合并，产生重叠。了解块元素的这一特性，有助于设计者更好地使用 CSS 进行网页布局。本节将对块元素垂直外边距的合并进行详细的讲解。

### 5.5.1　相邻块元素垂直外边距的合并

当上下相邻的两个块元素相遇时，如果上面的标签有下外边距 margin–bottom，下面的标签有上外边距 margin–top，那么它们之间的垂直间距不是简单的两者之和，而是取两者中较大的那个值。这种现象被称为相邻块元素垂直外边距的合并，也叫外边距塌陷。

这种合并现象在布局中经常遇到，因此在进行页面设计和样式设置时，需要特别注意这个特性。合理设置外边距的值和使用其他方式（如边框、内边距、浮动等）来控制元素的间距，可以避免不必要的外边距合并问题，确保得到正确的布局效果。

下面通过一个具体的案例演示相邻块元素垂直外边距的合并特性，如例 5–21 所示。

例 5-21　example21.html

```
1   <!DOCTYPE html>
2   <html>
3   <head>
4       <meta charset="UTF-8">
5       <meta name="viewport" content="width=device-width, initial-scale=1.0">
6       <title>相邻块元素垂直外边距的合并</title>
7       <style>
8           .one {
9               width: 150px;
10              height: 150px;
11              background: #fc0;
12              margin-bottom: 20px;
13          }
14          .two {
15              width: 150px;
16              height: 150px;
17              background: #63f;
18              margin-top: 40px;
19          }
20      </style>
21  </head>
22  <body>
23      <div class="one">1</div>
```

```
24        <div class="two">2</div>
25    </body>
26    </html>
```

在例 5-21 中，第 23～24 行代码设置了两个 <div> 标签；第 8～13 行和第 14～19 行代码分别为两个 <div> 标签设置了宽度、高度、背景颜色和外边距。不同的是，第 12 行代码为第 1 个 <div> 标签设置下外边距，第 18 行代码为第 2 个 <div> 标签设置上外边距。

运行例 5-21，效果如图 5-44 所示。

在图 5-44 中，两个 <div> 标签的垂直间距为 40px，即 margin-bottom 与 margin-top 中较大的数值。

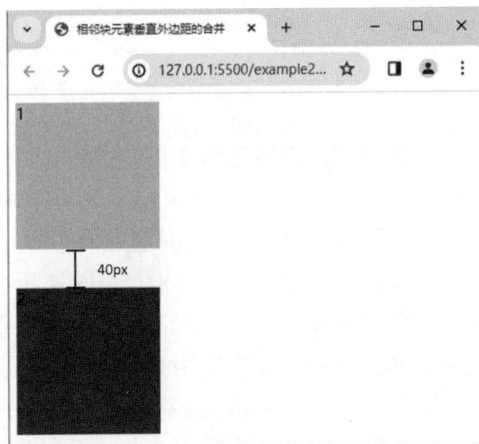

图5-44　相邻块元素垂直外边距的合并效果

### 5.5.2　嵌套块元素垂直外边距的合并

对于两个具有嵌套关系的块元素，如果父元素没有设置上内边距（padding-top）和边框（border-top），那么父元素的上外边距（margin-top）会与子元素的上外边距发生合并。合并后的外边距的值将是两者中的较大者，即使父元素的上外边距被设置为 0，合并也会发生。

为了更好地理解嵌套块元素垂直外边距的合并，接下来看一个具体的案例，如例 5-22 所示。

例 5-22　example22.html

```
1   <!DOCTYPE html>
2   <html>
3   <head>
4       <meta charset="UTF-8">
5       <meta name="viewport" content="width=device-width, initial-scale=1.0">
6       <title>嵌套块元素垂直外边距的合并</title>
7       <style>
8       * { margin: 0; padding: 0; }
9       div.father {
10          width: 400px;
11          height: 400px;
12          background: #fc0;
13          margin-top: 20px;
14      }
15      div.son {
16          width: 200px;
17          height: 200px;
18          background: #63f;
19          margin-top: 40px;
20      }
21      </style>
22  </head>
23  <body>
24      <div class="father">
```

```
25          <div class="son"></div>
26      </div>
27 </body>
28 </html>
```

例 5-22 设置了两个嵌套的<div>标签。其中父级<div>标签的上外边距为 20px，子级<div>标签的上外边距为 40px。为了便于观察外边距的效果，在第 8 行代码中，使用通配符清除了所有 HTML 标签的默认边距。

运行例 5-22，效果如图 5-45 所示。

在图 5-45 中，父级<div>标签与子级<div>标签的上边缘重合，这是因为它们的上外边距发生了合并。如果使用测量工具进行测量可以发现，此时的上外边距为 40px，即取父级<div>标签与子级<div>标签上外边距中的较大者。

如果希望上外边距不合并，可以为父级<div>标签定义 1px 的上边框或上内边距。这里以定义父级<div>标签的上边框为例，为其添加如下代码。

```
border-top: 1px solid #fcc;        /* 添加上边框 */
```

保存 HTML 文件，刷新网页，效果如图 5-46 所示。

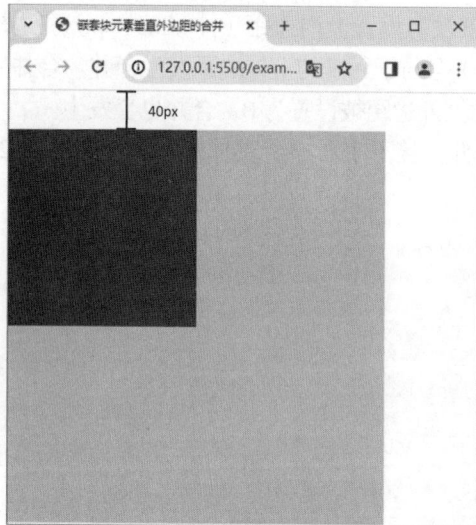

图5-45　嵌套块元素垂直外边距的合并效果1

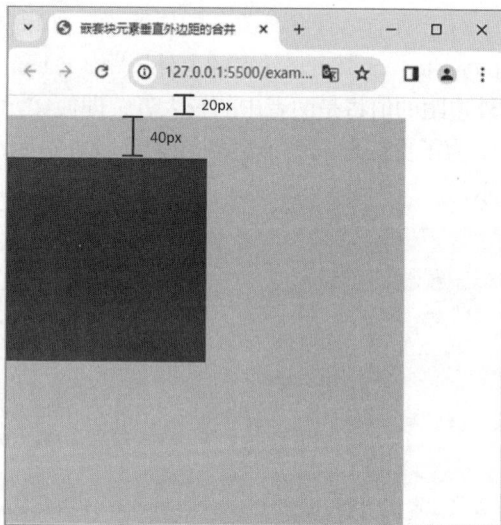

图5-46　嵌套块元素垂直外边距的合并效果2

在图 5-46 中，父级<div>标签与浏览器上边缘的垂直间距为 20px，子级<div>标签与父级<div>标签上边缘的垂直间距为 40px，也就是说两者间的上外边距没有发生合并。

## 5.6　阶段案例——制作音乐排行榜

本章前几节重点讲解了盒子模型的概念、盒子模型的相关属性、CSS3 新增的盒子模型属性、元素的类型和转换等。为了使读者更熟练地运用盒子模型的相关属性控制页面中的各个元素，本节将以案例的形式分步骤制作一个音乐排行榜，其效果如图 5-47 所示。

图5-47　音乐排行榜效果

请扫描二维码查看本章阶段案例的具体讲解。

## 5.7　本章小结

　　本章首先讲解了盒子模型的概念、盒子模型的相关属性，然后讲解了 CSS3 新增的盒子模型属性和元素的类型和转换，最后运用所学知识制作了一个音乐排行榜。

　　通过本章的学习，读者应该能够熟悉盒子模型的构成，熟练运用盒子模型相关属性控制网页中的元素，完成一些简单模块的制作。

## 5.8　课后练习

　　请扫描二维码查看本章课后练习题。

# 第6章

# 列表和超链接

★ 掌握无序列表、有序列表及定义列表的使用，可以制作常见的网页模块。

★ 掌握使用 CSS 控制列表样式的方法，能够设置不同样式的列表。

★ 掌握超链接标签的使用，能够使用超链接标签设置网页元素。

★ 掌握用链接伪类控制超链接的方法，能够设置不同的链接显示效果。

一个网站由多个网页构成，每个网页中都包含大量信息，将这些信息以列表的形式呈现，可以使信息排列有序、条理清晰。将多个网页以超链接关联，能够实现网页间的跳转。列表和超链接是网站建设的重点内容，本章将对列表和超链接的相关知识进行详细讲解。

## 6.1 列表标签

列表标签是网页结构中最常用的标签，按照结构划分，网页中的列表通常分为 3 类，分别是无序列表、有序列表和定义列表。本节将对这 3 种列表标签进行详细讲解。

### 6.1.1 无序列表

无序列表是一种不分排列顺序的列表，各个列表项之间没有先后顺序之分。无序列表使用<ul>标签和<li>标签定义。定义无序列表的基本语法格式如下。

```
<ul>
    <li>列表项 1</li>
    <li>列表项 2</li>
    <li>列表项 3</li>
    ……
</ul>
```

在上面的语法格式中，<ul>标签用于定义无序列表，<li>标签嵌套在<ul>标签中，用于描述具体的列表项。每个<ul>标签中至少应包含一个<li>标签。

　　<ul>标签和<li>标签都拥有 type 属性，用于指定列表的项目符号。type 属性的值不同，呈现的项目符号也不同，表 6-1 列举了无序列表常用的 type 属性值和对应的显示效果。

表 6-1　常用的 type 属性值和对应的显示效果

| type 属性值 | 显示效果 |
| --- | --- |
| disc（默认值） | ● |
| circle | ○ |
| square | ■ |

　　了解了无序列表的基本语法格式和 type 属性，下面通过一个案例进行演示，如例 6-1 所示。

例 6-1　example01.html

```
1   <!DOCTYPE html>
2   <html>
3   <head>
4       <meta charset="UTF-8">
5       <meta name="viewport" content="width=device-width, initial-scale=1.0">
6       <title>无序列表</title>
7   </head>
8   <body>
9       <ul>
10          <li type="square">爱国</li>
11          <li>创新</li>
12          <li>厚德</li>
13          <li>包容</li>
14      </ul>
15  </body>
16  </html>
```

　　在例 6-1 中，第 9～14 行代码创建了一个无序列表，其中第 10 行代码为第一个列表项设置了 type 属性，即为其指定了不同的项目符号。

　　运行例 6-1，效果如图 6-1 所示。

　　通过图 6-1 可以看出，第 1 行文本前的项目符号是■，而其他行文本前的项目符号是●。这表明，没有设置 type 属性时，列表项目符号会显示默认的●。而设置了 type 属性时，列表项目符号将按照对应的样式进行显示。

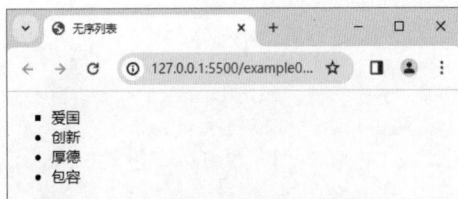

图6-1　创建的无序列表效果

**注意：**

① 不建议使用无序列表的 type 属性，一般使用对应的 CSS 样式属性代替。
② <ul>标签中建议只嵌套<li>标签，不建议直接在<ul>标签中输入文字。

### 6.1.2　有序列表

　　有序列表是一种强调排列顺序的列表，用于按照特定的顺序展示列表项。有序列表使用<ol>标签和<li>标签定义。定义有序列表的基本语法格式如下。

```
<ol>
    <li>列表项 1</li>
    <li>列表项 2</li>
    <li>列表项 3</li>
    ......
</ol>
```

在上面的语法格式中，<ol>标签用于定义有序列表，<li>标签用于描述具体的列表项。和无序列表类似，每个<ol>标签中也至少应包含一个<li>标签。

在有序列表中，除了 type 属性，还可以为<ol>标签定义 start 属性、为<li>标签定义 value 属性。有序列表属性、属性值和相关描述如表 6-2 所示。

表 6-2  有序列表属性、属性值和相关描述

| 属性 | 属性值 | 描述 |
| --- | --- | --- |
| type | 1（默认） | 项目符号显示为数字，如 1、2 |
| | a 或 A | 项目符号显示为英文字母，如 a、b 或 A、B |
| | i 或 I | 项目符号显示为罗马数字，如 i、ii 或 I、II |
| start | 任意数字 | 规定项目符号的初始数字 |
| value | 任意数字 | 规定项目符号的数字 |

了解了有序列表的基本语法格式和常用属性，接下来通过一个案例演示其用法和效果，如例 6-2 所示。

例 6-2  example02.html

```
1  <!DOCTYPE html>
2  <html>
3  <head>
4      <meta charset="UTF-8">
5      <meta name="viewport" content="width=device-width, initial-scale=1.0">
6      <title>有序列表</title>
7  </head>
8  <body>
9      <ol start="3">
10         <li>国家</li>
11         <li>社会</li>
12         <li>家庭</li>
13     </ol>
14     <ol>
15         <li type="1" value="2">优秀</li>    <!-- 数字排序 -->
16         <li type="a">良好</li>              <!-- 英文字母排序 -->
17         <li type="I">及格</li>              <!-- 罗马数字排序 -->
18     </ol>
19 </body>
20 </html>
```

在例 6-2 中，定义了两个有序列表。第 9～13 行代码定义了第 1 个有序列表，第 14～18 行代码定义了第 2 个有序列表。其中，第 9 行代码设置第 1 个有序列表的序号从 3 开始，第 15～17 行代码应用 type 属性和 value 属性设置不同类型的项目符号。

运行例 6-2，效果如图 6-2 所示。

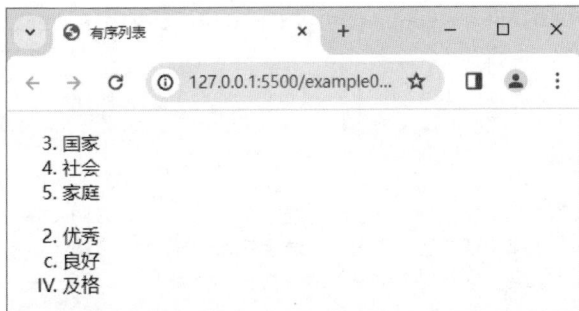

图6-2　创建的有序列表效果

从图 6-2 中可以观察到，第 1 个有序列表从数字 3 开始排序，而第 2 个有序列表从数字 2 开始排序。然而，在第 2 个有序列表中，"良好"的项目符号是英文字母，而"及格"的项目符号是罗马数字，这表明我们可以通过设置不同的属性和属性值来自定义项目符号的类型和排序方式。

**注意:**

不建议使用<ol>标签、<li>标签的 type 属性、start 属性和 value 属性，最好使用对应的 CSS 样式代替。

### 6.1.3　定义列表

定义列表常用于对名词进行解释和描述，与无序列表和有序列表不同，定义列表的列表项前没有任何项目符号。定义列表使用<dl>标签、<dt>标签、<dd>标签定义，其基本语法格式如下。

```
<dl>
    <dt>名词 1</dt>
    <dd>dd 是名词 1 的描述信息 1</dd>
    <dd>dd 是名词 1 的描述信息 2</dd>
    ……
    <dt>名词 2</dt>
    <dd>dd 是名词 2 的描述信息 1</dd>
    <dd>dd 是名词 2 的描述信息 2</dd>
    ……
</dl>
```

在上述语法格式中，<dl>标签用于指定定义列表，<dt>标签和<dd>标签并列嵌套于<dl>标签中。其中，<dt>标签用于指定名词，<dd>标签用于对名词进行解释和描述。一个<dt>标签可以对应多个<dd>标签，即可以对一个名词进行多项解释。

了解了定义列表的基本语法格式，接下来通过一个案例演示其用法和效果，如例 6-3 所示。

例 6-3　example03.html

```
1   <!DOCTYPE html>
2   <html>
3   <head>
4       <meta charset="UTF-8">
```

```
5        <meta name="viewport" content="width=device-width, initial-scale=1.0">
6        <title>定义列表</title>
7    </head>
8    <body>
9        <dl>
10           <dt>水果</dt> <!-- 定义名词 -->
11           <dd>水果为人体提供水分、碳水化合物、维生素等。</dd> <!-- 解释和描述名词 -->
12           <dd>大部分水果中的脂肪含量较低，适合减重人群。</dd> <!-- 解释和描述名词 -->
13           <dd>水果中还含有大量有益健康的活性物质。</dd>        <!-- 解释和描述名词 -->
14       </dl>
15   </body>
16   </html>
```

在例 6-3 中，第 9~14 行代码设置了一个定义列表，其中<dt>标签内为名词"水果"，其后紧跟着 3 个<dd>标签，用于对<dt>标签中的名词进行解释和描述。

运行例 6-3，效果如图 6-3 所示。

通过图 6-3 看出，相对于<dt>标签中的名词，<dd>标签中的描述性内容产生了一定的缩进效果。

值得一提的是，在网页设计中，定义列表常用于实现图文混排效果。例如，在<dt>标签中插入图片，在<dd>标签中添加对图片的解释说明文字。下面的艺术设计模块就是通过定义列表实现的，其 HTML 结构如图 6-4 所示。

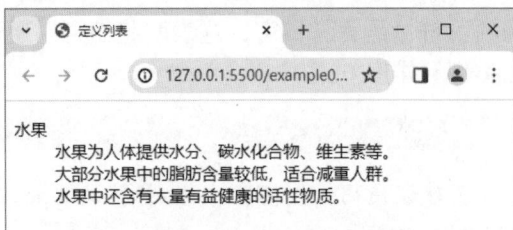

图6-3　定义列表的使用

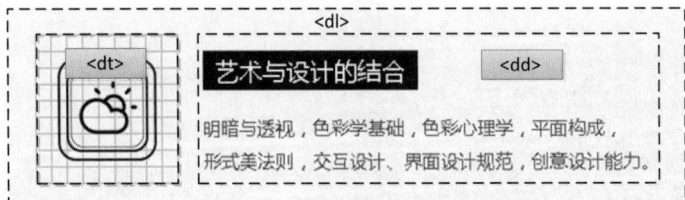

图6-4　艺术设计模块的HTML结构

**注意:**

① <dl>、<dt>、<dd>3 个标签之间不允许出现其他标签。

② <dl>标签必须与<dt>标签相邻。

### 6.1.4　列表的嵌套

在网上购物商城中浏览商品时，经常会看到商品被分为若干类别，且这些商品类别通常还包含若干的子类。同样，在使用列表时，列表项中也有可能包含若干子列表项，而要想在列表项中定义子列表项，就需要将列表进行嵌套。列表嵌套十分简单，只需将子列表嵌套在上一级列表的列表项中。例如，将无序列表和有序列表进行嵌套，示例代码如下。

```
<ul>
    <li>咖啡
```

```
        <ol>                    <!-- 有序列表的嵌套 -->
            <li>拿铁</li>
            <li>摩卡</li>
        </ol>
    </li>
    <li>茶
        <ul>                    <!-- 无序列表的嵌套 -->
            <li>碧螺春</li>
            <li>龙井</li>
        </ul>
    </li>
</ul>
```

在上面的示例代码中，首先定义了一个包含两个列表项的无序列表，然后在第 1 个列表项中嵌套 1 个有序列表，在第 2 个列表项中嵌套 1 个无序列表。

示例代码对应的效果如图 6-5 所示。

在图 6-5 中，可以看到对咖啡和茶这两种饮品又进行了第二次分类，咖啡分为拿铁和摩卡，茶分为碧螺春和龙井。

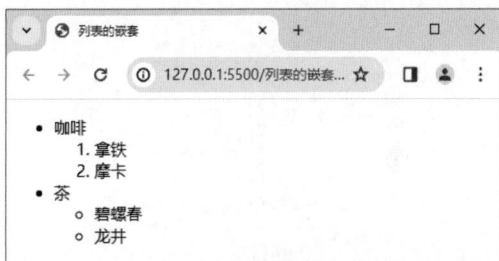

图6-5　列表的嵌套

# 6.2　CSS 列表样式属性

定义无序列表或有序列表时，可以通过标签的属性控制列表项目符号，但该方式不符合结构与表现分离的网页设计原则，为此 CSS 提供了一系列的列表样式属性，用于单独控制列表项目符号。本节将对这些列表样式属性进行详细的讲解。

## 6.2.1　list-style-type 属性

在 CSS 中，list-style-type 属性用于控制列表项目符号的类型，其属性值有多种，它们的显示效果各不相同，具体如表 6-3 所示。

表 6-3　list-style-type 属性值和描述

| 属性值 | 描述 | 属性值 | 描述 |
|---|---|---|---|
| disc | 实心圆形（无序列表） | none | 不使用列表项目符号（无序列表和有序列表） |
| circle | 空心圆形（无序列表） | cjk-ideographic | 简单的表意数字 |
| square | 实心方块（无序列表） | georgian | 传统的乔治亚编号 |
| decimal | 阿拉伯数字 | decimal-leading-zero | 以 0 开头的阿拉伯数字 |
| lower-roman | 小写罗马数字 | upper-roman | 大写罗马数字 |
| lower-alpha | 小写英文字母 | upper-alpha | 大写英文字母 |
| lower-latin | 小写拉丁字母 | upper-latin | 大写拉丁字母 |
| hebrew | 传统的希伯来编号 | armenian | 传统的亚美尼亚编号 |

　　了解了 list-style-type 的常用属性值及其显示效果，接下来通过一个具体的案例演示其用法，如例 6-4 所示。

例 6-4　example04.html

```
1   <!DOCTYPE html>
2   <html>
3   <head>
4       <meta charset="UTF-8">
5       <meta name="viewport" content="width=device-width, initial-scale=1.0">
6       <title>list-style-type 属性</title>
7       <style>
8           ul { list-style-type: square; }
9           ol { list-style-type: decimal; }
10      </style>
11  </head>
12  <body>
13      <h3>红色</h3>
14      <ul>
15          <li>大红色</li>
16          <li>朱红色</li>
17          <li>嫣红色</li>
18      </ul>
19      <h3>蓝色</h3>
20      <ol>
21          <li>群青色</li>
22          <li>普蓝色</li>
23          <li>湖蓝色</li>
24      </ol>
25  </body>
26  </html>
```

　　在例 6-4 中，第 14~18 行代码定义了一个无序列表，第 20~24 行代码定义了一个有序列表；第 8 行代码对无序列表应用了 "list-style-type: square;" 样式，将列表项目符号设置为实心方块；第 9 行代码对有序列表应用了 "list-style-type: decimal;" 样式，将列表项目符号设置为阿拉伯数字。

　　运行例 6-4，效果如图 6-6 所示。

图6-6　设置list-style-type属性的效果

> **注意:**
>
> 由于各浏览器对 list-style-type 属性的解析不同，所以在实际制作过程中不推荐使用 list-style-type 属性。

## 6.2.2　list-style-image 属性

一些常规的列表项目符号并不能满足网页制作的需求，为此 CSS 提供了 list-style-image 属性，其属性值为图像的地址。使用 list-style-image 属性可以为各个列表项设置图像项目符号，使列表的样式看起来更加美观。

下面通过一个案例讲解 list-style-image 属性的用法，如例 6-5 所示。

例 6-5　example05.html

```
1  <!DOCTYPE html>
2  <html>
3  <head>
4      <meta charset="UTF-8">
5      <meta name="viewport" content="width=device-width, initial-scale=1.0">
6      <title>list-style-image 属性</title>
7      <style>
8          ul { list-style-image: url(images/1.png); }
9      </style>
10 </head>
11 <body>
12     <h2>品行端正</h2>
13     <ul>
14         <li>正直</li>
15         <li>诚实</li>
16         <li>表里如一</li>
17     </ul>
18 </body>
19 </html>
```

在例 6-5 中，第 8 行代码使用 list-style-image 属性为列表项设置图像项目符号。

运行例 6-5，效果如图 6-7 所示。

通过图 6-7 可以看出，图像项目符号和列表项没有对齐，这是因为 list-style-image 属性对图像项目符号的控制能力不强。因此，实际工作中不建议使用 list-style-image 属性，常通过为&lt;li&gt;标签设置背景图像的方式实现图像项目符号。

图6-7　设置list-style-image属性的效果

## 6.2.3　list-style-position 属性

在 CSS 中，list-style-position 属性用于控制列表项目符号的位置，其取值有 inside 和 outside 两种，对它们的解释如下。

- inside：使列表项目符号位于列表文本内。
- outside：使列表项目符号位于列表文本外，为默认值。

接下来通过一个案例演示 list-style-position 属性的用法，如例 6-6 所示。

例 6-6　example06.html

```
1   <!DOCTYPE html>
2   <html>
3   <head>
4       <meta charset="UTF-8">
5       <meta name="viewport" content="width=device-width, initial-scale=1.0">
6       <title>list-style-position 属性</title>
7       <style>
8           .in { list-style-position: inside; }
9           .out { list-style-position: outside; }
10          li { border: 1px solid #CCC; }
11      </style>
12  </head>
13  <body>
14      <h2>中秋节</h2>
15      <ul class="in">
16          <li>中秋节，又称月夕、秋节、仲秋节。</li>
17          <li>中秋节在农历八月十五。</li>
18          <li>始于唐朝初年，盛行于宋朝。</li>
19          <li>2008 年，中秋节被列为国家法定节假日。</li>
20      </ul>
21      <ul class="out">
22          <li>端午节</li>
23          <li>除夕</li>
24          <li>清明节</li>
25          <li>重阳节</li>
26      </ul>
27  </body>
28  </html>
```

在例 6-6 中，定义了两个无序列表，并使用 CSS 代码对列表项目符号的位置进行了设置。第 8 行代码应用 "list-style-position: inside;" 样式，使列表项目符号位于列表文本内；第 9 行代码应用 "list-style-position: outside;" 样式，使列表项目符号位于列表文本外；第 10 行代码为<li>标签设置边框样式，以突出对比效果。

运行例 6-6，效果如图 6-8 所示。

通过图 6-8 可以看出，第 1 个无序列表的列表项目符号位于列表文本内，第 2 个无序列表的列表项目符号位于列表文本外。

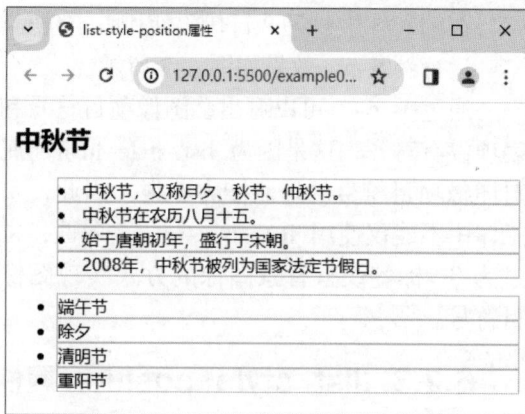

图6-8　设置list-style-position属性的效果

## 6.2.4 list-style 属性

在 CSS 中，列表样式也是一个复合属性，可以将与列表相关的样式都综合定义在复合属性 list-style 中。使用 list-style 属性综合设置列表样式的语法格式如下。

```
list-style: 列表项目符号 列表项目符号的位置 列表项目图像;
```

使用复合属性 list-style 时，建议按上面语法格式中的顺序书写样式，各样式之间以空格隔开，不需要的样式可以省略。接下来通过一个案例演示 list-style 属性的用法和效果，如例 6-7 所示。

例 6-7　example07.html

```
1  <!DOCTYPE html>
2  <html>
3  <head>
4      <meta charset="UTF-8">
5      <meta name="viewport" content="width=device-width, initial-scale=1.0">
6      <title>list-style 属性</title>
7      <style>
8          ul { list-style: circle inside; }
9          .one { list-style: outside url(images/1.png); }
10     </style>
11 </head>
12 <body>
13     <ul>
14         <li class="one">品行端正是指一个人的行为和品质符合道德规范。</li>
15         <li>品行端正强调的是一个人的言行举止正直、诚实、表里如一。</li>
16         <li>品行端正的人往往会遵守道德准则，坚守底线和原则。</li>
17     </ul>
18 </body>
19 </html>
```

例 6-7 中定义了一个无序列表，第 8、9 行代码通过复合属性 list-style 分别控制\<ul>标签和第 1 个\<li>标签的样式。

运行例 6-7，效果如图 6-9 所示。

值得一提的是，在实际的网页制作过程中，为了更高效地控制列表项目符号，通常将 list-style 属性的值定义为

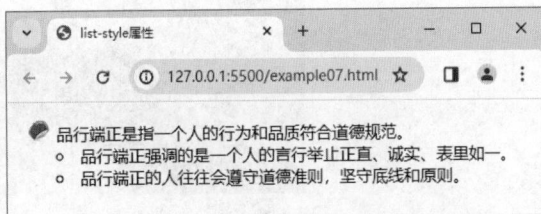

图6-9　使用list-style属性的效果

none，然后通过为\<li>标签设置背景图像的方式实现不同的列表项目符号，如例 6-8 所示。

例 6-8　example08.html

```
1  <!DOCTYPE html>
2  <html>
3  <head>
4      <meta charset="UTF-8">
5      <meta name="viewport" content="width=device-width, initial-scale=1.0">
6      <title>用背景属性定义列表项目符号</title>
7      <style>
```

```
8        dd {
9            list-style: none;
10           height: 26px;
11           line-height: 26px;
12           background: url(images/2.png) no-repeat left center;
13           padding-left: 25px;
14       }
15    </style>
16  </head>
17  <body>
18      <h2>大熊猫</h2>
19      <dl>
20          <dt><img src="images/daxiongmao.jpg"></dt>
21          <dd>黑眼圈</dd>
22          <dd>胖乎乎</dd>
23          <dd>圆滚滚</dd>
24      </dl>
25  </body>
26  </html>
```

在例 6-8 中，第 9 行代码使用 "list-style:none;" 样式清除列表的默认样式，第 12 行代码使用背景属性定义列表项目符号。

运行例 6-8，效果如图 6-10 所示。

图6-10  使用背景属性定义列表项目符号的效果

通过图 6-10 可以看出，每个列表项前都添加了背景图像。如果需要调整背景图像的位置，只需更改标签的背景属性值即可。

## 6.3  超链接标签

超链接是网页中常用的元素之一，它能够为不同网页建立关联，使它们形成一个完整的网站。通过超链接，我们可以将网页中的文本、图片或者其他内容元素与目标资源进行链接，从而实现单击跳转的交互效果。在 HTML 中，超链接使用超链接标签创建，本节将对超链接标签的相关内容进行详细的讲解。

## 6.3.1 创建超链接

要想使网页中的元素具有链接功能，首先需要为这个元素添加超链接。在 HTML 中创建超链接非常简单，只需使用<a>标签将需要添加超链接的对象进行嵌套即可。创建超链接的语法格式如下。

```
<a href="跳转目标" target="目标窗口的弹出方式">文本或图像</a>
```

在上面的语法格式中，<a>标签是一个行内元素，用于定义超链接，href 和 target 为常用属性，具体介绍如下。

● href：用于指定跳转的目标地址，当为<a>标签设置 href 属性时，它就具有了超链接的功能。

● target：用于指定链接页面的打开方式，其常用取值包括_self 和_blank。其中_self 为默认值，表示在原窗口中打开目标窗口，_blank 表示在新窗口中打开目标窗口。

接下来创建一个带有超链接功能的简单页面，如例 6-9 所示。

例 6-9　example09.html

```
1  <!DOCTYPE html>
2  <html>
3  <head>
4      <meta charset="UTF-8">
5      <meta name="viewport" content="width=device-width, initial-scale=1.0">
6      <title>创建超链接</title>
7  </head>
8  <body>
9      <a href="http://www.itcast.cn/" target="_self">传智教育</a> target="_self"
原窗口打开<br>
10     <a href="https://www.huawei.com" target="_blank">华为</a> target="_blank"
新窗口打开
11 </body>
12 </html>
```

在例 6-9 中，第 9 行和第 10 行代码分别创建了两个超链接，通过 href 属性将它们的链接目标分别指定为传智教育和华为，同时通过 target 属性定义第 1 个链接页面在原窗口中打开，第 2 个链接页面在新窗口中打开。

运行例 6-9，效果如图 6-11 所示。

被超链接标签<a>嵌套的文本"传智教育"和"华为"显示为蓝色且带有下划线效果，这是因为超链接标签

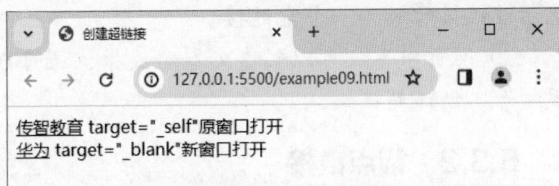

图6-11　创建超链接

本身有默认的显示样式。当鼠标指针移到该文本上时，鼠标指针会变为 形状，同时，左下方会显示链接页面的地址，如图 6-12 所示。

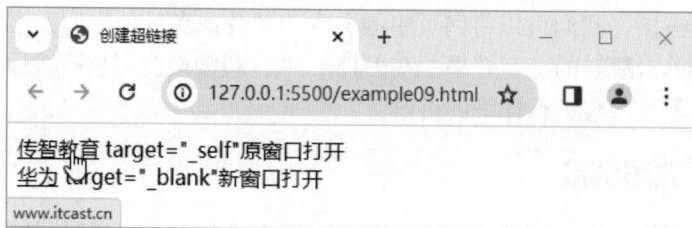

图6-12　鼠标指针移动至链接文本效果

当单击链接文本"传智教育"和"华为"时，会分别在原窗口和新窗口中打开链接页面，如图 6-13 和图 6-14 所示。

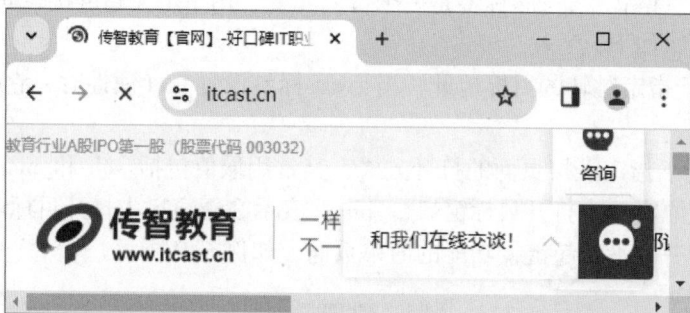

图6-13　链接页面在原窗口中打开

图6-14　链接页面在新窗口中打开

**注意：**

① 在暂时没有确定链接目标时，通常将<a>标签的 href 属性值设置为"#"，即 href="#"，表示该链接暂时为一个空链接。

② 网页中不仅可以创建文本超链接，还可以为各种网页元素（如图像、表格、音频、视频等）创建超链接。

### 6.3.2　锚点链接

如果网页内容较多、页面过长，浏览网页时就需要不断地拖动滚动条来查看需要的内容，这样不仅效率较低，而且不方便操作。为了提高信息的检索速度，HTML 提供了一种特殊的链接——锚点链接。通过创建锚点链接，用户能够直接跳转到指定位置。

接下来通过一个具体的案例演示在页面中创建锚点链接的方法，如例 6-10 所示。

例 6-10　example10.html

```
1  <!DOCTYPE html>
2  <html>
3  <head>
4      <meta charset="UTF-8">
5      <meta name="viewport" content="width=device-width, initial-scale=1.0">
6      <title>锚点链接</title>
7  </head>
8  <body>
9      <h3>字母查询:</h3>
10     <ul>
11         <li><a href="#one">1.字母 A</a></li>
12         <li><a href="#two">2.字母 B</a></li>
13         <li><a href="#three">3.字母 C</a></li>
14         <li><a href="#four">4.字母 D</a></li>
15         <li><a href="#five">5.字母 E</a></li>
16     </ul>
17     <h3 id="one">1.字母 A</h3>
18     <p>AAAAAAAAAAAAAAAAAAAAAAAAAAAAAAAAAAAAAAAAAAAAAAAAAAAAAAAAAAAA
AAAAAAAAAAAAAAAAAAAAAAAAAAAAAAAAAAAAAAAAAAAAAAAAAAAAAAAAAAAAAAAAA 。
</p>
19     <br><br><br><br><br><br><br><br><br><br><br><br><br>
20     <h3 id="two">2.字母 B</h3>
21
<p>BBBBBBBBBBBBBBBBBBBBBBBBBBBBBBBBBBBBBBBBBBBBBBBBBBBBBBBBBBBBBBBBBBBB
BBBBBBBBBBBBBBBBBBBBBBBBBBBBBBBBBBBBBBBBBBBBBBBBBBBBBBBBBBBBBBBBBBBB。 </p>
22     <br><br><br><br><br><br><br><br><br><br><br><br><br>
23     <h3 id="three">3.字母 C</h3>
24     <p>CCCCCCCCCCCCCCCCCCCCCCCCCCCCCCCCCCCCCCCCCCCCCCCCCCCCCCCCCCCCCC
CCCCCCCCCCCCCCCCCCCCCCCCCCCCCCCCCCCCCCCCCCCCCCCCCCCCCCCCCCCCCCCCCC 。
</p>
25     <br><br><br><br><br><br><br><br><br><br><br><br>
26     <h3 id="four">4.字母 D</h3>
27     <p>DDDDDDDDDDDDDDDDDDDDDDDDDDDDDDDDDDDDDDDDDDDDDDDDDDDDDDDDDDDDDD
DDDDDDDDDDDDDDDDDDDDDDDDDDDDDDDDDDDDDDDDDDDDDDDDDDDDDDDDDDDDDDDDDDDD 。
</p>
28     <br><br><br><br><br><br><br><br><br><br><br><br><br>
29     <h3 id="five">5.字母 E</h3>
30     <p>EEEEEEEEEEEEEEEEEEEEEEEEEEEEEEEEEEEEEEEEEEEEEEEEEEEEEEEEEEEEEE
EEEEEEEEEEEEEEEEEEEEEEEEEEEEEEEEEEEEEEEEEEEEEEEEEEEEEEEEEEEEEEEEEE 。
</p>
31 </body>
32 </html>
```

在例 6-10 中，第 11～15 行代码为<a>标签的 href 属性设置了属性值，以#+id 名的形式创建链接对象。而第 17、20、23、26 和 29 行的代码则是给<h3>标签添加 id 属性，用于创建跳转的目标。

运行例 6-10，效果如图 6-15 所示。

通过图 6-15 看出，网页内容较长而且出现了滚动条。单击"字母 D"文本，页面会自动定位到相应的内容部分，页面效果如图 6-16 所示。

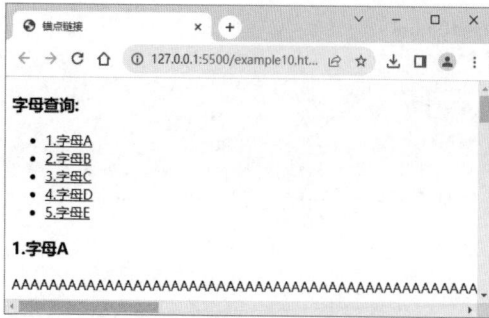

图6-15　创建锚点链接的效果

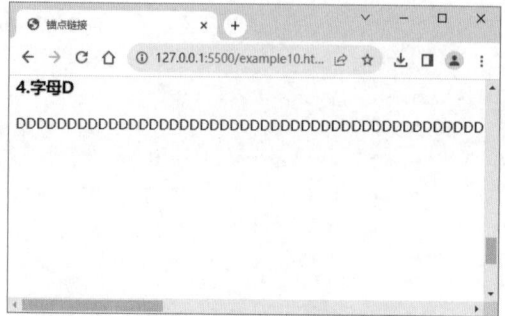

图6-16　页面自动定位到相应的内容部分

通过上面的例子可以总结出，创建锚点链接可分为以下两步。

① 将<a>标签的 href 属性设置为#+id 名的形式，以创建链接对象。

② 为需要跳转至的位置标签添加相应的 id 属性，以创建跳转目标。

# 6.4　用链接伪类控制超链接

添加超链接时，为了提高用户体验，经常需要为超链接指定不同的状态，使得超链接在单击前、单击后和鼠标指针悬停时的样式各不相同。在 CSS 中，通过链接伪类可以设置不同的链接状态，下面将对链接伪类进行详细的讲解。

链接伪类有 4 种，分别为:link、:visited、:hover、: active，如表 6-4 所示。

表 6-4　链接伪类及其描述

| 链接伪类 | 描述 |
| --- | --- |
| :link { CSS 样式规则; } | 用于设置超链接的默认样式 |
| :visited { CSS 样式规则; } | 用于设置超链接被访问后的样式 |
| :hover { CSS 样式规则; } | 用于设置鼠标指针悬停时超链接的样式 |
| :active { CSS 样式规则; } | 用于设置单击时超链接的样式 |

接下来通过一个案例演示链接伪类如何控制超链接的样式，如例 6-11 所示。

例 6-11　example11.html

```
1  <!DOCTYPE html>
2  <html>
3  <head>
4    <meta charset="UTF-8">
5    <meta name="viewport" content="width=device-width, initial-scale=1.0">
6    <title>用链接伪类控制超链接</title>
7    <style>
8      a { margin-right: 20px; }        /* 设置右边距为 20px */
9      a:link, a:visited {
10        color: #000;                   /* 设置超链接默认样式和被访问后的样式 */
11        text-decoration: none;         /* 设置无下划线样式 */
12      }
13      a:hover {
14        color: #093;                   /* 设置鼠标指针悬停时的样式 */
```

```
15            text-decoration: underline;        /* 设置显示下划线样式 */
16        }
17      a:active { color: #FC0; }                 /* 设置单击时的样式 */
18    </style>
19  </head>
20  <body>
21    <a href="#">公司首页</a>
22    <a href="#">公司简介</a>
23    <a href="#">产品介绍</a>
24    <a href="#">联系我们</a>
25  </body>
26  </html>
```

例 6-11 通过链接伪类设置超链接不同状态的样式。其中第 11 行代码用于清除超链接文本默认的下划线样式，第 15 行代码设置鼠标指针悬停时为超链接文本添加下划线样式。

运行例 6-11，效果如图 6-17 所示。

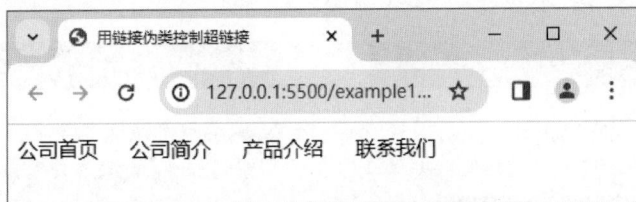

图6-17　用链接伪类控制超链接

通过图 6-17 看出，超链接文本显示为黑色，超链接自带的下划线效果消失了。当鼠标指针悬停在超链接文本上时，文本颜色变为绿色且具有下划线效果，如图 6-18 所示。单击超链接文本时，文本颜色变为黄色且具有下划线效果，如图 6-19 所示。

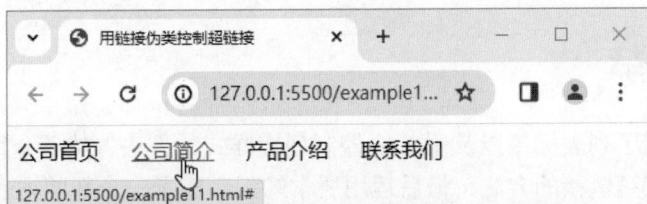

图6-18　鼠标指针悬停在超链接文本上时的样式

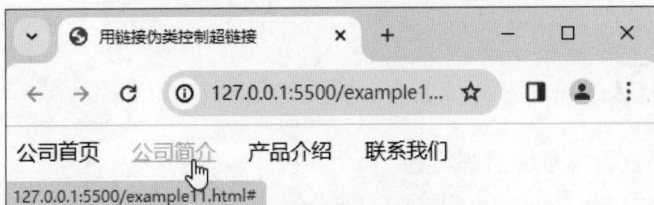

图6-19　单击超链接文本时的样式

值得一提的是，在实际工作中，通常只需要使用 a:link、a:visited 和 a:hover 定义未访问、访问后和鼠标指针悬停时的超链接样式，并且经常对 a:link 和 a:visited 应用相同的样式，使未访问和访问后的超链接样式保持一致。

**注意：**

① 超链接的 4 种伪类在排列顺序上有要求，通常应按照 a:link、a:visited、a:hover 和 a:active 的顺序书写，这样才能确保定义的样式生效。

② 设置超链接的 4 种伪类时，一般来说只需要设置 a:link、a:visited 和 a:hover 3 种状态即可。

# 6.5  阶段案例——制作新闻列表

本章的前几节重点介绍了列表标签、超链接标签的使用，以及如何利用 CSS 控制列表和超链接的样式。为了帮助初学者更好地运用列表和超链接组织网页，本节将分步骤演示创建一个常见的新闻列表的过程，效果如图 6-20 所示。当鼠标指针悬停在链接文本上时，文本的颜色会发生变化，效果如图 6-21 所示。

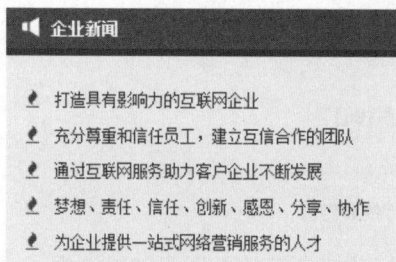

图6-20  创建的新闻列表效果展示

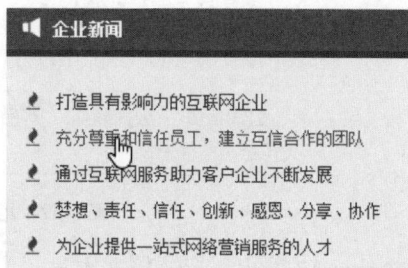

图6-21  鼠标指针悬停效果

请扫描二维码查看本章阶段案例的具体讲解。

# 6.6  本章小结

本章首先介绍了列表标签以及用 CSS 控制列表样式的方法，然后介绍了超链接标签以及用链接伪类控制超链接的方法，最后运用所学知识制作了一个新闻列表。

通过本章的学习，读者能够掌握列表和超链接的创建方法，并运用列表和超链接控制网页中的元素。

# 6.7  课后练习

请扫描二维码查看本章课后练习题。

# 第 **7** 章

# 表格和表单

**学习目标**

★ 熟悉表格的用法，能够创建表格并设置表格样式。

★ 了解表单的构成，能够阐明表单各构成部分的作用。

★ 掌握创建表单的方法，能够在网页中创建表单。

★ 了解表单控件，能够使用不同类型的表单控件丰富表单功能。

★ 了解 HTML5 表单新属性，能够将这些新属性应用到网页制作中。

★ 熟悉用 CSS 控制表单样式的方法，能够使用 CSS 设置表单样式。

　　表格与表单是 HTML 页面的重要组成部分，利用表格可以对网页进行排版，使网页信息有条理地显示出来；而表单则方便网页与用户进行交互，实现一些网页功能，如注册、登录、交易等。本章将对表格与表单的相关知识进行详细的讲解。

## 7.1　表格

　　在日常生活中，为了清晰地显示数据或信息，常常使用表格对数据或信息进行统计，而在制作网页时，同样可以使用表格对网页元素进行规划。本节将对表格的相关知识进行详细的讲解。

### 7.1.1　创建表格

　　在 Word 中，如果要创建表格，只需插入表格，然后设定相应的行数和列数即可。然而在 HTML 中，所有元素都是通过标签定义的，要想创建表格，就需要使用与表格相关的标签。使用标签创建表格的基本语法格式如下。

```
<table>
    <caption>表格标题</caption>
    <tr>
        <td>单元格内的文字</td>
        <td>单元格内的文字</td>
```

```
            ......
        </tr>
            ......
    </table>
```

上面的语法格式中包含 4 个 HTML 标签，分别为<table>标签、<caption>标签、<tr>标签、<td>标签，具体介绍如下。

① <table>标签：用于设置表格的开始与结束。在<table>标签内部，可以放置表格的标题、表格行和单元格等。

② <caption>标签：用于设置表格的标题，该标签必须放置在<table>开始标签之后，如不需要可以省略。每个表格只能定义一个标题，标题默认在表格顶部居中显示。

③ <tr>标签：用于设置表格中的行，必须嵌套在<table>标签中。<table>标签中包含几个<tr>标签，就表示该表格有几行。

④ <td>标签：用于设置表格中的单元格，必须嵌套在<tr>标签中。一个<tr>标签中包含几个<td>标签，就表示该行有多少列。

其中<table>标签、<tr>标签、<td>标签是在 HTML 网页中创建表格的基础标签，缺一不可。下面通过一个案例演示使用标签创建表格的方法，如例 7-1 所示。

例 7-1　example01.html

```
1   <!DOCTYPE html>
2   <html>
3   <head>
4       <meta charset="UTF-8">
5       <meta name="viewport" content="width=device-width, initial-scale=1.0">
6       <title>创建表格</title>
7   </head>
8   <body>
9   <table>
10      <caption>文明标兵得分</caption>        <!-- 设置表格标题 -->
11      <tr>
12          <td>学生姓名</td>
13          <td>班级</td>
14          <td>分数</td>
15      </tr>
16      <tr>
17          <td>小明</td>
18          <td>2 班</td>
19          <td>87</td>
20      </tr>
21      <tr>
22          <td>小李</td>
23          <td>3 班</td>
24          <td>84</td>
25      </tr>
26      <tr>
27          <td>小萌</td>
28          <td>3 班</td>
29          <td>82</td>
30      </tr>
```

```
31 </table>
32 </body>
33 </html>
```

例 7-1 创建了一个 4 行 3 列的表格。第 10 行代码用于设置表格标题。

运行例 7-1，效果如图 7-1 所示。

通过图 7-1 可以看出，表格中的内容虽然按照设置的顺序排列，但并没有显示边框效果，此时可以为<table>标签添加属性 border="1"，以设置边框效果。

添加边框后的表格效果如图 7-2 所示。 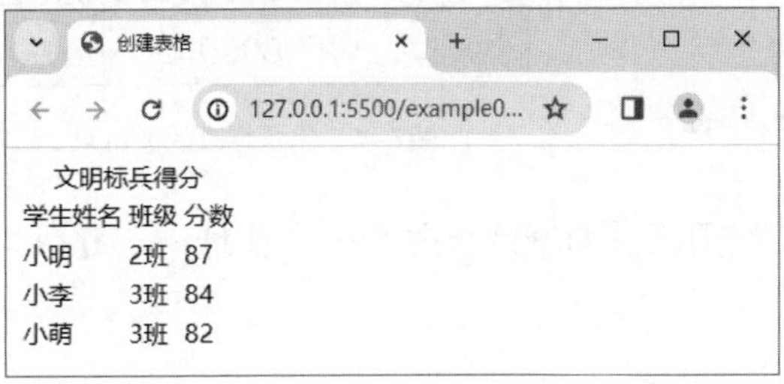

图7-1　创建表格 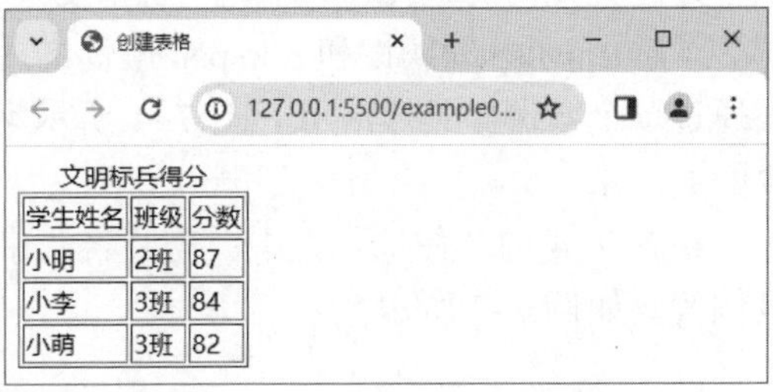    图7-2　添加边框后的表格效果

默认情况下，表格的边框为0。如果未设置表格的宽度和高度，则表格的宽度和高度取决于表格内容的大小。了解表格的关键是学习<td>标签，它类似于一个容器，可以容纳 HTML 中的大多数标签。例如，可以在<td>标签中嵌套<table>标签。需要注意的是，<tr>标签只能嵌套<td>标签，不能嵌套文字内容或其他标签。

**多学一招：设置表头**

应用表格时经常需要为表格设置表头，以使表格格式看起来更加清晰，且方便查阅。表头一般位于表格的第一行或第一列，相关文本加粗居中显示，设置了表头的表格如图 7-3 所示。 

图7-3　设置了表头的表格

设置表头非常简单，只需用表头标签<th>代替相应的单元格标签<td>即可。<th>标签与<td>标签用法完全相同，但<th>标签具有语义性，特指表头，标签内包含的文本默认加粗居中显示。而<td>标签只是普通的单元格，标签内包含的文本为普通文本且默认水平左对齐显示。

## 7.1.2　表格标签的属性

HTML 提供了一系列表格标签属性，这些属性包括 border、cellspacing、bgcolor 等。然而，由于大部分属性都可以使用 CSS 样式来代替，所以 HTML5 中的大部分表格标签属性

已经被弃用。在目前保留的表格标签属性中，colspan 属性和 rowspan 属性是比较常用的，用于合并单元格。这两个属性需要写在<td>标签中，对这两个属性的具体介绍如下。

（1）colspan 属性

colspan 属性用于设置单元格横跨的列数，也就是用于合并水平方向的单元格，取值为正整数。

（2）rowspan 属性

rowspan 属性用于设置单元格竖跨的行数，也就是用于合并垂直方向的单元格，取值为正整数。

了解了 colspan 属性和 rowspan 属性的用法之后，下面通过一个案例做具体演示。图 7-4 所示为一个需要修改的通讯录。

| 姓名 | 性别 | 电话 | 住址 |
|------|------|------|------|
| 小王 | 女 | 15100000000 | 北京 |
| 小李 | 男 | 15200000000 | 朝阳区 |
| 小张 | 男 | 15300000000 | 西城区 |

图7-4　需要修改的通讯录

在图 7-4 的"住址"栏中，需要将北京、朝阳区、西城区合并为一个住址——北京。案例代码如例 7-2 所示。

例 7-2　example02.html

```
1   <!DOCTYPE html>
2   <html>
3   <head>
4       <meta charset="UTF-8">
5       <meta name="viewport" content="width=device-width, initial-scale=1.0">
6       <title>表格标签的属性</title>
7   </head>
8   <body>
9   <table border="1">
10      <tr>
11          <td>姓名</td>
12          <td>性别</td>
13          <td>电话</td>
14          <td>住址</td>
15      </tr>
16       <tr>
17          <td>小王</td>
18          <td>女</td>
19          <td>15100000000</td>
20          <td rowspan="3">北京</td>          <!-- 设置单元格竖跨的行数 -->
21      </tr>
22      <tr>
23          <td>小李</td>
24          <td>男</td>
25          <td>15200000000</td>
26                                              <!-- 删除了<td>朝阳区</td> -->
27      </tr>
28      <tr>
29          <td>小张</td>
30          <td>男</td>
31          <td>15300000000</td>
32                                              <!-- 删除了<td>西城区</td> -->
```

```
33      </tr>
34  </table>
35  </body>
36  </html>
```

在例 7-2 中，第 20 行代码将<td>标签的 rowspan 属性值设置为 3，使该单元格竖跨 3 行；同时由于该单元格将占用其下方两个单元格的位置，所以应该注释或删除第 26 行和第 32 行的<td>标签。

运行例 7-2，效果如图 7-5 所示。

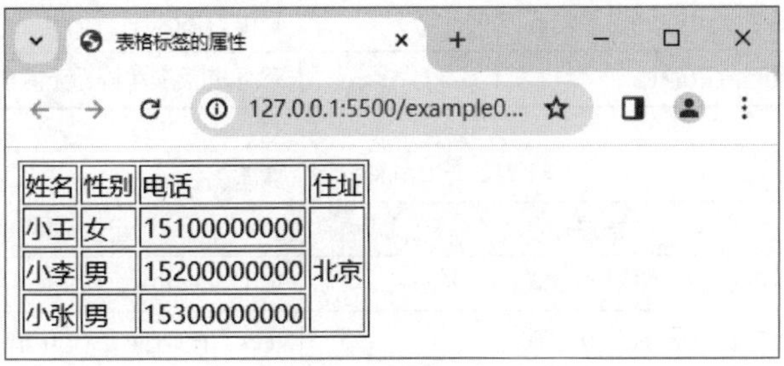

图7-5　合并后的效果

通过图 7-5 可以看出，3 个住址已经合并为一个住址——北京。设置了 rowspan="3"属性的单元格"北京"竖跨 3 行，占用了其下方两个单元格的位置。

此外，也可以使用 colspan 属性对单元格进行水平合并。例如，将例 7-2 中的"性别"和"电话"两个单元格合并，只需对第 12 行代码中的<td>标签应用 colspan="2"，同时注释或删除第 13 行代码即可。

合并"性别"和"电话"单元格的效果如图 7-6 所示。

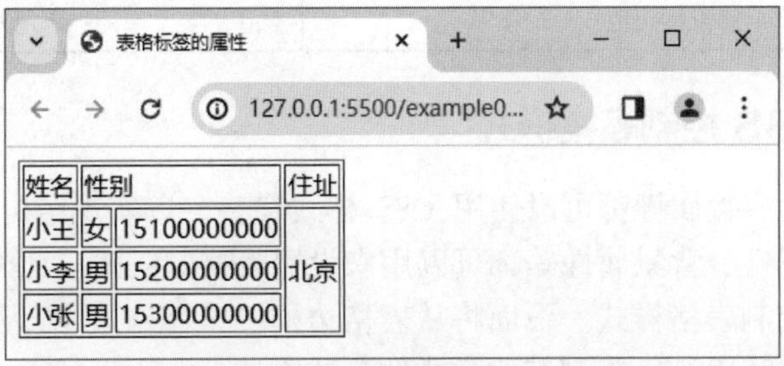

图7-6　合并"性别"和"电话"单元格的效果

通过图 7-6 可以看出，"性别"和"电话"两个单元格已经合并，保留了文本"性别"。可见设置了 colspan="2"属性的单元格"性别"横跨 2 列，占用了其右侧一个单元格的位置。

总结例 7-2，可以得出合并单元格的规则。

① 注释或删除被占用的单元格对应的<td>标签。

② 为要保留的单元格设置 colspan 属性或 rowlspan 属性，属性值为水平合并的列数或竖直合并的行数。

**多学一招：表格标签的废弃属性**

在 HTML5 中表格标签的大部分属性已经被废弃，但依然可以使用它们显示样式效果。表格标签的废弃属性包括<table>标签废弃属性、<tr>标签废弃属性、<td>标签废弃属性，具体如表 7-1～表 7-3 所示。

表 7-1　<table>标签废弃属性

| 属性 | 描述 | 常用属性值 |
|---|---|---|
| border | 设置表格的边框（默认 border="0"为无边框） | 像素值 |
| cellspacing | 设置单元格与单元格之间的空间 | 像素值（默认为 2px） |
| cellpadding | 设置单元格内容与单元格边缘之间的空间 | 像素值（默认为 1px） |
| align | 设置表格在网页中的水平对齐方式 | left、center、right |
| bgcolor | 设置表格的背景颜色 | 颜色的英文单词、十六进制颜色值、RGB 颜色值 |

表 7-2　<tr>标签废弃属性

| 属性 | 描述 | 常用属性值 |
|---|---|---|
| align | 设置一行内容的水平对齐方式 | left、center、right |
| valign | 设置一行内容的垂直对齐方式 | top、middle、bottom |
| bgcolor | 设置行背景颜色 | 颜色的英文单词、十六进制颜色值、RGB 颜色值 |

表 7-3　<td>标签废弃属性

| 属性 | 描述 | 常用属性值 |
|---|---|---|
| width | 设置单元格的宽度 | 像素值 |
| height | 设置单元格的高度 | 像素值 |
| align | 设置单元格内容的水平对齐方式 | left、center、right |
| valign | 设置单元格内容的垂直对齐方式 | top、middle、bottom |
| bgcolor | 设置单元格的背景颜色 | 颜色的英文单词、十六进制颜色值、RGB 颜色值 |

### 7.1.3　用 CSS 控制表格样式

　　表格标签的绝大多数属性都可以使用 CSS 样式代替，以实现结构和样式的分离。CSS 的宽度属性、高度属性、背景属性等都可以用来设置表格的样式。此外，CSS 还提供了表格专用属性，以便控制表格样式。下面将从表格边框、单元格边距以及单元格的宽度和高度 3 个方面，详细讲解用 CSS 控制表格样式的具体方法。

#### 1. 控制表格边框

　　使用<table>标签的 border 属性可以为表格设置边框，但用这种方式设置的边框效果并不理想，且不能更改边框的颜色。使用 CSS 边框的样式属性 border 则可以轻松地控制表格的边框。接下来通过案例演示利用 CSS 设置表格边框的具体方法，如例 7-3 所示。

例 7-3　example03.html

```
1   <!DOCTYPE html>
2   <html>
3   <head>
4       <meta charset="UTF-8">
5       <meta name="viewport" content="width=device-width, initial-scale=1.0">
6       <title>用 CSS 控制表格边框</title>
```

```
7        <style>
8            table {
9                width: 800px;
10               height: 300px;
11               border: 1px solid #30F;              /* 设置表格的边框 */
12           }
13           th, td { border: 1px solid #30F; }       /* 设置单元格的边框 */
14       </style>
15   </head>
16   <body>
17   <table>
18       <caption>诗歌</caption>      <!-- 定义表格的标题 -->
19        <tr>
20            <th>诗歌序号</th>
21            <th>诗歌名称</th>
22            <th>作者</th>
23            <th>内容</th>
24        </tr>
25        <tr>
26            <th>1</th>
27            <td>峨眉山月歌</td>
28            <td>李白</td>
29            <td>峨眉山月半轮秋，影入平羌江水流。夜发清溪向三峡，思君不见下渝州。</td>
30        </tr>
31        <tr>
32            <th>2</th>
33            <td>江南逢李龟年</td>
34            <td>杜甫</td>
35            <td>岐王宅里寻常见，崔九堂前几度闻。正是江南好风景，落花时节又逢君。</td>
36        </tr>
37        <tr>
38            <th>3</th>
39            <td>行军九日思长安故园</td>
40            <td>岑参</td>
41            <td>强欲登高去，无人送酒来。遥怜故园菊，应傍战场开。</td>
42        </tr>
43        <tr>
44            <th>4</th>
45            <td>夜上受降城闻笛</td>
46            <td>李益</td>
47            <td>回乐烽前沙似雪，受降城外月如霜。不知何处吹芦管，一夜征人尽望乡。</td>
48        </tr>
49        <tr>
50            <th>5</th>
51            <td>秋夕</td>
52            <td>杜牧</td>
53            <td>银烛秋光冷画屏，轻罗小扇扑流萤。天阶夜色凉如水，卧看牵牛织女星。</td>
54        </tr>
55   </table>
56   </body>
57   </html>
```

例 7-3 定义了一个 6 行 4 列的表格。第 11 行和第 13 行代码用于设置表格的外框和内部单元格的边框。

运行例 7-3，效果如图 7-7 所示。

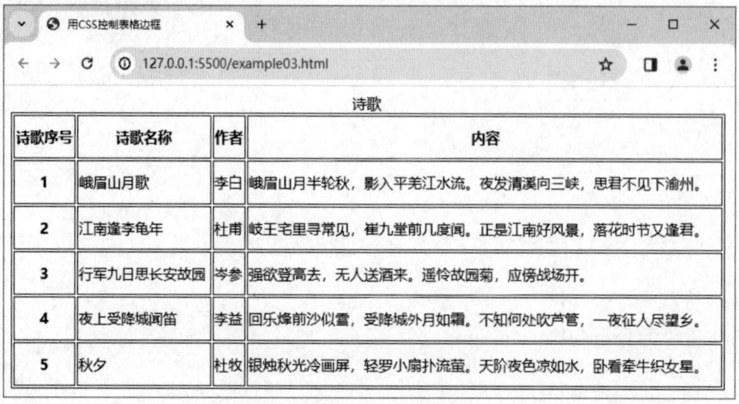

图7-7　利用CSS控制表格和单元格边框的效果

通过图 7-7 可以看出，表格边框与边框之间存在一定的距离，如果要去掉边框间距，得到单线边框效果，需要使用 border-collapse 属性合并边框，具体代码如下。

```
table {
    border: 1px solid #30F;
    border-collapse: collapse;   /* 合并边框 */
}
```

保存 HTML 文件，再次刷新网页，表格边框的合并效果如图 7-8 所示。

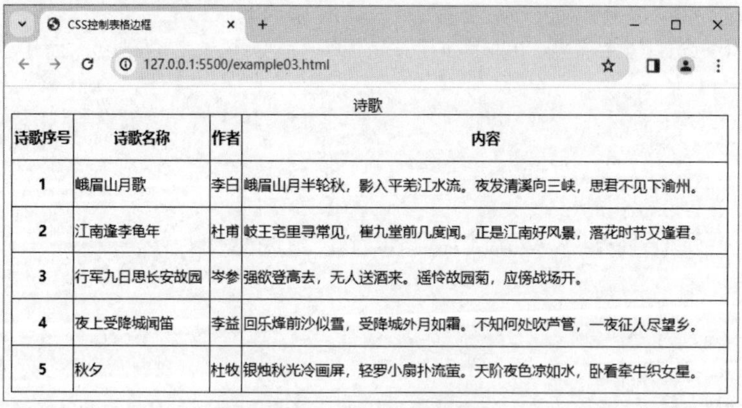

图7-8　表格边框的合并效果

通过图 7-8 可以看出，表格边框发生了合并，实现了单线边框效果。border-collapse 属性的值除了 collapse（合并），还有一个值 separate（分离），用于分离单线边框。表格中的边框默认处于分离状态。

### 2. 控制单元格边距

通过<table>标签的 cellpadding 属性和 cellspacing 属性可以控制单元格内容与边框之间的距离以及相邻单元格边框之间的距离。这种方式与为盒子模型设置内边距、外边距的方法非常类似。但是否可以使用 CSS 为单元格设置内边距和外边距呢？下面通过一个案例进行测试。在网页中新建一个 3 行 3 列的表格，并使用 CSS 控制单元格边距，具体如例 7-4 所示。

例 7-4　example04.html

```
1   <!DOCTYPE html>
2   <html>
3   <head>
4       <meta charset="UTF-8">
5       <meta name="viewport" content="width=device-width, initial-scale=1.0">
6       <title>用 CSS 控制单元格边距</title>
7       <style>
8           table {
9               border: 1px solid #30f;
10          }
11          th, td {
12              border: 1px solid #30f;
13              padding: 50px;        /* 为单元格设置 50px 的内边距 */
14              margin: 50px;         /* 为单元格设置 50px 的外边距 */
15          }
16      </style>
17  </head>
18  <body>
19  <table>
20      <tr>
21          <th>网络安全问题</th>
22          <th>解决方案</th>
23          <th>解决办法</th>
24      </tr>
25      <tr>
26          <th>渗透问题</th>
27          <td>渗透测试</td>
28          <td>渗透测试工程师将利用精湛的技能和先进的技术，对系统及应用程序的安全性进行识别和
检测。</td>
29      </tr>
30      <tr>
31          <th>漏洞问题</th>
32          <td>漏洞评估</td>
33          <td>查找并分析内网、外网及云端的漏洞。</td>
34      </tr>
35  </table>
36  </body>
37  </html>
```

在例 7-4 中，第 13、14 行代码为<th>标签和<td>标签添加内边距和外边距，以控制单元格的边距效果。

运行例 7-4，效果如图 7-9 所示。

从图 7-9 中可以看出，单元格内容与单元格边框之间存在一定的距离，但是相邻单元格之间的距离没有任何变化，可见为单元格设置的外边距属性没有生效。

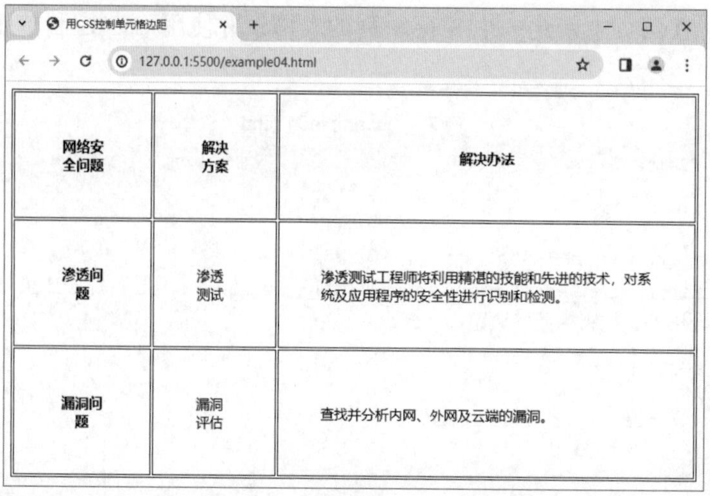

图7-9　利用CSS控制单元格边距的效果

在对表格相关标签应用内边距和外边距属性时，需要注意以下几点。

- 行标签&lt;tr&gt;不能应用内边距属性 padding 和外边距属性 margin。
- 单元格标签&lt;td&gt;只能应用内边距属性 padding。
- 要设置相邻单元格之间的距离，只能对&lt;table&gt;标签应用 cellspacing 属性。

### 3. 控制单元格的宽度和高度

单元格的宽度和高度有着和其他标签不同的特性，主要表现在单元格之间的互相影响上。使用 CSS 的 width 和 height 属性可以控制单元格的宽度和高度。接下来通过一个设置房间宽度的案例演示如何用 CSS 控制单元格的宽度和高度，如例 7-5 所示。

例 7-5　example05.html

```
1   <!DOCTYPE html>
2   <html>
3   <head>
4       <meta charset="UTF-8">
5       <meta name="viewport" content="width=device-width, initial-scale=1.0">
6       <title>用 CSS 控制单元格的宽高</title>
7       <style>
8           table {
9               border: 1px solid #30f;
10              border-collapse: collapse;              /* 合并边框 */
11          }
12          th, td {
13              border: 1px solid #30f;
14          }
15          .one { width: 100px; height: 80px; }        /* 设置 A 房间的宽度与高度 */
16          .two { height: 40px; }                      /* 设置 B 房间的高度 */
17          .three { width: 200px; }                    /* 设置 C 房间的宽度 */
18      </style>
19  </head>
20  <body>
21  <table>
22      <tr>
```

```
23        <td class="one">A 房间</td>
24        <td class="two">B 房间</td>
25     </tr>
26     <tr>
27        <td class="three">C 房间</td>
28        <td class="four">D 房间</td>
29     </tr>
30 </table>
31 </body>
32 </html>
```

例 7-5 定义了一个 2 行 2 列的表格，将 A 房间的宽度和高度设置为 100px 和 80px，同时将 B 房间的高度设置为 40px，C 房间的宽度设置为 200px。

运行例 7-5，效果如图 7-10 所示。

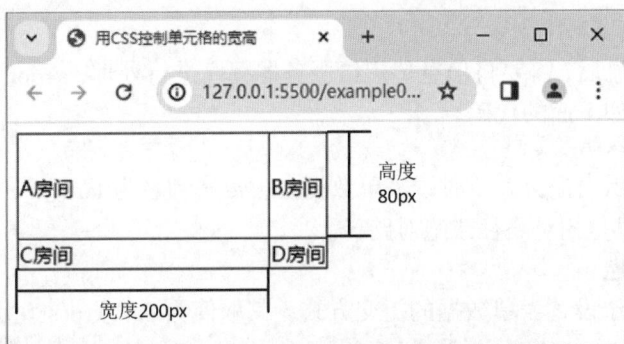

图7-10　利用CSS控制单元格的宽度和高度

通过图 7-10 可以看出，A 房间和 B 房间单元格的高度均为 80px，而 A 房间和 C 房间单元格的宽度均为 200px。可见对同一行的单元格定义不同的高度，或对同一列的单元格定义不同的宽度时，单元格最终的宽度或高度将取其中的较大者。

## 7.2　表单

表单在网页中起着收集用户信息、数据交互、数据验证以及个性化体验等多个方面的作用，是网页设计和交互的重要组成部分。本节将对表单的基础知识进行简单介绍。

### 7.2.1　表单的构成

一个完整的表单通常由表单控件、提示信息和表单域 3 个部分构成，如图 7-11 所示。

对表单控件、提示信息和表单域的具体解释如下。

① 表单控件：指具体的表单功能项，如单行文本输入框、密码输入框、复选框、提交按钮、搜索框等。

② 提示信息：表单中通常还需要包含一些说明性的文字，用于提示用户进行填写和操作。

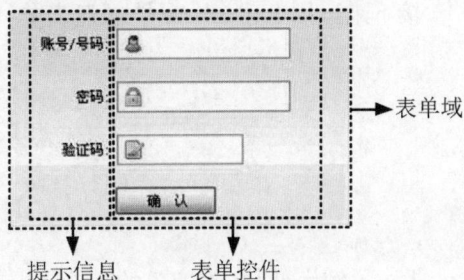

图7-11　表单的构成

③ 表单域：相当于一个容器，用来收集用户输入或选择的数据。如果不设置表单域，表单中的数据就无法传送到后台服务器。

### 7.2.2　创建表单

在 HTML 中，<form>标签用于创建表单，即定义表单域，以实现用户信息的收集和传递。<form>标签中的所有内容都会被提交给服务器。创建表单的基本语法格式如下。

```
<form action="表单提交地址" method="表单提交方式" name="表单名称">
    各种表单控件
</form>
```

在上面的语法格式中，<form>标签中的表单控件是由用户自定义的；action、method 和 name 为表单标签<form>的常用属性，分别用于定义表单提交地址、表单提交方式及表单名称，具体介绍如下。

**1. action 属性**

表单收集到信息后，需要将信息传递给服务器程序进行处理，action 属性用于指定服务器程序的地址。例如下面的代码。

```
<form action="form_action">
```

上面的代码表示当提交表单时，表单数据会被传送到名为 form_action 的服务器程序。action 属性的值可以是相对路径或绝对路径。

**2. method 属性**

method 属性用于设置表单数据的提交方式，其取值为 get 或 post。示例代码如下。

```
<form action="form_action" method="get">
```

在上面的代码中，get 为 method 属性的默认值。采用 get 提交方式时，浏览器会与表单处理服务器程序建立连接，然后直接在一个传输步骤中发送所有表单数据。这些表单数据会作为查询字符串附加在 URL 之后，显示在浏览器的地址栏中，保密性差，且有数据量的限制。

如果采用 post 提交方式，浏览器将会按照下面两步来发送数据。

① 与 action 属性指定的表单处理服务器程序建立连接。

② 将表单数据放在 HTTP 请求的正文中，以特定格式进行传输。

使用这种方式，表单数据不会直接显示在 URL 中，而是封装在 HTTP 请求的正文中，提高了数据传输的安全性，特别适合数据量较大的情况。

**3. name 属性**

name 属性用于指定表单的名称，使表单中的数据可以被标识和识别。

接下来运用上述 3 个属性创建表单，示例代码如下。

```
<form action="form_action" method="post">    <!-- 表单域 -->
    账号:                                      <!-- 提示信息 -->
    <input type="text" name="account">        <!-- 表单控件 -->
    密码:                                      <!-- 提示信息 -->
    <input type="password" name="password">   <!-- 表单控件 -->
    <input type="submit" value="提交">        <!-- 表单控件 -->
</form>
```

上述示例代码为一个完整的表单结构，其中<input>标签用于定义表单控件。有关该标签的相关知识，本章后面会有具体讲解，这里先了解即可。示例代码对应的效果如图 7-12 所示。

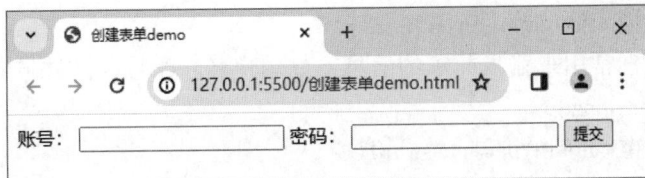

图7-12　创建表单

## 7.3　表单控件

　　表单控件是通过表单控件标签创建的，不同的表单控件用于定义不同的表单功能。本节将对表单控件的相关标签进行详细讲解。

### 7.3.1　\<input\>标签

　　单行文本输入框、单选按钮、复选框、提交按钮、重置按钮等表单控件可以使用\<input\>标签创建。使用\<input\>标签创建的控件统称为 input 控件。\<input\>标签的基本语法格式如下。

```
<input type="控件类型">
```

　　在上面的语法格式中，\<input\>标签为单标签，type 属性为其最基本的属性，其取值有多种，用于指定不同类型的控件。\<input\>标签的常用属性及相关介绍如表 7-4 所示。

表 7-4　\<input\>标签的常用属性及相关介绍

| 属性 | 属性值 | 描述 |
| --- | --- | --- |
| type | text | 单行文本输入框 |
| | password | 密码输入框 |
| | radio | 单选按钮 |
| | checkbox | 复选框 |
| | button | 普通按钮 |
| | submit | 提交按钮 |
| | reset | 重置按钮 |
| | image | 图像形式的提交按钮 |
| | hidden | 隐藏域 |
| | file | 文件域 |
| name | 由用户自定义 | 控件名称 |
| value | 由用户自定义 | 控件值 |
| size | 正整数 | 控件在页面中显示的宽度 |
| readonly | readonly | 设置控件的内容为只读（内容不能修改） |
| disabled | disabled | 禁用该控件（显示为灰色，不可操作） |
| checked | checked | 定义单选按钮或复选框的默认选中项 |
| maxlength | 正整数 | 允许输入的最多字符数 |

　　\<input\>标签可以创建的控件类型有多种，下面进行简要介绍。

（1）单行文本输入框&lt;input type="text"&gt;

单行文本输入框常用来输入简短的信息，如用户名、账号、证件号码等，常用的属性有 name、value、maxlength。

（2）密码输入框&lt;input type="password"&gt;

密码输入框用来输入密码，其内容将以圆点的形式显示。

（3）单选按钮&lt;input type="radio"&gt;

单选按钮用于实现单项选择，如选择性别、对错等。需要注意的是，定义单选按钮时，必须为同组的选项指定相同的 name 值，这样单项选择才会生效。此外，可以对单选按钮应用 checked 属性，以指定默认选中项。

（4）复选框&lt;input type="checkbox"&gt;

复选框常用于实现多项选择，如选择兴趣、爱好等。应用 checked 属性，同样可以指定默认选中项。

（5）普通按钮&lt;input type="button"&gt;

普通按钮常常配合 JavaScript 脚本语言使用，这个按钮可以触发 JavaScript 中定义的函数或执行其他操作，例如跳出选项、清除输入的内容等，初学者了解即可。可以对普通按钮应用 value 属性，以设置按钮上显示的文本。

（6）提交按钮&lt;input type="submit"&gt;

提交按钮是表单的核心控件，用户完成信息的输入后，一般都需要单击提交按钮才能完成表单数据的提交。可以对提交按钮应用 value 属性，以改变提交按钮上显示的默认文本。

（7）重置按钮&lt;input type="reset"&gt;

当用户输入的信息有误时，可单击重置按钮取消已输入的所有表单信息。可以对重置按钮应用 value 属性，以改变重置按钮上显示的默认文本。

（8）图像形式的提交按钮&lt;input type="image"&gt;

图像形式的提交按钮与普通的提交按钮在功能上基本相同，只是它用图像替代了默认的按钮样式，在外观上更加美观。需要注意的是，必须为其定义 src 属性，以便指定图像文件的地址。

（9）隐藏域&lt;input type="hidden"&gt;

隐藏域对用户是不可见的，通常用于存储不需要显示给用户的数据。隐藏域中的数据在页面上是不可见的，并且用户无法与之交互。对于隐藏域，初学者了解即可。

（10）文件域&lt;input type="file"&gt;

定义文件域时，页面中将出现一个文本输入框和一个浏览按钮，用户可以通过填写文件路径或直接选择文件的方式，将文件提交给服务器程序。

接下来通过一个案例演示 input 控件的用法和效果，如例 7-6 所示。

例 7-6    example06.html

```
1  <!DOCTYPE html>
2  <html>
3  <head>
4      <meta charset="UTF-8">
5      <meta name="viewport" content="width=device-width, initial-scale=1.0">
6      <title>input 控件</title>
```

```
7   </head>
8   <body>
9   <form action="#" method="post">
10      用户名:                                              <!-- 单行文本输入框 -->
11      <input type="text" value="张三" maxlength="6"><br><br>
12      密码:                                                <!-- 密码输入框 -->
13      <input type="password" size="40"><br><br>
14      性别:                                                <!-- 单选按钮 -->
15      <input type="radio" name="sex" checked="checked">男
16      <input type="radio" name="sex">女<br><br>
17      兴趣:                                                <!-- 复选框 -->
18      <input type="checkbox">唱歌
19      <input type="checkbox">跳舞
20      <input type="checkbox">游泳<br><br>
21      上传头像:
22      <input type="file"><br><br>                          <!-- 文件域 -->
23      <input type="submit">                                <!-- 提交按钮 -->
24      <input type="reset">                                 <!-- 重置按钮 -->
25      <input type="button" value="普通按钮" >              <!-- 普通按钮 -->
26      <input type="image" src="images/login.png">          <!-- 图像形式的提交按钮 -->
27      <input type="hidden">                                <!-- 隐藏域 -->
28  </form>
29  </body>
30  </html>
```

例 7-6 通过对<input>标签应用不同的 type 属性值定义了不同类型的 input 控件。此外，还应用了<input>标签的其他属性，以丰富控件的功能。例如第 11 行代码通过 maxlength 和 value 属性定义单行文本输入框中允许输入的最多字符数和默认显示文本，第 13 行代码通过 size 属性定义密码输入框的宽度，第 15 行代码通过 name 和 checked 属性定义单选按钮的名称和默认选中项。

运行例 7-6，效果如图 7-13 所示。

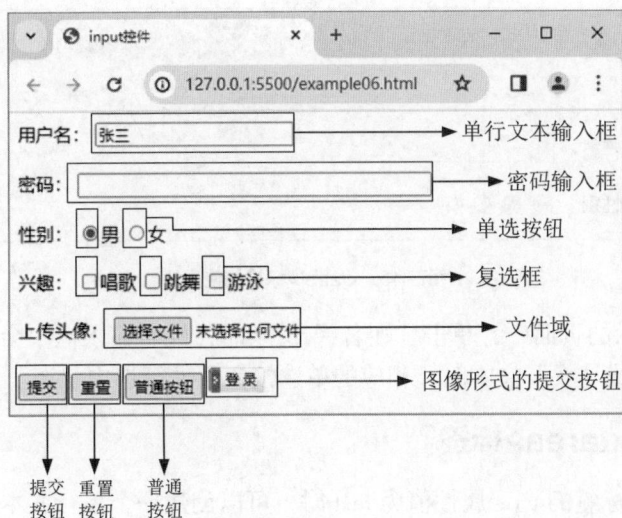

图7-13 input控件

从图 7-13 中可以看出，不同类型的 input 控件外观不同，对这些控件进行具体的操作时，页面的显示效果也不一样。例如，在密码输入框中输入内容时，其中的内容将以圆点的形式显示，而不会像单行文本输入框中的内容一样显示为明文（没加密的文字），如图 7-14 所示。

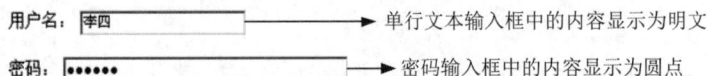

用户名：李四 ————————→ 单行文本输入框中的内容显示为明文

密码：●●●●●● ————————→ 密码输入框中的内容显示为圆点

图7-14　对不同控件进行操作时页面的显示效果

在实际运用中，<label>标签与 input 控件结合使用可以扩大控件的选择范围，从而为用户提供更好的体验。例如在选择性别时，用户可以通过单击提示文字"男"或"女"选中相应的单选按钮。

为了实现这一功能，我们可以使用<label>标签嵌套表单中的提示信息，并将<label>标签中的 for 属性的值设置为表单控件的 id 名称。这样，当用户单击<label>标签时，与之关联的表单控件将被选中。例如下面的代码（仅展示关键代码）。

```
1  <form action="#" method="post">
2      <label for="name">姓名: </label>
3       <input type="text" maxlength="6" id="name"><br><br>
4      性别:
5      <input type="radio" name="sex" checked="checked" id="man">
6      <label for="man">男</label>
7      <input type="radio" name="sex" id="woman">
8      <label for="woman">女</label>
9  </form>
```

在上面的代码中，使用<label>标签嵌套"姓名:""男""女"，将<label>标签 for 属性的值设置为对应的 input 控件 id 名称。

示例代码对应的效果如图 7-15 所示。

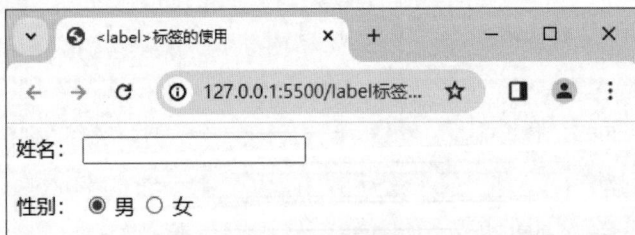

图7-15　<label>标签的使用

在图 7-15 所示的页面中，单击"姓名:"文本时，姓名输入框中会显示闪动的光标。同样，单击"男"或"女"文本时，相应的单选按钮会处于选中状态。

### 7.3.2　<textarea>标签

当定义<input>标签的 type 属性值为 text 时，可以创建一个单行文本输入框。但是，如果需要输入大量的信息，单行文本输入框就不再适用，为此，HTML 提供了<textarea>标签，用于创建 textarea 控件，通过 textarea 控件可以轻松地实现多行文本输入框。<textarea>标签的基本语法格式如下。

```
<textarea cols="每行的最大字符数" rows="显示的行数">
    文本内容
</textarea>
```

在上述语法格式中，cols 属性和 rows 属性为<textarea>标签的必备属性，其中 cols 属性用来定义多行文本输入框每行的最大字符数，rows 属性用来定义多行文本输入框显示的行数，它们的取值均为正整数。

值得一提的是，除了 cols 和 rows 属性，<textarea>标签还有一些可选属性，分别为 name 和 readonly、disabled，相关介绍如表 7-5 所示。

表 7-5　<textarea>标签的可选属性

| 属性 | 属性值 | 描述 |
| --- | --- | --- |
| name | 用户自定义 | 控件名称 |
| readonly | readonly | 设置控件的内容为只读（不能修改） |
| disabled | disabled | 禁用控件（显示为灰色，不可操作） |

下面通过一个案例演示 textarea 控件的用法，如例 7–7 所示。

例 7-7　example07.html

```
1   <!DOCTYPE html>
2   <html>
3   <head>
4       <meta charset="UTF-8">
5       <meta name="viewport" content="width=device-width, initial-scale=1.0">
6       <title>textarea 控件</title>
7   </head>
8   <body>
9   <form action="#" method="post">
10      <textarea cols="60" rows="8">
11          昔人已乘黄鹤去，
12          此地空余黄鹤楼。
13          黄鹤一去不复返，
14          白云千载空悠悠。
15          晴川历历汉阳树，
16          芳草萋萋鹦鹉洲。
17          日暮乡关何处是？
18          烟波江上使人愁。
19      </textarea><br>
20      <input type="submit" value="提交">
21  </form>
22  </body>
23  </html>
```

在例 7–7 中，第 10～19 行代码通过<textarea>标签定义了一个多行文本输入框。其中，第 10 行代码使用 clos 属性和 rows 属性设置多行文本输入框每行的字数和要显示的行数。第 20 行代码将<input>标签的 type 属性值设置为 submit，即设置了一个提交按钮。

运行例 7–7，效果如图 7–16 所示。

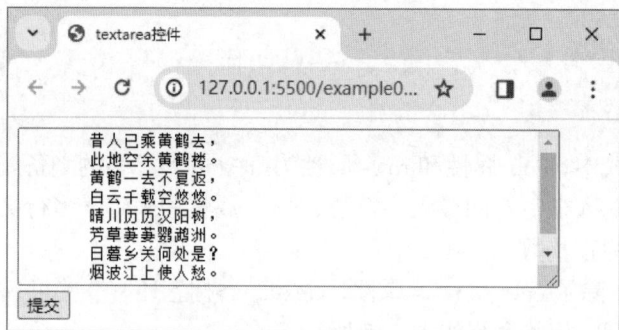

图7-16    textarea控件

在图 7-16 中，浏览器中出现了一个多行文本输入框，用户可以对其中的内容进行编辑和修改。默认情况下，对于使用 textarea 控件创建的多行文本输入框，用户可以通过拖动边框右下角改变其大小。为 textarea 控件设置 "resize: none;" 样式可以使多行文本输入框的大小无法被拖动改变。

**注意：**

各浏览器对 cols 和 rows 属性的解析不同，多行文本输入框在各浏览器中的显示效果可能会有差异，所以在实际工作中，常用的方法是使用 CSS 的 width 属性和 height 属性定义多行文本输入框的宽度和高度。

### 7.3.3  <select>标签

浏览网页时，经常会看到包含多个选项的下拉列表，例如选择所在的城市、出生年月、兴趣爱好等。图 7-17 所示为一个下拉列表，当单击下拉符号 ∨ 时，会打开一个选择列表，如图 7-18 所示。要想制作这种下拉列表效果，需要使用<select>标签。

图7-17    下拉列表

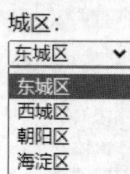

图7-18    选择列表

通过<select>标签可以创建 select 控件。<select>标签的基本语法格式如下。

```
<select>
    <option>选项 1</option>
    <option>选项 2</option>
    <option>选项 3</option>
    ……
</select>
```

在上面的语法格式中，<option>标签嵌套在<select>标签中，用于定义下拉列表中的具体选项，每个<select>标签至少应包含一个<option>标签。

值得一提的是，在 HTML 中，还可以为<select>标签和<option>标签设置属性，以改变下拉列表的显示效果。<select>和<option>标签的常用属性及相关描述如表 7-6 所示。

表 7-6　<select>和<option>标签的常用属性及相关描述

| 标签名 | 常用属性 | 描述 |
|---|---|---|
| <select> | size | 用于设置下拉列表的可见选项数，取值为正整数 |
| | multiple | 当定义 multiple="multiple"时，下拉列表将具有多项选择的功能，按住"Ctrl"键即可同时选择多项 |
| <option> | selected | 当定义 selected ="selected"时，当前选项为默认选中项 |

下面通过一个案例演示 select 控件的用法，如例 7-8 所示。

例 7-8　example08.html

```
1   <!DOCTYPE html>
2   <html>
3   <head>
4       <meta charset="UTF-8">
5       <meta name="viewport" content="width=device-width, initial-scale=1.0">
6       <title>select 控件</title>
7   </head>
8   <body>
9   <form action="#" method="post">
10      所在校区：<br>
11       <select>
12           <option>-请选择-</option>
13           <option>北京</option>
14           <option>上海</option>
15           <option>广州</option>
16           <option>武汉</option>
17           <option>成都</option>
18       </select><br><br>
19      特长（单选）:<br>
20      <select>
21           <option>唱歌</option>
22           <option selected="selected">画画</option>   <!-- 设置默认选中项 -->
23           <option>跳舞</option>
24      </select><br><br>
25      爱好（多选）:<br>
26      <select multiple="multiple" size="4">            <!-- 设置多选功能和可见选项数 -->
27           <option>读书</option>
28           <option selected="selected">编程</option>   <!-- 设置默认选中项 -->
29           <option>旅行</option>
30           <option selected="selected">听音乐</option> <!-- 设置默认选中项 -->
31           <option>踢球</option>
32      </select><br><br>
33      <input type="submit" value="提交">
34  </form>
35  </body>
36  </html>
```

例 7-8 通过<select>标签、<option>标签及相关属性创建了 3 个不同的下拉列表。第 11～18 行代码用于设置默认样式的下拉列表，第 20～24 行代码用于设置具有默认选中项的单选下拉列表，第 26～32 行代码用于设置具有两个默认选中项的多选下拉列表。

运行例 7-8，效果如图 7-19 所示。

在实际网页制作过程中，有时需要对下拉列表中的选项进行分组，以便用户快速找到相应的选项。选项分组的下拉列表如图 7-20 所示。

图7-19　select控件　　　　　　图7-20　选项分组的下拉列表

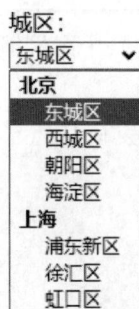

要想实现图 7-20 所示的效果，可以在<select>标签中使用<optgroup>标签对选项进行分组。<optgroup>标签必须嵌套在<select>标签中，一个<select>标签可以包含多个<optgroup>标签。需要在<optgroup>标签中嵌套<option>标签，以设置具体选项。此外<optgroup>标签有一个 label 属性，用于设置分组名称。

下面通过一个具体的案例演示为下拉列表中的选项分组的方法和效果，如例 7-9 所示。

例 7-9　example09.html

```
1   <!DOCTYPE html>
2   <html>
3   <head>
4       <meta charset="UTF-8">
5       <meta name="viewport" content="width=device-width, initial-scale=1.0">
6       <title>下拉列表中的选项分组</title>
7   </head>
8   <body>
9   <form action="#" method="post">
10      城区: <br>
11       <select>
12          <optgroup label="北京">
13              <option>东城区</option>
14              <option>西城区</option>
15              <option>朝阳区</option>
16              <option>海淀区</option>
17          </optgroup>
18          <optgroup label="上海">
19              <option>浦东新区</option>
20              <option>徐汇区</option>
21              <option>虹口区</option>
22          </optgroup>
```

```
23      </select>
24  </form>
25  </body>
26  </html>
```

在例 7-9 中,第 12~17 行代码设置了第 1 个分组;第 18~22 行代码设置了第 2 个分组。

运行例 7-9,会出现图 7-21 所示的下拉列表,当单击 ⌄ 时,下拉列表中的选项将显示分组效果,如图 7-22 所示。

图7-21　下拉列表

图7-22　下拉列表中的选项分组效果

# 7.4　HTML5 表单新属性

HTML5 引入了许多新的表单功能,包括新的<form>标签属性、新的表单控件和新的<input>标签属性等。这些新增内容使设计人员能够更高效、更轻松地创建符合 Web 标准的表单。本节将对 HTML5 新增的表单属性做详细讲解。

## 7.4.1　新的<form>标签属性

HTML5 中新增了两个<form>标签属性,分别为 autocomplete 属性和 novalidate 属性,下面将对这两个属性做详细讲解。

### 1. autocomplete 属性

autocomplete 属性用于设置是否启用表单字段的自动完成功能,自动完成是指将用户在表单控件中输入的内容记录下来,当用户再次输入时,表单会将输入的历史记录显示在一个下拉列表里,供用户直接选择。

autocomplete 属性有 2 个值,对它们的解释如下。

- on:启用自动完成功能。
- off:不启用自动完成功能。

autocomplete 属性的示例代码如下。

```
<form action="form_action" method="get" autocomplete="on">
</form>
```

值得一提的是,autocomplete 属性不仅可以用于<form>标签,还可以用于所有输入类型的<input>标签。

### 2. novalidate 属性

novalidate 属性用于在提交表单时取消表单验证。表单验证是指表单被提交时,浏览器会自动检查表单内容是否符合要求，并给出相应的提示。使用 novalidate 属性后，浏览器将不会执行这种默认的验证行为，novalidate 属性的取值为它自身，示例代码如下。

```
<form action="form_action" method="get" novalidate="novalidate">
</form>
```

在上面的示例代码中，novalidate="novalidate"可以简写为 novalidate。

### 7.4.2 新的表单控件

HTML5 中新增了一些表单控件，并且也丰富了表单功能，可以更好地实现对表单的控制和验证。下面将详细讲解这些全新的表单控件。

#### 1. datalist 控件

datalist 控件用于定义输入框的选项列表，该选项列表通过在<datalist>标签中嵌套<option>标签创建。用户可以直接从选项列表中选择某项内容填充到输入框中。datalist 控件通常与 input 控件配合使用，以便设置 input 控件的填充内容。使用 datalist 控件时，需要通过 id 属性为其指定一个唯一的标识，然后为 input 控件指定 list 属性，再将 list 属性的值设置为 datalist 对应的 id 属性的值。

下面通过一个案例演示 datalist 控件的使用，如例 7-10 所示。

例 7-10　example10.html

```
1   <!DOCTYPE html>
2   <html>
3   <head>
4       <meta charset="UTF-8">
5       <meta name="viewport" content="width=device-width, initial-scale=1.0">
6       <title>datalist 控件</title>
7   </head>
8   <body>
9   <form action="#" method="post">
10      请输入用户名：
11      <input type="text" list="namelist">
12      <datalist id="namelist">
13          <option>admin1</option>
14          <option>admin2</option>
15          <option>admin3</option>
16      </datalist>
17      <input type="submit" value="提交">
18  </form>
19  </body>
20  </html>
```

在例 7-10 中，第 11 行代码向表单中添加了一个 input 控件，用于创建一个单行文本输入框，并将其 list 属性的值设置为 namelist；第 12～16 行代码使用 datalist 控件设置了一个选项列表，其中，第 12 行代码在<datalist>标签中添加的 id 名为 namelist，这需要和 input 控件的 list 属性值保持一致。

运行例 7-10，效果如图 7-23 所示。

图7-23 datalist控件

### 2. 新的 input 控件类型

HTML5 中增加了新的 input 控件类型，如 email 类型、url 类型等。下面将详细讲解这些新的 input 控件类型。

（1）email 类型&lt;input type="email"&gt;

email 类型的 input 控件是一种专门用于输入电子邮箱地址的文本输入框，用来验证输入的内容是否符合电子邮箱地址格式，如果不符合，将提示相应的错误信息。

（2）url 类型&lt;input type="url"&gt;

url 类型的 input 控件是一种用于输入 URL 地址的输入框。如果输入的内容是 URL 地址格式的文本，则该数据会被提交到服务器；如果输入的值不符合 URL 地址格式，则不允许提交，并且会显示相应的提示信息。

（3）tel 类型&lt;input type="tel"&gt;

tel 类型的 input 控件是一种用于输入电话号码的输入框。由于电话号码没有一个通用的格式，因此 tel 类型的 input 控件通常会和 pattern 属性配合使用。pattern 属性的相关知识将在 7.4.3 小节中进行讲解。

（4）search 类型&lt;input type="search"&gt;

search 类型的 input 控件是一种专门用于输入搜索关键词的输入框，它能自动记录一些字符。用户输入内容后，其右侧会出现一个删除图标按钮，单击这个图标按钮可以快速清除输入的内容。

（5）color 类型&lt;input type="color"&gt;

color 类型的 input 控件用于创建颜色选择器，允许用户选择一种颜色，并获取其十六进制颜色值。默认颜色值为#000，通过 value 属性可以更改默认颜色值。应注意的是当更改默认颜色值时，需要确保所设置的颜色值是完整的十六进制表示形式，不能使用其他形式。

单击颜色选择器中的颜色按钮，可以打开颜色选取器，用户可以直接在颜色选取器中选取颜色。

下面通过设置 input 控件的 type 属性来演示不同类型的文本框的用法，如例 7-11 所示。

例 7-11 example11.html

```
1  <!DOCTYPE html>
2  <html>
3  <head>
4      <meta charset="UTF-8">
5      <meta name="viewport" content="width=device-width, initial-scale=1.0">
```

```
6        <title>新的 input 控件</title>
7    </head>
8    <body>
9    <form action="#" method="get">
10       请输入您的邮箱: <input type="email" name="formmail"><br>
11       请输入个人网址: <input type="url" name="user_url"><br>
12       请输入电话号码: <input type="tel" name="telphone" pattern="^\d{11}$"><br>
13       输入搜索关键字: <input type="search" name="searchinfo"><br>
14       请选取一种颜色: <input type="color" name="color1">
15       <input type="color" name="color2" value="#ff3e96">
16       <input type="submit" value="提交">
17   </form>
18   </body>
19   </html>
```

例 7-11 通过 input 控件的 type 属性将文本框分别设置为 email 类型、url 类型、tel 类型、search 类型以及 color 类型。其中，第 12 行代码通过 pattern 属性验证 tel 文本框中的输入长度是否为 11 位。

运行例 7-11，效果如图 7-24 所示。

在图 7-24 所示的页面中，分别在前 3 个输入框中输入不符合格式要求的文本内容，依次单击提交按钮，效果分别如图 7-25、图 7-26、图 7-27 所示。

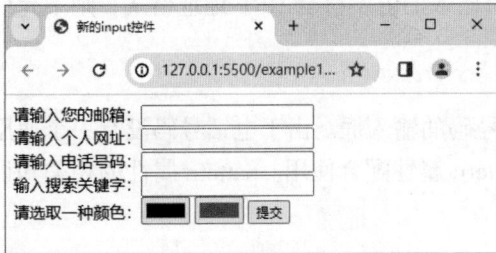

图7-24　不同类型的文本输入框

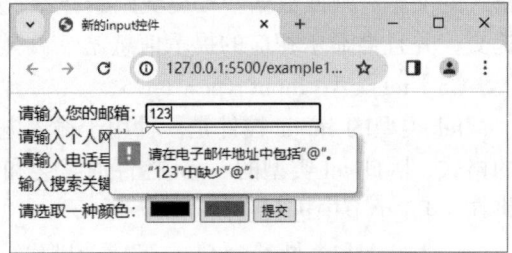

图7-25　email类型的验证提示效果

图7-26　url类型的验证提示效果

图7-27　tel类型的验证提示效果

在第 4 个输入框中输入要搜索的关键词，输入框右侧会出现一个 ✕ 按钮，如图 7-28 所示。单击这个按钮，可以清除已经输入的内容。

单击任意颜色框，会弹出图 7-29 所示的颜色选取器。在颜色选取器中，用户可以自行选取颜色。

图7-28 输入搜索关键词效果

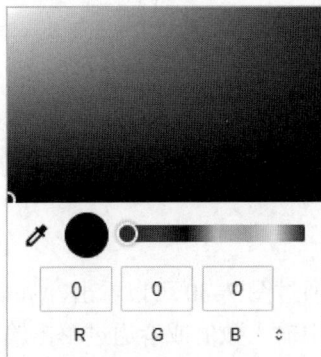

图7-29 颜色选取器

如果输入框中输入的内容的格式均符合要求，单击提交按钮，输入的数据会被提交到服务器。需要注意的是不同的浏览器对 url 类型的输入框的要求不同，多数浏览器要求用户必须输入完整的 URL 地址，并且允许地址前存在空格。

（6）number 类型<input type="number">

number 类型的 input 控件用于提供输入数字的文本框。提交表单时，浏览器会自动检查该输入框中的内容是否为数字。如果输入的内容不是数字或者数字不在限定范围内，则会出现错误提示。

number 类型的输入框可以对输入的数字进行限制，可以设置最大值、最小值、加减的步长或默认值等。相关属性及说明如下。

- value：用于指定输入框的默认值。
- max：用于指定输入框可以接受的最大输入值。
- min：用于指定输入框可以接受的最小输入值。
- step：用于设置输入框加减的步长，如果不设置，则默认为 1。

下面通过一个案例演示 number 类型的 input 控件的用法，如例 7-12 所示。

例 7-12 example12.html

```
1  <!DOCTYPE html>
2  <html>
3  <head>
4      <meta charset="UTF-8">
5      <meta name="viewport" content="width=device-width, initial-scale=1.0">
6      <title>number 类型</title>
7  </head>
8  <body>
9  <form action="#" method="get">
10     请输入数值: <input type="number" value="1" min="1" max="20" step="4"><br>
11     <input type="submit" value="提交">
12 </form>
13 </body>
14 </html>
```

在例 7-12 中，第 10 行代码创建了一个 number 类型的表单控件，并且分别设置了 value、min、max 和 step 属性的值。

运行例 7-12，效果如图 7-30 所示。

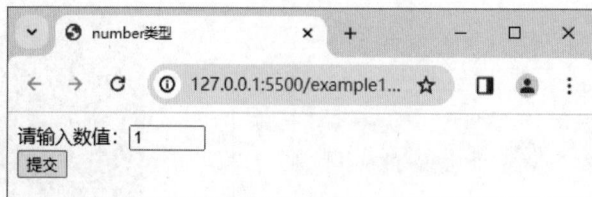

图7-30　number类型的表单控件

通过图 7-30 可以看出，number 类型的文本输入框中的默认值为 1；用户可以手动在输入框中输入数值或者通过单击输入框的控制按钮 ⬍（该按钮会在鼠标指针移入输入框时显示）设置数值，例如，单击向上的小三角按钮，效果如图 7-31 所示。通过图 7-31 可以看到，number 类型的文本输入框中的值变为了 5，这是因为第 10 行代码将 step 属性的值设置为了 4，即每次按照 4 的步长进行加减。

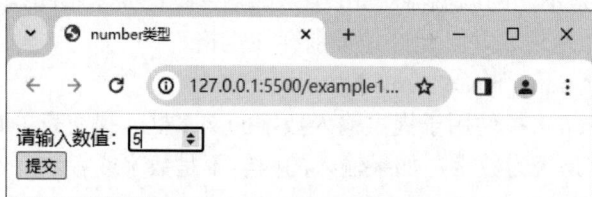

图7-31　单击向上的小三角按钮后的效果

当在文本框中输入 25 时，由于 max 属性值为 20，所以提交时将出现提示信息，效果如图 7-32 所示。

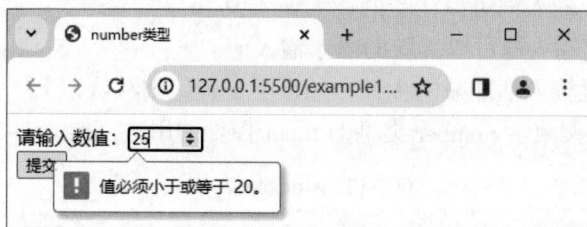

图7-32　提示错误信息1

需要注意的是，如果在输入框中输入了一个不符合 number 格式的文本"e"，单击"提交"按钮，将会出现提示信息，效果如图 7-33 所示。

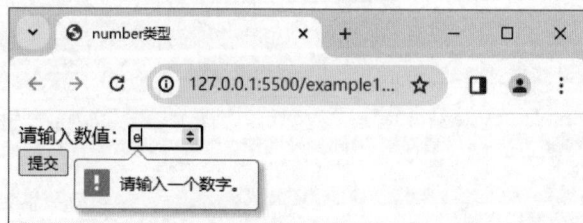

图7-33　提示错误信息2

（7）range 类型<input type="range">

range 类型的 input 控件用于提供一定范围内的数值输入，在网页中显示为滑动条。它的常用属性与 number 类型的 input 控件一样, 通过 min 属性和 max 属性, 可以设置最小值与最大值; 通过 step 属性可以指定滑动时数值加减的步长。

（8）date pickers 类型<input type="date, month, week...">

date pickers 类型是指时间日期类型, HTML 提供了多个可供选取的日期和时间输入类型, 具体如表 7-7 所示。

表 7-7  时间和日期类型及其说明

| 时间和日期类型 | 说明 |
| --- | --- |
| date | 用于选取日、月、年 |
| month | 用于选取月、年 |
| week | 用于选取周和年 |
| time | 用于选取时间（小时和分钟） |
| datetime | 用于选取时间、日、月、年（UTC 时间） |
| datetime-local | 用于选取时间、日、月、年（本地时间） |

在表 7-7 中, UTC 是 Universal Time Coordinated 的缩写, 即协调世界时, 又称世界标准时间。简单地说, UTC 时间就是 0 时区的时间。例如, 如果北京时间为早上 8 点, 则 UTC 时间为 0 点, 即 UTC 时间和北京时间的时差为 8。

下面通过一个案例演示时间日期类型的 input 控件的用法, 如例 7-13 所示。

例 7-13  example13.html

```
1  <!DOCTYPE html>
2  <html>
3  <head>
4      <meta charset="UTF-8">
5      <meta name="viewport" content="width=device-width, initial-scale=1.0">
6      <title>时间日期类型控件的使用</title>
7  </head>
8  <body>
9  <form action="#" method="get">
10     <input type="date">
11     <input type="month">
12     <input type="week">
13     <input type="time">
14     <input type="datetime">
15     <input type="datetime-local">
16     <input type="submit" value="提交">
17 </form>
18 </body>
19 </html>
```

在例 7-13 中, 第 10~16 行代码设置了不同的时间日期类型的控件。

运行例 7-13, 效果如图 7-34 所示。

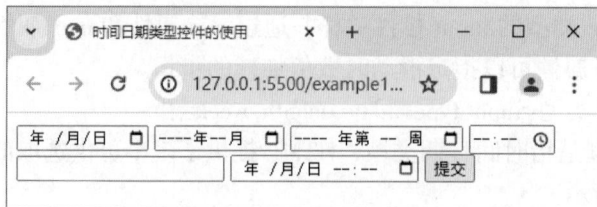

图7-34 时间日期类型控件的使用

用户可以直接在输入框中输入内容，也可以单击输入框之后的按钮 ▣ 选择时间或日期。

**注意:**

对于浏览器不支持的 input 控件，网页中会将其显示为一个普通输入框。

### 7.4.3 新的&lt;input&gt;标签属性

HTML5 中还增加了一些新的&lt;input&gt;标签属性，用于丰富 input 控件的功能。例如 autofocus、min、max、pattern 等属性，下面将对这些全新的属性做具体讲解。

（1）autofocus 属性

在 HTML5 中，autofocus 属性用于指定页面加载后是否自动获得焦点。将 autofocus 属性的值指定为 true 时，页面加载完毕后会自动获得焦点。需要注意的是，在使用 autofocus 属性时，属性值 true 可以省略。如果有多个添加了 autofocus 属性的输入框，则只有第 1 个输入框会自动获得焦点。

下面通过一个案例演示 autofocus 属性的使用，如例 7-14 所示。

例 7-14　example14.html

```
1  <!DOCTYPE html>
2  <html>
3  <head>
4     <meta charset="UTF-8">
5     <meta name="viewport" content="width=device-width, initial-scale=1.0">
6     <title>autofocus 属性</title>
7  </head>
8  <body>
9  <form action="#" method="get">
10     请输入搜索关键词：<br>
11     <input type="text" autofocus><br>
12     <input type="text" autofocus><br>
13     <input type="submit" value="提交">
14  </form>
15  </body>
16  </html>
```

在例 7-14 中，第 11 行和第 12 行代码分别设置了一个单行文本输入框，并通过 autofocus 属性指定页面加载完毕后会自动获取焦点。

运行例 7-14，效果如图 7-35 所示。

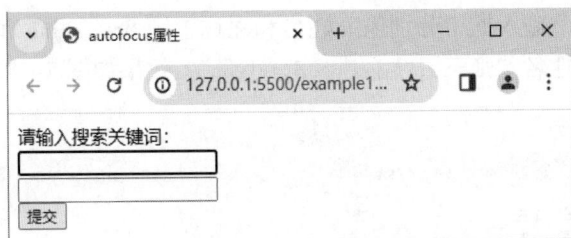

图7-35 autofocus属性

从图 7-35 中可以看出，第 1 个输入框自动获取焦点，但第 2 个输入框并未获取焦点。可见只有第 1 个添加 autofocus 属性的输入框才会自动获取焦点。

（2）form 属性

在 HTML5 之前的版本中，如果要获取表单中的信息，必须将相关的表单控件放置在表单域内，即<form>标签中。如果某个表单控件没有放在表单域内，那么在提交表单时，位于表单域外的控件将会被直接忽略。为了解决这个问题，HTML5 引入了 form 属性。form 属性可以将位于表单域外的控件关联到表单中，使表单控件不再受位置的限制。

form 属性的用法非常简单，为表单控件指定 form 属性，并将其值设置为表单的 id 属性的值，即可关联表单控件。此外，form 属性还支持同一个表单控件从属于多个表单，这提高了表单控件的灵活性和可重用性。

下面通过一个案例演示 form 属性的使用，如例 7-15 所示。

例 7-15　example15.html

```
1  <!DOCTYPE html>
2  <html>
3  <head>
4    <meta charset="UTF-8">
5    <meta name="viewport" content="width=device-width, initial-scale=1.0">
6    <title>form 属性</title>
7  </head>
8  <body>
9  <form action="#" method="get" id="user_form">
10     请输入您的姓名：<input type="text" name="first_name">
11     <input type="submit" value="提交">
12 </form>
13 请输入您的昵称：<input type="text" name="last_name" form="user_form">
14 </body>
15 </html>
```

在例 7-15 中，第 10 行代码定义的输入框在表单域内，第 13 行代码定义的输入框在表单域外，为该输入框添加 form="user_form"属性，将其和表单进行关联。

运行例 7-15，效果如图 7-36 所示。

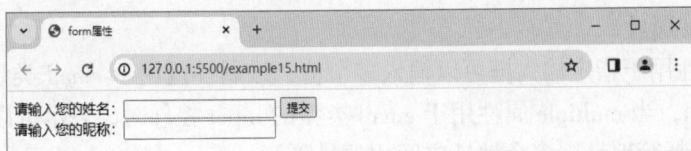

图7-36 form属性

此时，如果在两个输入框中分别输入姓名和昵称，则 first_name 和 last_name 将分别被赋值。例如，在输入姓名"张三"，输入昵称"小张"，效果如图 7-37 所示。

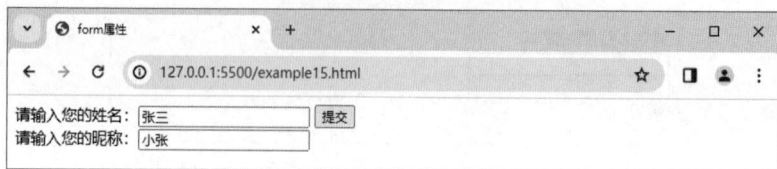

图7-37　输入姓名和昵称

单击提交按钮，在浏览器的地址栏中可以看到"first_name=张三&last_name=小张"字样，如图 7-38 所示。

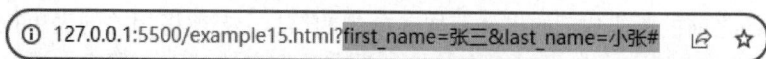

图7-38　地址栏中显示的信息

（3）list 属性

list 属性是 HTML5 中新增的属性，主要用于关联 input 控件与 datalist 控件。将 list 属性设置在<input>标签中，令其取值和<datalist>标签的 id 属性的值一致，即可将两个控件关联，示例代码如下（仅展示关键代码）。

```
请输入网址：<input type="url" list="url_list">
<datalist id="url_list">
    <option label="公司 A" value="网址 1"></option>
    <option label="公司 B" value="网址 2"></option>
    <option label="公司 C" value="网址 3"></option>
</datalist>
```

示例代码对应的效果如图 7-39 所示。

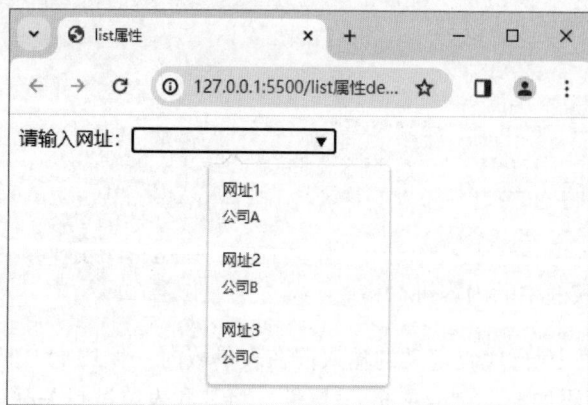

图7-39　将两个控件关联

（4）multiple 属性

multiple 属性用于指定输入框可以输入多个值，该属性适用于 email 类型和 file 类型的 input 控件。例如，当 multiple 属性用于 email 类型的 input 控件时，表示可以向文本输入框中输入多个电子邮箱地址，多个地址之间用逗号隔开。

multiple 属性的值可以为 multiple，也可以省略不写。例如下面的代码（仅展示关键代码）。

```
电子邮箱: <input type="email" name="myemail" multiple="multiple"><br>
上传照片: <input type="file" name="photo" multiple><br>
```

上述代码对应的效果如图 7-40 所示。

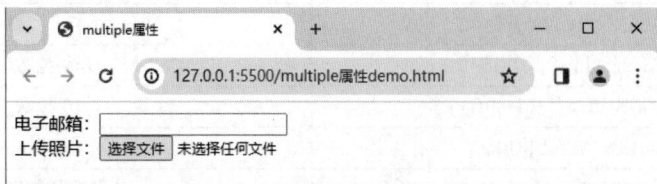

图7-40　使用multiple属性的效果

如果想要在文本框中输入多个电子邮箱地址，可以将多个地址用英文逗号分隔；如果想要选择多张照片，可以按住"Shift"键选择多张照片。添加多个电子邮箱地址和照片的效果如图 7-41 所示。

图7-41　添加多个电子邮箱地址和照片的效果

（5）min、max 和 step 属性

HTML5 中的 min、max 和 step 属性用于为包含数字或日期的 input 控件规定限值，即给这些类型的输入框添加一个数值的约束。min、max 和 step 属性适用于 date pickers、number 和 range 类型的 input 控件。

前面讲解 number 类型的表单控件时，已经讲解过 min、max 和 step 属性的功能和用法，这里不再赘述。

（6）pattern 属性

在 HTML 中，pattern 属性用于验证用户输入的内容是否与预先定义的正则表达式匹配，可以简单理解为对输入框中的内容进行检验。pattern 属性适用于以下类型的输入框——text、search、url、tel、email 和 password，其属性值为正则表达式。正则表达式用于匹配、搜索和处理文本中符合要求的内容，功能多样。表 7-8 列举了常用的正则表达式和功能说明。

表 7-8　常用的正则表达式和功能说明

| 正则表达式 | 功能说明 |
| --- | --- |
| ^[0-9]*$ | 数字 |
| ^\d{n}$ | n 位数字 |
| ^\d{n,}$ | 至少为 n 位数字 |

| 正则表达式 | 功能说明 |
| --- | --- |
| ^\d{m,n}$ | $m \sim n$ 位数字 |
| ^(0\|[1-9][0-9]*)$ | 以零和非零开头的数字 |
| ^([1-9][0-9]*)+(.[0-9]{1,2})?$ | 以非零开头的最多带两位小数的数字 |
| ^(\-\|\+)?\d+(\.\d+)?$ | 正数、负数 |
| ^\d+$  或 ^[1-9]\d*\|0$ | 非负整数 |
| ^-[1-9]\d*\|0$  或 ^((-\d+)\|(0+))$ | 非正整数 |
| ^[\u4e00-\u9fa5]{0,}$ | 汉字 |
| ^[A-Za-z0-9]+$  或 ^[A-Za-z0-9]{4,40}$ | 英文和数字 |
| ^[A-Za-z]+$ | 由英文字母组成的字符串 |
| ^[A-Za-z0-9]+$ | 由数字和英文字母组成的字符串 |
| ^[\u4E00-\u9FA5A-Za-z0-9_]+$ | 由中文、英文字母、数字、下划线组成的字符串 |
| ^\w+([-+.]\w+)*@\w+([-.]\w+)*\.\w+([-.]\w+)*$ | 电子邮箱地址 |
| [a-zA-z]+://[^\s]* 或<br>^http://([\w-]+\.)+[\w-]+(/[\w-./?%&=]*)?$ | URL 地址 |
| ^\d{15}\|\d{18}$ | 身份证号(15 位、18 位数字) |
| ^([0-9]){7,18}(x\|X)?$ 或<br>^\d{8,18}\|[0-9x]{8,18}\|[0-9X]{8,18}?$ | 以数字、字母 X 结尾的身份证号码 |
| ^[a-zA-Z][a-zA-Z0-9_]{4,15}$ | 账号以英文字母开头，长度为 5～16 字节，且只能包含英文字母、数字或下划线 |
| ^[a-zA-Z]\w{5,17}$ | 密码以英文字母开头，长度在 6～18 之间，且只能包含英文字母、数字和下划线 |

下面通过一个案例演示 pattern 属性以及常用的正则表达式的用法，如例 7-16 所示。

例 7-16    example16.html

```
1   <!DOCTYPE html>
2   <html>
3   <head>
4       <meta charset="UTF-8">
5       <meta name="viewport" content="width=device-width, initial-scale=1.0">
6       <title>pattern 属性</title>
7   </head>
8   <body>
9   <form action="#" method="get">
10      账      号 ： <input  type="text"  name="username"
pattern="^[a-zA-Z][a-zA-Z0-9_]{4,15}$"><br>
11      密      码 ： <input  type="password"  name="pwd"
pattern="^[a-zA-Z]\w{5,17}$"><br>
12      身份证号: <input type="text" name="mycard" pattern="^\d{15}|\d{18}$"><br>
13      电子邮箱地址: <input type="email" name="myemail" pattern="^\w+([-+.]\w+)*@\w+
([-.]\w+)* \.\w+([-.]\w+)*$">
14      <input type="submit" value="提交">
15  </form>
16  </body>
```

```
17 </html>
```

在例 7-16 中，第 10~13 行代码分别用于插入"账号""密码""身份证号""电子邮箱地址"输入框，并且通过 pattern 属性验证输入的内容是否与定义的正则表达式匹配。

运行例 7-16，效果如图 7-42 所示。

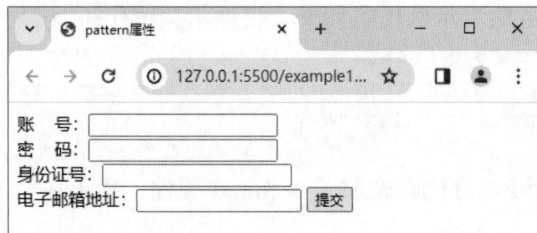

图7-42　pattern属性的应用

当输入的内容与定义的正则表达式格式不匹配时，单击"提交"按钮，会弹出验证信息提示内容。

（7）placeholder 属性

placeholder 属性用于提供相关提示信息，以提示用户输入正确的内容。当输入框中的内容为空时，会显示提示信息；当输入框获得焦点时，提示信息会消失。

下面通过一个案例演示 placeholder 属性的使用方法，如例 7-17 所示。

例 7-17　example17.html

```
1  <!DOCTYPE html>
2  <html>
3  <head>
4    <meta charset="UTF-8">
5    <meta name="viewport" content="width=device-width, initial-scale=1.0">
6    <title>placeholder 属性</title>
7  </head>
8  <body>
9  <form action="#" method="get">
10    请输入邮政编码: <input type="text" name="code" pattern="[0-9]{6}"placeholder=
"请输入 6 位数的邮政编码">
11    <input type="submit" value="提交">
12 </form>
13 </body>
14 </html>
```

在例 7-17 中，第 10 行代码使用 pattern 属性验证输入的内容是否为 6 位的数字，使用 placeholder 属性提示用户输入框中需要输入的内容。

运行例 7-17，效果如图 7-43 所示。

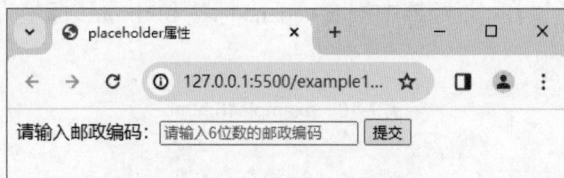

图7-43　placeholder属性的应用

placeholder 属性适用于 text、search、url、tel、email 以及 password 类型的 input 控件。

（8）required 属性

required 属性用于判断用户是否已在输入框中输入内容，当输入框中的内容为空时，不允许用户提交表单，并出现提示信息。required 属性的值为 required。为了简化代码，可以直接将属性值 required 省略。示例代码如下（仅展示关键代码）。

```
1  <form action="#" method="get">
2      请输入姓名: <input type="text" name="user_name" required="required">
3      <input type="submit" value="提交">
4  </form>
```

在上面的代码中，第 2 行代码添加了 required 属性，用于在输入框中的内容为空时弹出提示消息。

示例代码对应的效果如图 7-44 所示。

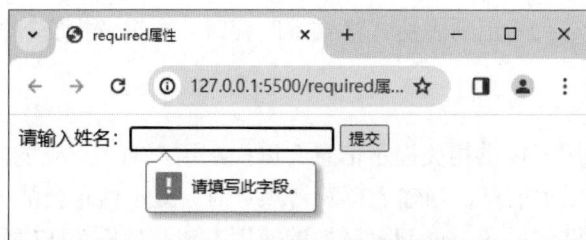

图7-44　required属性的应用

## 7.5　用 CSS 控制表单样式

在网页设计中，表单在能实现相应功能的同时，也应该拥有美观的样式。可以通过 CSS 设置表单控件的样式。本节将通过一个具体的案例演示如何用 CSS 控制表单样式。案例效果如图 7-45 所示。

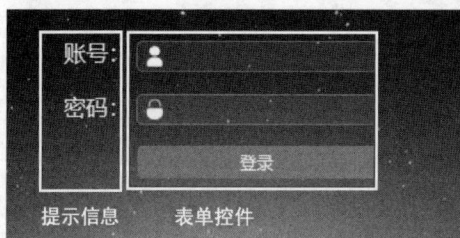

图7-45　用CSS控制表单样式的效果

图 7-45 所示的表单界面内部可以分为左右两部分，其中左边为提示信息，右边为表单控件。表单控件可以通过在<p>标签中嵌套<span>标签和<input>标签设置。HTML 结构代码如例 7-18 所示。

例 7-18　example18.html

```
1  <!DOCTYPE html>
2  <html>
3  <head>
```

```
4        <meta charset="UTF-8">
5        <meta name="viewport" content="width=device-width, initial-scale=1.0">
6        <title>用CSS控制表单样式</title>
7        <link href="style.css" rel="stylesheet">
8    </head>
9    <body>
10   <form action="#" method="post">
11       <p>
12           <span>账号: </span>
13           <input  type="text"  name="username"  class="num"  pattern="^[a-zA-Z]
[a-zA-Z0-9_]{4,15}$">
14       </p>
15       <p>
16           <span>密码: </span>
17           <input type="password" name="pwd" class="pass" pattern="^[a-zA-Z]\w{5,17}$">
18       </p>
19       <p>
20           <input type="button" class="btn01" value="登录">
21       </p>
22   </form>
23   </body>
24   </html>
```

例 7-18 使用<form>标签嵌套<p>标签进行整体布局，并分别使用<span>标签和<input>标签定义提示信息及不同类型的表单控件。

运行例 7-18，效果如图 7-46 所示。

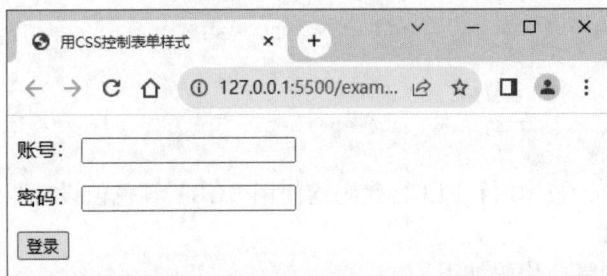

图7-46 搭建表单界面的结构

图 7-46 中只是具有基础样式的表单。为了使表单界面看起来更加美观，接下来引入外部式 CSS 样式对其进行修饰。

**1. 设置公共样式**

设置公共样式的具体代码如下。

```
body { font-size: 18px; font-family: "微软雅黑"; background: url(images/timg.jpg)
no-repeat top center; color: #FFF; }
form, p { padding: 0; margin: 0; border: 0; }
```

**2. 设置整体表单样式**

设置整体表单样式的具体代码如下。

```
form {
    width: 420px;
    height: 200px;
```

```
        padding-top: 60px;
        margin: 250px auto;                     /* 使表单在浏览器中居中显示 */
        background: rgba(255, 255, 255, 0.1);   /* 为表单添加半透明的背景颜色 */
        border-radius: 20px;
        border: 1px solid rgba(255, 255, 255, 0.3);
    }
    p {
        margin-top: 15px;
        text-align: center;
    }
    p span {
        width: 60px;
        display: inline-block;
        text-align: right;
    }
```

### 3. 设置输入框样式

设置输入框样式的具体代码如下。

```
1    .num, .pass {      /* 为输入框设置相同的宽度、高度、边框、内边距 */
2        width: 165px;
3        height: 18px;
4        border: 1px solid rgba(255, 255, 255, 0.3);
5        padding: 2px 2px 2px 22px;
6        border-radius: 5px;
7        color: #FFF;
8    }
9    .num {                /* 设置第 1 个文本框的背景、文本颜色 */
10       background: url(images/3.png) no-repeat 5px center rgba(255, 255, 255, 0.1);
11   }
12   .pass {              /* 设置第 2 个文本框的背景 */
13       background: url(images/4.png) no-repeat 5px center rgba(255, 255, 255, 0.1);
14   }
```

在上面的代码中，第 10 行、13 行代码均使用 RGBA 颜色值设置半透明的背景颜色。

### 4. 设置按钮样式

设置按钮样式的具体代码如下。

```
1    .btn01 {
2        width: 190px;
3        height: 25px;
4        border-radius: 3px;        /* 设置圆角边框 */
5        border: 2px solid #000;
6        margin-left: 65px;
7        background: #57b2c9;
8        color: #FFF;
9        border: none;
10   }
```

在上面的代码中，第 4 行代码添加了 border-radius 属性，将按钮设置为圆角形式。

保存文件，刷新页面，效果如图 7-47 所示。

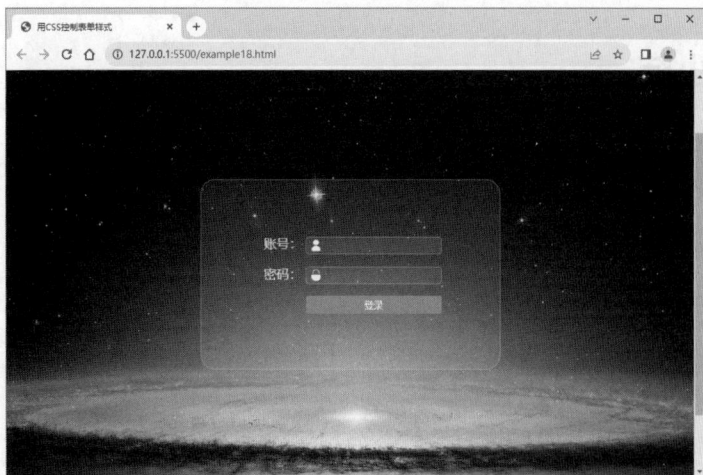

图7-47 页面效果

在例 7-18 中，使用 CSS 轻松实现了对表单控件的字体、边框、背景和内边距等样式的控制。

## 7.6 阶段案例——制作表单注册页面

本章前几个小节重点讲解了表格、表单、表单控件、HTML5 表单新属性以及用 CSS 控制表单样式等内容。为了帮助初学者更好地运用表格与表单组织页面，本节将以案例的形式分步骤制作网页中常见的注册页面。注册页面的效果如图 7-48 所示。

图7-48 注册页面效果

请扫描二维码查看本章阶段案例的具体讲解。

## 7.7　本章小结

　　本章介绍了 HTML5 中两个重要的元素——表格与表单，还介绍了如何使用 CSS 控制表格与表单的样式，并以案例的形式制作了一个常见的注册页面。

　　通过本章的学习，读者能够掌握创建表格与表单的方法，以及如何运用表格与表单组织页面元素。

## 7.8　课后练习

　　请扫描二维码查看本章课后练习题。

# 第**8**章

# DIV+CSS布局

★ 了解标签的浮动属性，能够为标签设置和清除浮动属性。

★ 了解标签的定位属性，能够使用定位属性设置标签的位置。

★ 熟悉 overflow 属性的用法，能够设置溢出内容的显示方式。

★ 熟悉 z-index 属性的用法，能够设置元素的堆叠顺序。

★ 熟悉常见的布局类型，能够在网页中应用不同类型的布局。

★ 了解全新的 HTML5 结构标签，能够阐述各结构标签的作用。

★ 了解网页模块的命名规范，能够按照规范要求命名网页模块。

在网页设计中，如果只按照从上到下的默认方式进行排版，网页版面会显得单调、混乱。这时可以对页面进行布局，将各模块有序排列，使网页的排版变得更加丰富、美观。本章将详细讲解浮动、定位和布局等相关知识。

## 8.1 布局概述

在阅读报纸时会发现，虽然页面中的内容很多，但是经过合理的排版，这些内容依然清晰、易读，图 8-1 所示为一份报纸的排版效果。

同样，在制作网页时，也需要对网页进行"排版"。网页的"排版"主要通过布局来实现。在网页设计中，布局是指对网页中的模块进行合理的排布，使页面内容排列清晰、美观易读。网页设计中的布局主要依靠 DIV+CSS 技术实现。说到 DIV 大家肯定非常熟悉，但是在本章它不仅指前面讲解的<div>标签，还包括所有能够承载内容的容器标

图8-1 报纸的排版效果

签，如<p>、<li>等。在 DIV+CSS 布局技术中，DIV 负责内容区域的分配，CSS 负责样式效果的呈现，因此网页布局也常被称作 DIV+CSS 布局。

需要注意的是，为了提高网页制作的效率，布局时通常需要遵循一定的流程，具体如下。

**1. 确定页面的版心**

版心指的是页面的有效使用区域，是主要元素及内容所在的区域，一般在浏览器窗口中水平居中显示。在设计网页时，页面宽度一般为 1200px～1920px。为了适配不同分辨率的显示器，一般将版心宽度设置为 1000px～1200px。例如屏幕分辨率为 1024px×768px 的浏览器的有效可视区域宽度为 1000px，所以建议设置版心宽度为 1000px。设计师在设计网站时应尽量适配主流的屏幕分辨率。常见的适配主流屏幕分辨率的版心宽度为 1000px、1200px、1400px 等。图 8-2 所示为某电子产品网站的版心宽度和页面宽度。

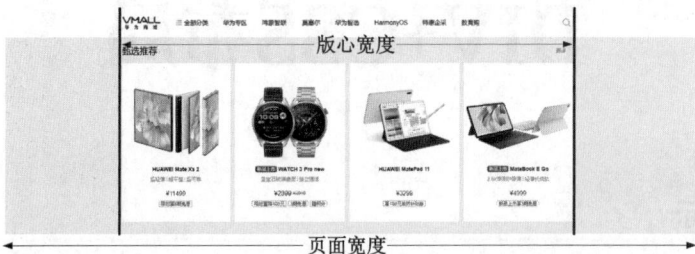

图8-2　某电子产品网站的版心宽度和页面宽度

**2. 分析页面中的模块**

在布局之前，首先要对页面有一个整体的规划，如页面中有哪些模块、各模块之间的关系等。模块之间的关系分为并列关系和包含关系。图 8-3 所示为最简单的页面布局，该页面主要由头部（header）、导航栏（nav）、焦点图（banner）、内容（content）、页面底部（footer）5 部分组成，这几个模块为并列关系。

图8-3　并列关系的页面模块

**3. 控制页面中的各个模块**

分析完页面模块后，我们就可以应用盒子模型的原理，使用 DIV+CSS 布局来控制页面中的各个模块。而要想提高网页制作的效率，一定要养成分析页面布局的习惯。

## 8.2 布局常用属性

使用 DIV+CSS 进行网页布局时，经常会使用一些属性对标签进行控制，常见的有浮动属性和定位属性，本节将对这两种属性做具体介绍。

### 8.2.1 浮动属性

使用浮动属性可以改变网页标签默认的排列方式（从上到下），实现左、中、右的排版布局，满足更多的网页版式需求。接下来，将从设置浮动属性和清除浮动两个方面详细讲解浮动属性的用法。

#### 1. 设置浮动属性

设置了浮动属性的标签会脱离标准文档流的控制，从而移动到其父标签中指定的位置。标准文档流是指标签在网页中会按照其在 HTML 文档中的顺序从上到下依次排列。CSS 通过 float 属性来实现浮动功能，因此浮动属性也称为 float 属性。float 属性的基本语法格式如下。

```
选择器 { float: 属性值; }
```

在上面的基本语法格式中，float 常用的属性值有 3 个，具体如表 8-1 所示。

表 8-1 float 的常用属性值及描述

| 属性值 | 描述 |
| --- | --- |
| left | 设置标签向左浮动 |
| right | 设置标签向右浮动 |
| none | 设置标签不浮动，为默认值 |

接下来通过一个案例讲解 float 属性的用法，如例 8-1 所示。

例 8-1 example01.html

```
1  <!DOCTYPE html>
2  <html>
3  <head>
4      <meta charset="UTF-8">
5      <meta name="viewport" content="width=device-width, initial-scale=1.0">
6      <title>float 属性</title>
7      <style>
8        .father {
9            background: #eee;
10           border: 1px dashed #999;
11       }
12       .box01, .box02, .box03 {   /* 设置 box01、box02、box03 这 3 个子元素的样式 */
13           height: 50px;
14           line-height: 50px;
15           border: 1px dashed #999;
16           margin: 15px;
17           padding: 0px 10px;
18       }
```

```
19          .box01 { background: #FF9; }
20          .box02 { background: #FC6; }
21          .box03 { background: #F90; }
22          p {
23              background: #ccf;
24              border: 1px dashed #999;
25              margin: 15px;
26              padding: 0px 10px;
27          }
28      </style>
29  </head>
30  <body>
31      <div class="father">
32          <div class="box01">box01</div>
33          <div class="box02">box02</div>
34          <div class="box03">box03</div>
35          <p>大江东去，浪淘尽，千古风流人物。故垒西边，人道是，三国周郎赤壁。乱石穿空，惊涛拍
岸，卷起千堆雪。江山如画，一时多少豪杰。遥想公瑾当年，小乔初嫁了，雄姿英发。羽扇纶巾，谈笑间，樯
橹灰飞烟灭。故国神游，多情应笑我，早生华发。人生如梦，一尊还酹江月。</p>
36      </div>
37  </body>
38  </html>
```

在例 8-1 中，第 32～34 行代码设置了 3 个盒子 box01、box02、box03，第 35 行代码添加了一段文本，它们按照默认方式排列。

运行例 8-1，效果如图 8-4 所示。

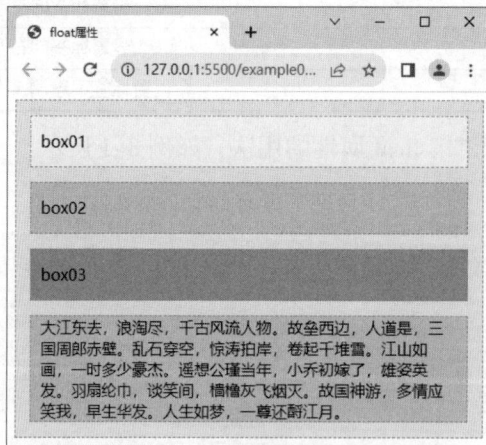

图8-4    标签未设置浮动属性的效果

在图 8-4 中，box01、box02、box03 以及段落文本从上到下排列。可见如果不对标签设置浮动属性，则该标签及其内部的子标签将按照标准文档流的样式显示。

接下来，在例 8-1 的基础上，为 box01、box02、box03 设置左浮动效果，具体 CSS 代码如下。

```
.box01, .box02, .box03 {          /* 为 box01、box02、box03 设置左浮动 */
    float: left;
}
```

保存 HTML 文件，刷新页面，效果如图 8-5 所示。

从图 8-5 中可以看出，box01、box02、box03 这 3 个盒子脱离了标准文档流，排列在同一行。同时段落文本环绕 box01、box02、box03 这 3 个盒子，实现了图文混排的效果。

值得一提的是，float 还有另一个属性值 right，该属性值在网页布局中也经常会用到，它与属性值 left 的用法相同但浮动方向相反。应用了"float: right;"样式的标签将向右侧浮动。

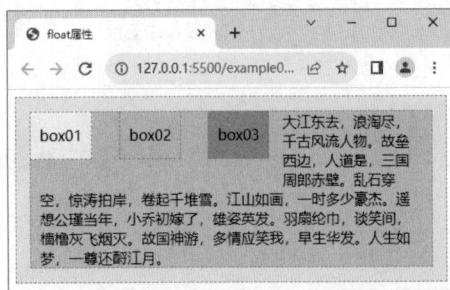

图8-5　为box01、box02、box03同时设置左浮动效果

### 2. 清除浮动属性

由于浮动标签不再占用原文档流的位置，所以它会对页面中其他标签的排版产生影响。例如，图 8-5 中的段落文本受到其周围标签浮动的影响，产生了图文混排的效果。如果要避免浮动对段落文本产生影响，就需要在\<p\>标签中清除浮动。在 CSS 中，可以使用 clear 属性清除浮动。使用 clear 属性清除浮动的基本语法格式如下。

```
选择器 { clear: 属性值; }
```

上述语法格式中，clear 属性的常用值有 3 个，具体如表 8-2 所示。

表 8-2　clear 属性的常用值及描述

| 属性值 | 描述 |
| --- | --- |
| left | 清除左侧的浮动 |
| right | 清除右侧的浮动 |
| both | 同时清除左右两侧的浮动 |

接下来对例 8-1 中的\<p\>标签应用 clear 属性，清除浮动标签对段落文本的影响。在\<p\>标签的 CSS 样式中添加如下代码。

```
clear: left;                    /* 清除左侧浮动 */
```

上面的 CSS 代码用于消除左侧浮动对段落文本的影响。添加"clear: left;"样式后，保存 HTML 文件，刷新页面，效果如图 8-6 所示。

从图 8-6 中可以看出，清除段落文本左侧的浮动后，段落文本会独占一行，排列在 box01、box02、box03 下面。

需要注意的是，clear 属性只能清除标签左右两侧的浮动。然而在布局网页时经常会受到一些特殊的浮动影响。例如，对子标签设置浮动时，如果不定义其父标签的高度，则子标签的浮动会对父标签产生影响，如例 8-2 所示。

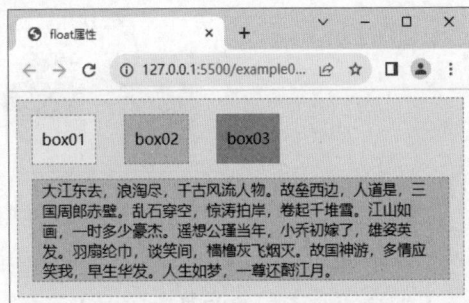

图8-6　清除左侧浮动后的效果

例 8-2　example02.html

```
1  <!DOCTYPE html>
2  <html>
3  <head>
4    <meta charset="UTF-8">
```

```
5        <meta name="viewport" content="width=device-width, initial-scale=1.0">
6        <title>子标签浮动对父标签的影响</title>
7        <style>
8           .father {                        /* 没有给父标签定义高度 */
9               background: #ccc;
10              border: 1px dashed #999;
11          }
12          .box01, .box02, .box03 {
13              height: 50px;
14              line-height: 50px;
15              background: #f9c;
16              border: 1px dashed #999;
17              margin: 15px;
18              padding: 0px 10px;
19              float: left;               /* 定义 box01、box02、box03 这 3 个盒子向左浮动 */
20          }
21       </style>
22   </head>
23   <body>
24       <div class="father">
25           <div class="box01">box01</div>
26           <div class="box02">box02</div>
27           <div class="box03">box03</div>
28       </div>
29   </body>
30   </html>
```

在例 8-2 中，第 19 行代码定义 box01、box02、box03 这 3 个子盒子向左浮动；第 8～11 行代码为父盒子添加样式，但是并未给父标签设置高度。

运行例 8-2，效果如图 8-7 所示。

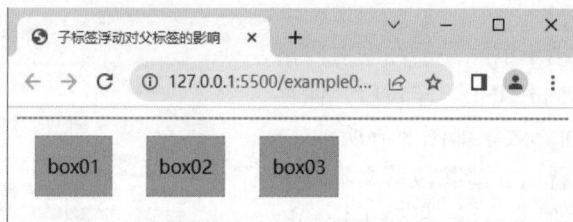

图8-7　子标签浮动对父标签的影响

在图 8-7 中，受到子标签浮动的影响，未设置高度的父标签变成了一条直线，即父标签不能自适应子标签的高度。由于子标签和父标签不存在左右位置关系，所以使用 clear 属性并不能消除子标签浮动对父标签产生的影响。那么遇到这种情况该如何清除浮动呢？下面总结了常用的 3 种方法，具体介绍如下。

（1）使用空标签

在浮动标签之后添加空标签，并为这个空标签应用 "clear: both;" 样式，可消除标签浮动所产生的影响，这个空标签可以是<div>标签、<p>标签等。接下来，在例 8-2 的基础上，演示使用空标签清除浮动的方法，如例 8-3 所示。

例 8-3　example03.html

```
1   <!DOCTYPE html>
2   <html>
3   <head>
4       <meta charset="UTF-8">
5       <meta name="viewport" content="width=device-width, initial-scale=1.0">
6       <title>使用空标签清除浮动</title>
7       <style>
8           .father {                      /* 不为父标签定义高度 */
9               background: #ccc;
10              border: 1px dashed #999;
11          }
12          .box01, .box02, .box03 {
13              height: 50px;
14              line-height: 50px;
15              background: #f9c;
16              border: 1px dashed #999;
17              margin: 15px;
18              padding: 0px 10px;
19              float: left;               /* 为box01、box02、box03这3个标签设置左浮动 */
20          }
21          .box04 { clear: both; }  /* 对空标签应用 "clear: both;" 样式 */
22      </style>
23  </head>
24  <body>
25      <div class="father">
26          <div class="box01">box01</div>
27          <div class="box02">box02</div>
28          <div class="box03">box03</div>
29          <div class="box04"></div>  <!-- 在浮动标签后添加空标签 -->
30      </div>
31  </body>
32  </html>
```

在例 8-3 中，第 29 行代码在 box01、box02、box03 之后添加了类名为 box04 的空标签<div>，然后对 box04 应用 "clear: both;" 样式，以消除浮动对父标签的影响。

运行例 8-3，效果如图 8-8 所示。

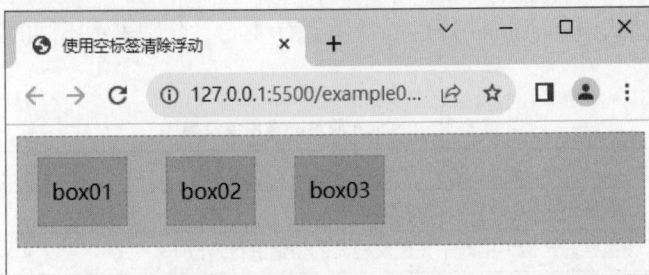

图8-8　使用空标签清除浮动的效果

在图 8-8 中，父标签被子标签撑开了，也就是说子标签浮动对父标签产生的影响已经不存在了。需要注意的是，使用这个方法虽然可以清除浮动，但增加了毫无意义的结构标签，在实际工作中不建议使用。

（2）使用 overflow 属性

为被浮动标签影响的父标签添加"overflow: hidden;"样式，也可以消除浮动对该标签的影响。使用 overflow 属性清除浮动，不会增加无意义的结构标签，弥补了使用空标签清除浮动的不足。接下来，继续在例 8-2 的基础上，演示使用 overflow 属性清除浮动的方法，为父标签添加如下代码。

```
overflow: hidden;                 /* 对父标签应用"overflow: hidden;"样式 */
```

需要注意的是，在使用"overflow: hidden;"样式清除浮动时，一定要将该样式写在被影响的标签中。此外 overflow 属性还有其他取值，后面的内容中会详细讲解。

（3）使用::after 伪元素

使用::after 伪元素也可以清除浮动，但是该方法只适用于 IE 8 及以上版本的浏览器和其他非 IE 浏览器。使用::after 伪元素清除浮动有固定的语法格式，具体如下。

```
::after {
    display: block;
    clear: both;
    content: "";
    visibility: hidden;
    height: 0;
}
```

在上面的语法格式中，必须为伪元素添加"height: 0;"样式，否则标签会比其实际高度高出若干像素。必须在伪元素中添加 content 属性，其值可以为空，如 content: "";。将::after 伪元素的固定格式赋予被浮动标签影响的父标签，即可清除浮动。

### 8.2.2　定位属性

浮动布局虽然灵活，但是无法对标签的位置进行精确的控制。在 CSS 中，利用定位属性配合边偏移属性可以实现对网页标签的精确定位。接下来，将从认识定位属性和定位类型两个方面详细讲解定位属性的用法。

#### 1. 认识定位属性

在 CSS 中，position 属性用于设置元素的定位类型，因此定位属性即 position 属性。使用 position 属性定位标签的基本语法格式如下。

```
选择器 { position: 属性值; }
```

在上面的语法格式中，position 属性的常用值有 4 个，分别表示不同的定位类型，具体如表 8-3 所示。

表 8-3　position 属性的常用值及描述

| 属性值 | 描述 |
|---|---|
| static | 设置静态定位（默认定位方式） |
| relative | 设置相对定位（相对于其原文档流的位置进行定位） |
| absolute | 设置绝对定位（相对于其上一个已经定位的父标签进行定位） |
| fixed | 设置固定定位（相对于浏览器窗口进行定位） |

定位类型仅用于定义标签以哪种方式定位，并不能确定标签的具体位置。在 CSS 中，

通过边偏移属性 top、bottom、left 或 right，可以精确设置定位标签的坐标。边偏移属性及其描述如表 8-4 所示。

表 8-4　边偏移属性及其描述

| 边偏移属性 | 描述 |
| --- | --- |
| top | 设置顶部偏移量，即标签相对于其父标签上边线的距离 |
| bottom | 设置底部偏移量，即标签相对于其父标签下边线的距离 |
| left | 设置左侧偏移量，即标签相对于其父标签左边线的距离 |
| right | 设置右侧偏移量，即标签相对于其父标签右边线的距离 |

边偏移属性的取值为像素值或百分数，示例如下。

```
position: relative;          /* 相对定位 */
left: 50px;                  /* 设置左侧偏移量为 50px */
top: 10%;                    /* 设置顶部偏移量为父标签高度的 10% */
```

### 2. 定位类型

标签的定位类型主要包括静态定位、相对定位、绝对定位和固定定位，对它们的具体介绍如下。

（1）静态定位

静态定位是标签的默认定位方式。当 position 属性的取值为 static 时，可以将标签定位至 HTML 标准文档流中默认的位置。

任何标签在默认状态下都会以静态定位的方式确定自己的位置，所以当标签未定义 position 属性时，并不是说该标签没有自己的位置，它会根据默认值定位于 HTML 标准文档流中。在静态定位状态下，我们无法通过边偏移属性（top、bottom、left 或 right）改变标签的位置。

（2）相对定位

相对定位是指将标签相对于它在标准文档流中的位置进行定位。当 position 属性的取值为 relative 时，可以使标签进行相对定位。对标签设置相对定位后，可以通过边偏移属性改变标签的位置，但是它在文档流中的位置仍然保留。

接下来，通过一个案例演示对标签设置相对定位的方法和效果，如例 8-4 所示。

例 8-4　example04.html

```
1  <!DOCTYPE html>
2  <html>
3  <head>
4      <meta charset="UTF-8">
5      <meta name="viewport" content="width=device-width, initial-scale=1.0">
6      <title>相对定位</title>
7      <style>
8          body {
9              margin: 0px;
10             padding: 0px;
11             font-size: 18px;
12             font-weight: bold;
13         }
14         .father {
```

```
15          margin: 10px auto;
16          width: 300px;
17          height: 300px;
18          padding: 10px;
19          background: #ccc;
20          border: 1px solid #000;
21      }
22      .child-01, .child-02, .child-03 {
23          width: 100px;
24          height: 50px;
25          line-height: 50px;
26          background: #ff0;
27          border: 1px solid #000;
28          margin:10px 0px;
29          text-align: center;
30      }
31      .child-02 {
32          position: relative;          /* 相对定位 */
33          left: 150px;                 /* 距左边线 150px */
34          top: 100px;                  /* 距上边线 100px */
35      }
36      </style>
37  </head>
38  <body>
39      <div class="father">
40          <div class="child-01">child-01</div>
41          <div class="child-02">child-02</div>
42          <div class="child-03">child-03</div>
43      </div>
44  </body>
45  </html>
```

在例 8-4 中，第 32～34 行代码用于对 child-02 设置相对定位模式，并通过边偏移属性 left 和 top 改变其位置。

运行例 8-4，效果如图 8-9 所示。

从图 8-9 中可以看出，对 child-02 设置相对定位后，child-02 会相对于其自身的默认位置进行偏移，但是它在文档流中的位置仍然保留。

（3）绝对定位

绝对定位是将子标签根据其上一个已经定位（绝对、固定或相对定位）的父标签进行定位。若所有父标签都没有设置定位，设置绝对定位的子标签会依据<body>标签（也可以看作浏览器窗口）进行定位。当 position 属性的取值为 absolute 时，可以为标签设置绝对定位。

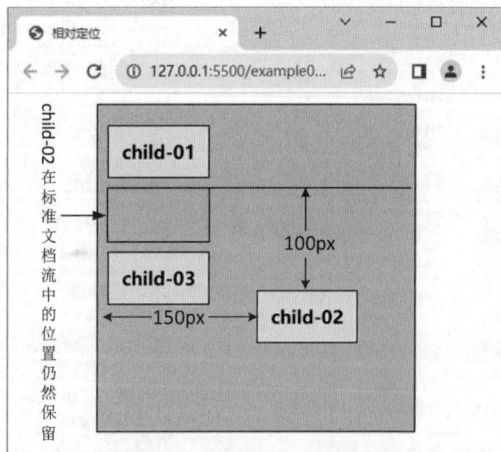

图8-9　设置相对定位的效果

接下来，在例 8-4 的基础上，将 child-02 的定位模式设置为绝对定位，即将第 31～35 行代码更改为以下代码（仅展示关键代码）。

```
.child-02 {
    position: absolute;          /* 绝对定位 */
    left: 150px;                 /* 距左边线 150px */
    top: 100px;                  /* 距上边线 100px */
}
```

保存 HTML 文件，刷新页面，效果如图 8-10 所示。

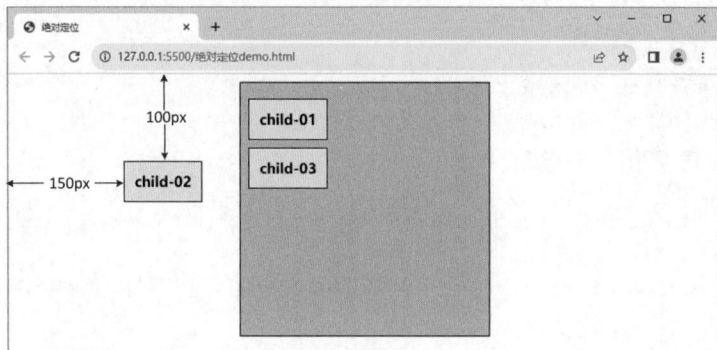

图8-10　设置绝对定位的效果

在图 8-10 中，为 child-02 设置绝对定位后，child-03 便占据了 child-02 在标准文档流中的位置，也就是说 child-02 脱离了标准文档流的控制，同时不再占据标准文档流中的空间。

在上面的案例中，对 child-02 设置了绝对定位，当将浏览器窗口放大或缩小时，child-02 相对于其父标签的位置就会发生变化。图 8-11 所示为缩小浏览器窗口时的页面效果，很明显 child-02 相对于其父标签的位置发生了变化。

然而在网页设计中，一般需要使子标签相对于其父标签的位置保持不变，也就是让子标签依据其父标签的位置进行绝对定位，此时如果父标签不需要定位，该怎么办呢？

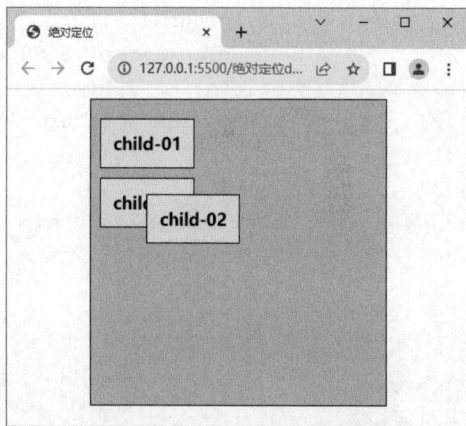

图8-11　缩小浏览器窗口的页面效果

要解决这个问题，可将直接为父标签设置相对定位，但不对其设置边偏移属性，然后再对子标签应用绝对定位，并设置边偏移属性。这样父标签既不会失去其空间，同时还能保证子标签可以依据其父标签进行准确定位。

接下来通过一个案例演示子标签依据其父标签进行准确定位的方法和效果，如例 8-5 所示。

例 8-5　example05.html

```
1  <!DOCTYPE html>
2  <html>
3  <head>
```

```
4      <meta charset="UTF-8">
5      <meta name="viewport" content="width=device-width, initial-scale=1.0">
6      <title>绝对定位</title>
7      <style>
8          body {
9              margin: 0px;
10             padding: 0px;
11             font-size: 18px;
12             font-weight: bold;
13         }
14         .father {
15             margin: 10px auto;
16             width: 300px;
17             height: 300px;
18             padding: 10px;
19             background: #ccc;
20             border: 1px solid #000;
21             position: relative;      /* 设置相对定位，但不设置边偏移属性 */
22         }
23         .child-01, .child-02, .child-03 {
24             width: 100px;
25             height: 50px;
26             line-height: 50px;
27             background: #ff0;
28             border: 1px solid #000;
29             margin: 10px 0px;
30             text-align: center;
31         }
32         .child-02 {
33             position: absolute;      /* 绝对定位 */
34             left: 150px;             /* 距左边线150px */
35             top: 100px;              /* 距上边线100px */
36         }
37     </style>
38 </head>
39 <body>
40     <div class="father">
41         <div class="child-01">child-01</div>
42         <div class="child-02">child-02</div>
43         <div class="child-03">child-03</div>
44     </div>
45 </body>
46 </html>
```

在例 8-5 中，第 21 行代码为父标签设置了相对定位，但不对其设置边偏移属性；第 32～36 行代码对子标签 child-02 设置了绝对定位，并通过边偏移属性对其进行精确定位。

运行例 8-5，效果如图 8-12 所示。

在图 8-12 中，子标签相对于父标签进行偏移。无论如何缩放浏览器窗口，子标签相对于其父标签的位置都保持不变。

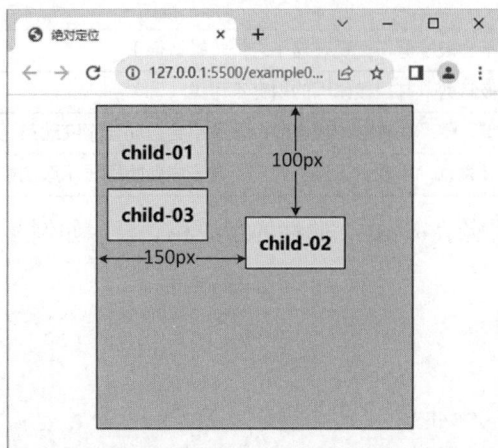

图8-12　子标签相对于父标签绝对定位的效果

**注意：**

定义多个边偏移属性时，如果 left 和 right 属性值冲突，以 left 属性值为准；如果 top 和 bottom 属性值冲突，以 top 属性值为准。

（4）固定定位

固定定位是绝对定位的一种特殊形式，它以浏览器窗口作为参照物来定位网页标签。当将标签的 position 属性的值设置为 fixed 时，即可将标签设置为固定定位。

当对标签设置固定定位后，该标签将脱离标准文档流的控制，始终相对浏览器窗口显示位置。无论如何拖动浏览器的滚动条或调整浏览器窗口的大小，该标签都会始终显示在浏览器窗口的固定位置。

## 8.3　布局其他属性

除了浮动属性和定位属性，在布局时，我们还会用到其他属性，虽然它们没有浮动和定位两种属性用得频繁，但是在制作一些有特殊需求的页面时会用到。本节将重点介绍两个属性，分别是 overflow 属性和 z-index 属性。

### 8.3.1　overflow 属性

当盒子中的内容超出盒子自身的大小时，内容就会溢出，如图 8-13 所示。

如果想要处理溢出内容的显示样式，就需要使用 CSS 的 overflow 属性。overflow 属性用于规定溢出内容的显示状态，其基本语法格式如下。

图8-13　内容溢出效果

```
选择器 { overflow: 属性值; }
```

在上面的语法格式中，overflow 属性的常用值有 4 个，具体如表 8-5 所示。

表 8-5  overflow 属性的常用值及描述

| 属性值 | 描述 |
| --- | --- |
| visible | 溢出内容不会被修剪，呈现在盒子之外（默认值） |
| hidden | 溢出内容被修剪，并且被修剪的内容不可见 |
| auto | 溢出内容被隐藏，在有溢出内容时，盒子中会自动显示滚动条 |
| scroll | 溢出内容被隐藏，不管有无溢出内容，盒子中会始终显示滚动条 |

接下来通过一个案例演示 overflow 属性的用法和效果，如例 8-6 所示。

例 8-6  example06.html

```
1  <!DOCTYPE html>
2  <html>
3  <head>
4      <meta charset="UTF-8">
5      <meta name="viewport" content="width=device-width, initial-scale=1.0">
6      <title>overflow 属性</title>
7      <style>
8          div {
9              width: 260px;
10             height: 176px;
11             background: url(images/bg.png) center center no-repeat;
12             overflow: visible;      /* 溢出内容呈现在盒子之外 */
13         }
14     </style>
15 </head>
16 <body>
17     <div>
18     大学之道，在明明德，在亲民，在止于至善。知止而后有定，定而后能静，静而后能安，安而后能虑，
虑而后能得。物有本末，事有终始。知所先后，则近道矣。
19     古之欲明明德于天下者，先治其国。欲治其国者，先齐其家。欲齐其家者，先修其身。欲修其身者，
先正其心。欲正其心者，先诚其意。欲诚其意者，先致其知。致知在格物。物格而后知至，知至而后意诚，意
诚而后心正，心正而后身修，身修而后家齐，家齐而后国治，国治而后天下平。自天子以至于庶人，壹是皆以
修身为本。
20     </div>
21 </body>
22 </html>
```

在例 8-6 中，第 12 行代码设置了 "overflow: visible;" 样式，使溢出的内容不会被修剪，呈现在盒子之外。

运行例 8-6，效果如图 8-14 所示。

在图 8-14 中，溢出的内容不会被修剪，而是呈现在带有背景图像的盒子之外。

如果希望溢出的内容被修剪且不可见，可将 overflow 属性的值修改为 hidden。将例 8-6 中的第 12 行代码更改为以下代码。

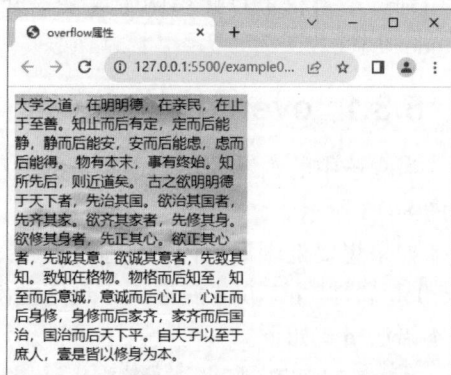

图8-14  设置 "overflow: visible;" 样式的效果

```
overflow: hidden;          /* 溢出内容被修剪，且不可见 */
```

保存 HTML 文件，刷新页面，效果如图 8-15 所示。

在图 8-15 中，可以看到溢出内容被修剪了，并且被修剪的内容是不可见的。

如果希望盒子能够自适应内容的大小，并且在内容溢出时自动显示滚动条，未溢出时不显示滚动条，可以将 overflow 属性的值设置为 auto。将例 8-6 中的第 12 行代码更改为以下代码。

```
overflow: auto;                    /* 根据需要产生滚动条 */
```

保存 HTML 文件，刷新页面，效果如图 8-16 所示。

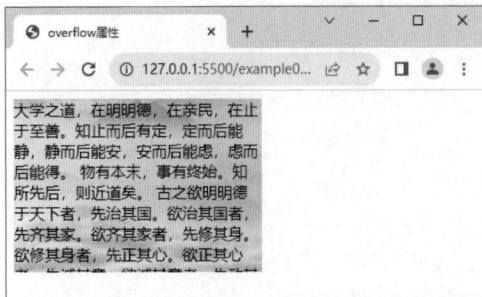

图8-15　设置"overflow: hidden;"样式的效果　　　　图8-16　设置"overflow: auto;"样式的效果

在图 8-16 中，可以看到盒子的右侧产生了滚动条，拖动滚动条即可查看溢出的内容。如果将文本内容减少到盒子可全部呈现，滚动条就会自动消失。

当定义 overflow 属性的值为 scroll 时，盒子中也会产生滚动条。将例 8-6 中的第 12 行代码更改为以下代码。

```
overflow: scroll;          /* 始终显示滚动条 */
```

保存 HTML 文件，刷新页面，效果如图 8-17 所示。

在图 8-17 中，可以看到盒子中出现了水平滚动条和垂直滚动条。与 overflow: auto;不同，当设置"overflow: scroll;"样式时，无论盒子中的内容是否溢出，其水平和垂直方向的滚动条将始终存在。

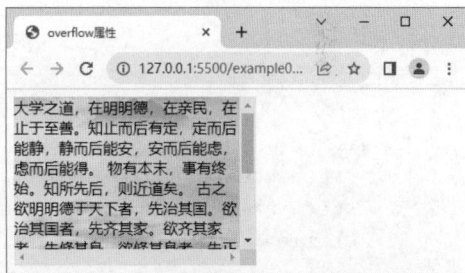

### 8.3.2　z-index 属性

当对多个标签同时设置定位时，定位标签之间有可能会发生重叠，如图 8-18 所示。

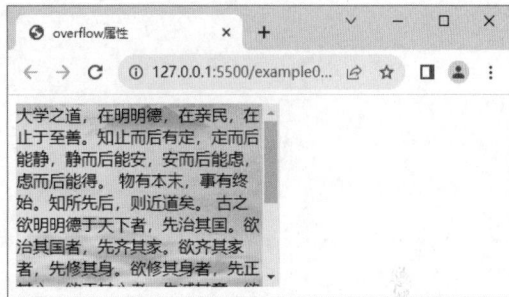

图8-17　设置"overflow: scroll;"样式的效果

在 CSS 中，如果多个定位标签叠加在一起，想要调整它们的堆叠顺序，可以使用 z-index 属性。z-index 属性的值可以为正整数、负整数和 0，其中 0 为默认值。当为定位标签添加 z-index 属性后，取值越大的定位标签位置越居上。

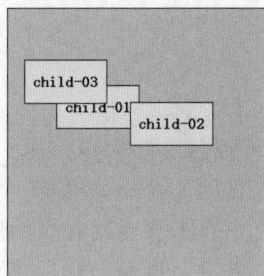

## 8.4　布局类型

使用 DIV+CSS 可以进行多种类型的布局，常见的布局类

图8-18　定位标签发生重叠效果

型有单列布局、两列布局、三列布局 3 种类型，本节将对这 3 种布局类型进行详细讲解。

### 8.4.1　单列布局

单列布局是网页布局的基础，所有复杂的布局都是在此基础上演变而来的。图 8-19 展示的就是一个单列布局页面的结构示意。

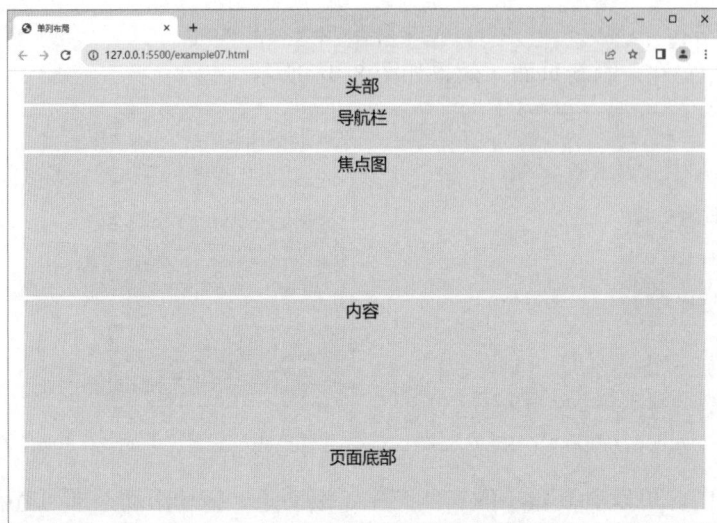

图8-19　单列布局页面的结构示意

从图 8-19 中可以看出，单列布局页面从上到下分别为头部、导航栏、焦点图、内容和页面底部，每个模块单独占据一行。

分析完结构示意图，接下来就可以使用相应的 HTML 标签搭建页面结构，如例 8-7 所示。

例 8-7　example07.html

```
1  <!DOCTYPE html>
2  <html>
3  <head>
4     <meta charset="UTF-8">
5     <meta name="viewport" content="width=device-width, initial-scale=1.0">
6     <title>单列布局</title>
7  </head>
8  <body>
9     <div id="top">头部</div>
10    <div id="nav">导航栏</div>
11    <div id="banner">焦点图</div>
12    <div id="content">内容</div>
13    <div id="footer">页面底部</div>
14 </body>
15 </html>
```

在例 8-7 中，第 9~13 行代码定义了 5 个<div>标签，分别用于控制页面的头部、导航栏、焦点图、内容和页面底部。

搭建完页面结构，接下来添加 CSS 样式，具体代码如下。

```
1  body { margin: 0; padding: 0; font-size: 24px; text-align: center; }
```

```
2  div {
3      width: 980px;            /* 设置版心宽度为 980px */
4      margin: 5px auto;
5      background: #d2ebff;
6  }
7  #top { height: 40px; }
8  #nav { height: 60px; }
9  #banner { height: 200px; }
10 #content { height: 200px; }
11 #footer { height: 90px; }
```

在上面的 CSS 代码中，第 3 行代码用于设置每个模块的版心宽度；第 7～11 行代码分别用于设置每个模块的高度。值得一提的是，通常在给网页模块定义 id 或者类名时，会遵循一些常用的命名规范，具体请阅读第 8.6 节。

### 8.4.2　两列布局

单列布局虽然统一、有序，但常常会让人觉得呆板，所以在实际网页制作过程中，通常使用另一种布局方式——两列布局。两列布局和单列布局类似，只是内容模块被分为了左右两部分。两列布局打破了统一布局给人的呆板印象，让页面看起来更加活跃。图 8-20 所示就是一个两列布局页面的结构示意。

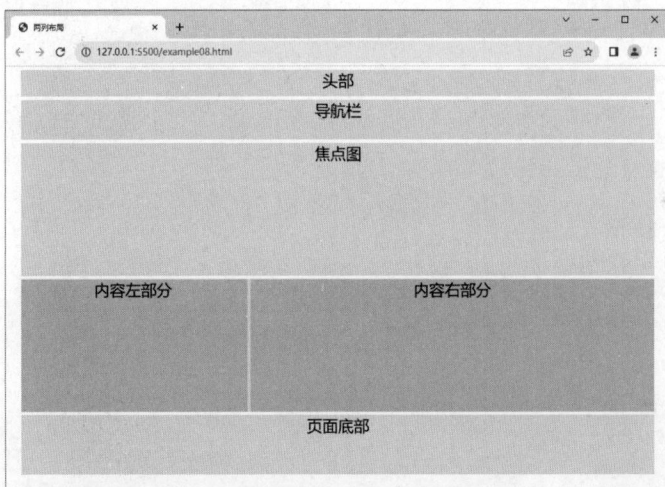

图8-20　两列布局页面的结构示意

在图 8-20 中，内容模块被分为了左右两部分，实现这一效果的关键是在内容模块所在的大盒子中嵌套两个小盒子，然后对这两个小盒子分别设置浮动属性。

接下来使用相应的 HTML 标签搭建两列布局的页面结构，如例 8-8 所示。

例 8-8　example08.html

```
1  <!DOCTYPE html>
2  <html>
3  <head>
4      <meta charset="UTF-8">
5      <meta name="viewport" content="width=device-width, initial-scale=1.0">
6      <title>两列布局</title>
```

```
7    </head>
8    <body>
9        <div id="top">头部</div>
10       <div id="nav">导航栏</div>
11       <div id="banner">焦点图</div>
12       <div id="content">
13           <div class="content_left">内容左部分</div>
14           <div class="content_right">内容右部分</div>
15       </div>
16       <div id="footer">页面底部</div>
17   </body>
18   </html>
```

例 8-8 与例 8-7 的大部分代码相同，不同之处在于，例 8-8 中第 12～15 行代码在内容模块所在的盒子中嵌套了类名为 content_left 和 content_right 的两个小盒子。

搭建完页面结构，接下来添加相应的 CSS 样式。由于网页的内容模块被分为了左右两部分，所以，只需在 8.4.1 小节的样式的基础上，单独控制类名为 content_left 和 content_right 的两个小盒子的样式即可，具体代码如下。

```
1    body { margin: 0; padding: 0; font-size: 24px; text-align: center; }
2    div {
3        width: 980px;              /* 设置版心宽度为 980px */
4        margin: 5px auto;
5        background: #d2ebff;
6    }
7    #top { height: 40px; }
8    #nav { height: 60px; }
9    #banner { height: 200px; }
10   #content { height: 200px; }
11   .content_left {                /* 左侧内容向左浮动 */
12       width: 350px;
13       height: 200px;
14       background-color: #ccc;
15       float: left;
16       margin: 0;
17   }
18   .content_right {               /* 右侧内容向右浮动 */
19       width: 625px;
20       height: 200px;
21       background-color: #ccc;
22       float: right;
23       margin: 0;
24   }
25   #footer { height: 90px; }
```

在上面的代码中，第 15 行代码和第 22 行代码分别为内容模块左侧的盒子和右侧的盒子设置了浮动属性。

### 8.4.3  三列布局

一些大型网站，特别是电子商务类网站，由于内容分类较多，通常需要采用三列布局的页面布局方式。其实，这种布局方式就是将内容模块分成了左、中、右 3 部分。图 8-21 所示为一个三列布局页面的结构示意。

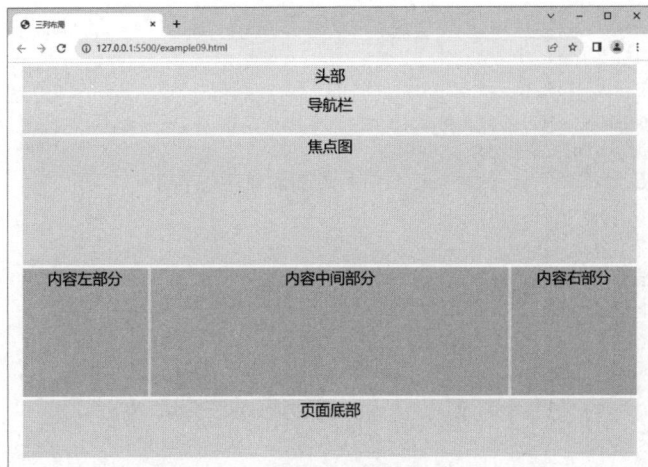

图8-21　三列布局页面的结构示意

在图 8-21 中，内容模块被分为了左、中、右 3 部分，实现这一效果的关键是在内容模块所在的大盒子中嵌套 3 个小盒子，然后对这 3 个小盒子分别设置浮动属性。

接下来使用相应的 HTML 标签搭建三列布局的页面结构，如例 8-9 所示。

例 8-9　example09.html

```
1  <!DOCTYPE html>
2  <html>
3  <head>
4      <meta charset="UTF-8">
5      <meta name="viewport" content="width=device-width, initial-scale=1.0">
6      <title>三列布局</title>
7  </head>
8  <body>
9      <div id="top">头部</div>
10     <div id="nav">导航栏</div>
11     <div id="banner">焦点图</div>
12     <div id="content">
13         <div class="content_left">内容左部分</div>
14         <div class="content_middle">内容中间部分</div>
15         <div class="content_right">内容右部分</div>
16     </div>
17     <div id="footer">页面底部</div>
18 </body>
19 </html>
```

和例 8-8 对比，本案例的不同之处在于，第 14 行代码在内容模块所在的盒子中增加了类名为 content_middle 的小盒子。

搭建完页面结构，接下来添加相应的 CSS 样式。由于内容模块被分为了左、中、右 3 部分，所以，只需在 8.4.2 小节的样式的基础上，单独控制类名为 content_middle 的小盒子的样式即可，具体代码如下。

```
1  body { margin: 0; padding: 0; font-size: 24px; text-align: center; }
2  div {
3      width: 980px;                    /* 设置版心宽度为980px */
4      margin: 5px auto;
5      background: #d2ebff;
```

```
6    }
7    #top { height: 40px; }
8    #nav { height: 60px; }
9    #banner { height: 200px; }
10   #content { height: 200px; }
11   .content_left {                    /* 左侧部分向左浮动 */
12       width: 200px;
13       height: 200px;
14       background-color: #ccc;
15       float: left;
16       margin: 0;
17   }
18   .content_middle {                  /* 中间部分向左浮动 */
19       width: 570px;
20       height: 200px;
21       background-color: #ccc;
22       float: left;
23       margin: 0 0 0 5px;
24   }
25   .content_right {                   /* 右侧部分向右浮动 */
26       width: 200px;
27       background-color: #ccc;
28       float: right;
29       height: 200px;
30       margin: 0;
31   }
32   #footer { height: 90px; }
```

　　上面的代码将类名为 content_left 和 content_middle 的盒子设置为向左浮动，将类名为 content_right 的盒子设置为向右浮动，并通过 margin 属性设置盒子之间的距离。

　　值得一提的是，无论布局类型是单列布局、两列布局还是多列布局，有时为了网页的美观，网页中的一些模块（如头部、导航栏、焦点图或页面底部等）通常需要通栏显示。将模块设置为通栏显示后，无论是放大页面还是缩小页面，通栏显示的模块都将横铺于浏览器窗口中。图 8-22 所示为一个应用了通栏布局的页面结构示意。

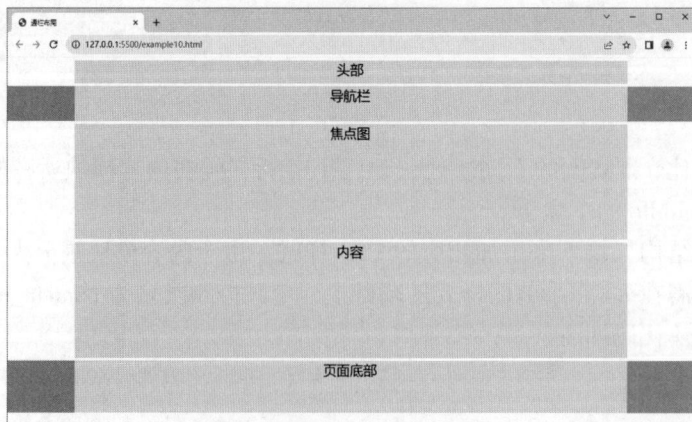

图8-22　通栏布局的页面结构示意

　　在图 8-22 中，导航栏和页面底部均为通栏模块，它们将始终横铺于浏览器窗口中。通栏布局的关键是在相应模块的外面添加一层<div>标签，并且将外层<div>标签的宽度设置为 100%。

　　接下来通过一个案例演示通栏布局的设置技巧，如例 8-10 所示。

例 8-10　example10.html

```
1  <!DOCTYPE html>
2  <html>
3  <head>
4      <meta charset="UTF-8">
5      <meta name="viewport" content="width=device-width, initial-scale=1.0">
6      <title>通栏布局</title>
7  </head>
8  <body>
9      <div id="top">头部</div>
10     <div id="topbar">
11         <div class="nav">导航栏</div>
12     </div>
13     <div id="banner">焦点图</div>
14     <div id="content">内容</div>
15     <div id="footer">
16         <div class="inner">页面底部</div>
17     </div>
18 </body>
19 </html>
```

　　在例 8-10 中，第 10～12 行代码设置了类名为 topbar 的<div>标签，用于将导航栏设置为通栏模块；第 15～17 行代码设置了类名为 footer 的<div>标签，用于将页面底部设置为通栏模块。

　　搭建完页面结构，接下来添加相应的 CSS 样式，具体代码如下。

```
1  body { margin: 0; padding: 0; font-size: 24px; text-align: center; }
2  div {
3      width: 980px;              /* 设置版心宽度为 980px */
4      margin: 5px auto;
5      background: #d2ebff;
6  }
7  #top { height: 40px; }
8  #topbar {
9      width: 100%;               /* 设置通栏模块的显示宽度为 100% */
10     height: 60px;
11     background-color: #3cf;
12 }
13 .nav { height: 60px; }
14 #banner { height: 200px; }
15 #content { height: 200px; }
16 .inner { height: 90px; }
17 #footer {                      /* 设置通栏模块的显示宽度为 100% */
18     width: 100%;
19     height: 90px;
20     background-color: #3cf;
```

```
21 }
```

在上面的代码中，第 9 行代码和第 18 行代码分别用于将 topbar 和 footer 两个父盒子的显示宽度设置为 100%。

▌ **注意：**

*初学者在制作网页时，一定要养成实时测试的好习惯，避免页面制作完成后出现问题。*

## 8.5 全新的 HTML5 结构标签

使用 DIV+CSS 布局时，可以通过设置 class 属性或 id 属性的方式区分网页中的不同模块。HTML5 中增加了新的结构标签，如<header>标签、<nav>标签、<article>标签等，具体介绍如下。

### 1. <header>标签

<header>标签用于设置网页头部的内容。此外，<header>标签也可以用来放置整个页面或页面内的某个内容区块的标题，还可以包含网站 LOGO、表单或者其他相关内容。例如下面的代码就是使用<header>标签嵌套一级标题和三级标题。

```
<header>
    <h1>秋天的味道</h1>
    <h3>你想不想知道秋天的味道？</h3>
</header>
```

HTML 并不限制<header>标签的数量，一个网页中可以使用多个<header>标签。

### 2. <nav>标签

<nav>标签用于定义导航链接，该标签可以将具有导航性质的链接归纳在一个区域中，使页面元素的语义更加明确。<nav>标签的使用方法和普通标签类似，例如下面这段代码。

```
<nav>
  <ul>
      <li><a href="#">首页</li>
      <li><a href="#">公司概况</li>
      <li><a href="#">产品展示</li>
      <li><a href="#">联系我们</li>
  </ul>
</nav>
```

上面这段代码通过在<nav>标签内部嵌套无序列表<ul>标签搭建导航结构。通常一个 HTML 页面可以包含多个<nav>标签，作为页面整体或不同区域的导航。一般来说，<nav>标签通常可以用于设置以下导航。

- 传统导航条：通常显示在页面上方，其作用是跳转到网站的其他页面，常见于企业网站。

- 侧边栏导航：通常显示在页面左侧，其作用是跳转到一些文章页面或商品页面，常见于博客网站或电商网站。

- 页内导航：通常显示在页面内容区域或页面底部，其作用是在同一页面的不同模块之间进行跳转，各类网站中均比较常见。

- 翻页导航：通常显示在页面底部，其作用是进行翻页操作；可以通过单击"上一页"

或"下一页"按钮进行页面的切换，也可以通过选择实际的页数跳转到对应页面，常见于一些信息量较大的电商网站或门户网站。

此外，<nav>标签也可以用于其他的导航链接组中。需要注意的是，并不是所有的导航链接都要被放进<nav>标签，只需要将主要的导航链接放进<nav>标签即可。

### 3. <footer>标签

<footer>标签用于定义一个页面或者区域的底部，它可以包含所有放在页面底部的内容。与<header>标签类似，一个页面中可以包含多个<footer>标签。同时，也可以在<article>标签或者<section>标签中添加<footer>标签。使用<footer>标签的语法格式如下。

```
<footer>
    页面底部内容
</footer>
```

### 4. <article>标签

<article>标签用于定义文档、页面或者应用程序中与上下文不相关的独立部分，该标签经常被用于定义日志、新闻或用户评论等。<article>标签通常有自己的标题（可以放在<header>标签中）和脚注（可以放在<footer>标签中），例如下面的代码。

```
<article>
    <header>
        <h1>秋天的味道</h1>
        <p>你想不想知道秋天的味道？它既是甜的、也是苦的、还是涩的。</p>
    </header>
    <footer>
        <p>著作权归×××公司所有。</p>
    </footer>
</article>
```

需要注意的，上面的代码还缺少主体内容。主体内容通常会写在<header>标签和<footer>标签之间，并通过多个<section>标签进行划分。一个页面中可以出现多个<article>标签，并且<article>标签可以嵌套使用。

### 5. <section>标签

<section>标签用于定义一段专题性内容，一般会带有标题，主要应用在文章中。例如，一篇新闻报道有自己的标题和内容，因此可以使用<article>标签标注。如果该新闻报道内容太长，分为了多个段落，且每个段落都有自己的小标题，这时就可以使用<section>标签把段落标注起来。使用<section>标签时，需要注意以下原则。

● <section>标签具有语义化（让标签有自己的含义，方便解读）的特征。当使用一个标签只是为了样式化或者方便代码使用时，应该使用无语义化的标签。

● 如果<article>标签、<aside>标签或<nav>标签更符合使用条件，则无须使用<section>标签。

● 没有标题的内容模块不要使用<section>标签。

● <section>标签和<article>标签可以互相嵌套，没有上下级关系。<section>标签中可以包含<article>标签，<article>标签中也可以包含<section>标签。

下面通过一个案例对<section>标签的用法进行演示，如例 8-11 所示。

例 8-11    example11.html

```
1   <!DOCTYPE html>
2   <html>
3   <head>
4       <meta charset="UTF-8">
5       <meta name="viewport" content="width=device-width, initial-scale=1.0">
6       <title>section 标签</title>
7   </head>
8   <body>
9       <article>
10          <header>
11              <h2>小张的个人介绍</h2>
12          </header>
13          <p>小张是一个好学生。</p>
14          <section>
15              <h2>评论</h2>
16              <article>
17                  <h3>评论者：A</h3>
18                  <p>小张爱打球。</p>
19              </article>
20              <article>
21                  <h3>评论者：B</h3>
22                  <p>小张学习好。</p>
23              </article>
24          </section>
25      </article>
26  </body>
27  </html>
```

在例 8-11 中，<header>标签用来定义文章的标题，<section>标签用来存放别人对小张的评论内容，<article>标签用来嵌套和划分<section>标签所定义的内容。

运行例 8-11，效果如图 8-23 所示。

**6. <aside>标签**

<aside>标签用来定义当前页面或者文章的附属信息部分，它可以包含与当前页面或主要内容相关的引用、侧边栏、广告、导航条等有别于主要内容的部分。<aside>标签的用法主要有以下两种。

• 被包含在<article>标签内，作为主要内容的附属信息。

• 在<article>标签之外使用，作为页面或网站的附属信息部分。

<aside>标签的使用示例如下。

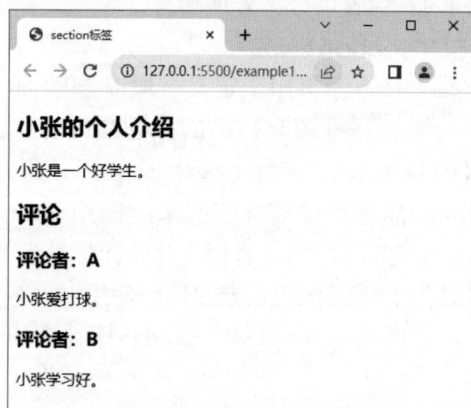

图8-23    使用<section>标签的效果

```
1  <article>
2      <header>
3          <h1>标题</h1>
4      </header>
5      <section>文章主要内容</section>
6      <aside>文章的其他相关信息</aside>
7  </article>
8  <aside>右侧边栏菜单</aside>
```

上述示例代码设置了 2 个<aside>标签，第 6 行代码设置了第 1 个<aside>标签，位于<article>标签中，用于添加文章的其他相关信息；第 8 行代码设置了第 2 个<aside>标签，用于存放页面的侧边栏内容。

## 8.6　网页模块命名规范

如果没有统一的命名规范进行约束，随意命名网页模块，就会降低网页代码的可读性，让后续的维护工作很难进行。因此网页模块命名规范非常重要，需要初学者重视。通常为网页模块命名需要遵循以下几个原则。

- 避免使用中文字符，例如 id="导航栏"。
- 不能以数字开头，例如 id="1box"。
- 避免使用标签名，例如 id="h3"。
- 用最少的字符达到最容易理解的意义。

一些复杂的网页模块经常使用长词或词组来命名。在使用长词或词组命名网页模块时，可以使用 "-"（中横线）进行连接，如 nav-first-name。此外，也可以使用一些编程中常用的命名方法，如 "驼峰命名" 和 "蛇形命名"，具体介绍如下。

① 驼峰命名：驼峰命名分为大驼峰命名和小驼峰命名。其中大驼峰命名的单词首字母均采用大写，如 NavFirstName、NavLastName 等。小驼峰命名的第一个单词首字母小写，其余单词首字母大写，例如 navFirstName、navLastName 等。

② 蛇形命名：由小写字母和下划线组成，单词之间用下划线连接，如 nav_first_name、nav_last_name 等。

接下来列举一些网页模块和 CSS 文件常用的名称，具体如表 8-6 和表 8-7 所示。

表 8-6　网页模块常用的名称

| 相关模块 | 名称 | 相关模块 | 名称 |
|---|---|---|---|
| 头 | header | 内容 | content 或 container |
| 导航栏 | nav | 尾 | footer |
| 侧边栏 | sidebar | 栏目 | column |
| 左边、右边、中间 | left、right、center | 登录条 | loginBar |
| 标志 | logo | 广告 | banner |
| 页面主体 | main | 热点 | hot |
| 新闻 | news | 下载 | download |

续表

| 相关模块 | 名称 | 相关模块 | 名称 |
| --- | --- | --- | --- |
| 子导航 | subnav | 菜单 | menu |
| 子菜单 | submenu | 搜索 | search |
| 友情链接 | friendLink | 版权 | copyright |
| 滚动 | scroll | 标签页 | tab |
| 文章列表 | list | 提示信息 | msg |
| 小技巧 | tips | 栏目标题 | title |
| 加入我们 | joinus | 指南 | guide |
| 服务 | service | 注册 | register |
| 状态 | status | 投票 | vote |
| 合作伙伴 | partner | – | – |

表 8-7　CSS 文件常用的名称

| CSS 文件 | 名称 | CSS 文件 | 名称 |
| --- | --- | --- | --- |
| 主要样式 | master | 基本样式 | base |
| 模块样式 | module | 版面样式 | layout |
| 主题 | themes | 专栏 | columns |
| 文字 | font | 表单 | forms |
| 打印 | print | – | – |

## 8.7　阶段案例——制作通栏 banner

本章前几个小节重点讲解了布局的概念、属性、类型等知识。为了使初学者能够更好地运用浮动与定位属性组织页面，本节将以案例的形式分步骤制作一个通栏 banner，效果如图 8-24 所示。

图8-24　通栏banner的效果

请扫描二维码查看本章阶段案例的具体讲解。

## 8.8　本章小结

本章首先介绍了布局的概念，然后讲解了布局的属性以及布局的类型，最后讲解了 HTML5 新的结构标签和网页模块的命名规范，并使用 DIV+CSS 布局制作了一个通栏 banner。

通过本章的学习，初学者能够熟练地运用浮动属性和定位属性进行网页布局，并掌握清除浮动的几种常用方法，完成网页基本的布局设计。

## 8.9　课后练习

请扫描二维码查看本章课后练习题。

# 第 **9** 章

# 多媒体嵌入

·····

**学习目标**

★ 了解视频、音频嵌入技术。

★ 了解常用的视频和音频文件格式，能够归纳 HTML5 支持的视频和音频格式。

★ 掌握在 HTML5 中嵌入视频的方法，能够在页面中添加视频文件。

★ 掌握在 HTML5 中嵌入音频的方法，能够在页面中添加音频文件。

★ 了解 HTML5 中视频、音频的兼容性问题，能够制作对视频、音频兼容性较好的网页。

★ 熟悉调用网络音频、视频文件的方法，能够调用互联网中的音频、视频文件。

★ 熟悉使用 CSS 控制视频宽度和高度的方法，能够设置视频在网页中的宽度和高度。

在网页设计中，多媒体技术指的是利用视频和音频在网页中传递信息的技术。随着网络传输速度的不断提升，视频和音频技术在网页设计中的应用越来越广泛。与静态的图像和文字相比，视频和音频能够提供更直观、更丰富的信息体验。本章将介绍多媒体嵌入技术以及如何嵌入视频和音频文件等。

## 9.1 多媒体嵌入技术概述

在全新的视频、音频标签出现之前，W3C 并没有提供将视频和音频嵌入页面的标准方式，视频、音频内容在大多数情况下都是通过第三方插件或浏览器的应用程序嵌入页面的。例如可以运用 Adobe 的 FlashPlayer 插件将视频和音频嵌入网页。图 9-1 所示为 FlashPlayer 插件的标志。

借助第三方插件或浏览器的应用程序嵌入音频、视频文件时，对应的实现代码复杂、冗长，图 9-2 所示为借助第三方插件嵌入视频的代码截图（仅展示关键代码）。

图9-1 FlashPlayer插件的标志

```
<object classid="clsid:D27CDB6E-AE6D-11cf-96B8-444553540000" width="200" height="200" id="FLV
  <param name="movie" value="FLVPlayer_Progressive.swf" />
  <param name="quality" value="high" />
  <param name="wmode" value="opaque" />
  <param name="scale" value="noscale" />
  <param name="salign" value="lt" />
  <param name="FlashVars" value="&amp;MM_ComponentVersion=1&amp;skinName=Clear_Skin_1&amp;s
  <param name="swfversion" value="8,0,0,0" />
  <param name="expressinstall" value="Scripts/expressInstall.swf" />
  <object type="application/x-shockwave-flash" data="FLVPlayer_Progressive.swf" width="200"
  <param name="quality" value="high" />
  <param name="wmode" value="opaque" />
  <param name="scale" value="noscale" />
  <param name="salign" value="lt" />
  <param name="FlashVars" value="&amp;MM_ComponentVersion=1&amp;skinName=Clear_Skin_1&amp;s
  <param name="swfversion" value="8,0,0,0" />
  <param name="expressinstall" value="Scripts/expressInstall.swf" />
  <div>
  <h4>此页面上的内容需要较新版本的 Adobe Flash Player。</h4>
  <p><a href="http://www.adobe.com/go/getflashplayer"><img src="http://www.adobe.com/images
  </div>
  </object>
</object>
<script type="text/javascript">
swfobject.registerObject("FLVPlayer");
</script>
```

图9–2　借助第三方插件嵌入视频的代码截图

从图 9–2 中可以看出，其中不仅包含 HTML 代码，还包含 JavaScript 代码，整体代码复杂、冗长，不利于初学者学习和掌握。那么该如何化繁为简呢？可以运用 HTML5 中新增的<video>标签和<audio>标签，如图 9–3 所示的示例代码截图（部分）。

```
<video src="video/pian.mp4" controls></video>
```

图9–3　使用<video>标签嵌入视频文件（部分）

通过图 9–3 可以看出，仅需要 1 行代码就可以实现视频文件的嵌入，让网页的代码结构变得清晰、简单。

在 HTML5 中，<video>标签用于在页面中嵌入视频文件，<audio>标签用于在页面中嵌入音频文件。目前绝大多数浏览器都已经支持 HTML5 中的<video>和<audio>标签，各浏览器的支持情况如表 9–1 所示。

表 9-1　各浏览器对<video>标签和<audio>标签的支持情况

| 浏览器 | 支持版本 |
|---|---|
| IE 浏览器 | 9.0 及以上版本 |
| Firefox 浏览器 | 3.5 及以上版本 |
| Opera 浏览器 | 10.5 及以上版本 |
| Chrome 浏览器 | 3.0 及以上版本 |
| Safari 浏览器 | 3.1 及以上版本 |
| Edge 浏览器 | 12.0 及以上版本 |

需要注意的是，在不同的浏览器上使用<video>标签或<audio>标签时，浏览器显示视频或音频的界面样式也略有不同。图 9–4 和图 9–5 所示为视频在 Firefox 浏览器和 Chrome 浏览器中显示的样式。

对比图 9–4 和图 9–5 可以看出，在不同的浏览器中，同样的视频文件，其播放控件的显示样式有可能不同。例如，音量调整按钮、全屏播放按钮等。这是因为每个浏览器对内置视频控件的样式定义不同。

图9-4　Firefox浏览器中显示的样式　　　　图9-5　Chrome浏览器中显示的样式

## 9.2　视频和音频文件的格式

HTML5 对视频和音频文件的格式有严格要求。只有少数几种视频和音频格式的文件能够符合 HTML5 的要求。因此，如果想在 HTML5 中嵌入视频、音频文件，首先需要选择正确的文件格式。本节将详细介绍 HTML5 支持的视频和音频文件格式。

**1. HTML5 支持的视频文件格式**

HTML5 支持的视频文件格式主要包括 Ogg、MP4、WebM，具体介绍如下。

① Ogg：一种免费、开源的多媒体容器格式，可以用于存储视频、音频和字幕等媒体数据，其文件扩展名为.ogg。设计 Ogg 的目的是提供一个高质量的数字流媒体格式，同时保持自由和开放的特性。Ogg 格式使用单独的软件库实现视频和音频的编码与解码，其中 vorbis 是 Ogg 的标准音频编码，theora 是 Ogg 的标准视频编码。由于免费和开放源代码的特性，Ogg 格式逐渐成为一些开源软件和游戏的首选格式，并获得了一定的用户群体。

② MP4：一种常见的多媒体容器格式，同样用于存储视频、音频和字幕等媒体数据，其文件扩展名为.mp4。该格式兼容性好，应用范围广，是目前较为流行的视频格式。但 MP4 视频的专利权由 MPEG–LA 公司控制，这意味着任何支持播放 MP4 视频的设备都必须获得 MPEG–LA 颁发的许可证。目前，MPEG–LA 规定，互联网上免费播放的视频无须支付费用也可获得使用许可证。

③ WebM：由谷歌公司发布的一个开放、免费的媒体文件格式，其文件扩展名为.webm。WebM 格式的视频质量和 MP4 较为接近，并且没有专利限制等问题。WebM 格式已经被越来越多的人接受和使用。

**2. HTML5 支持的音频文件格式**

HTML5 支持的音频文件格式主要包括 Ogg、MP3、WAV 等，具体介绍如下。

① Ogg：当 Ogg 只封装音频编码时，它就会变成一个音频文件。Ogg 文件的扩展名为.ogg。Ogg 音频文件格式类似于 MP3 格式，但与 MP3 格式不同的是，Ogg 格式既不需要付费，也没有专利限制。

② MP3：一种主流的音频格式，其文件扩展名为.mp3。MP3 格式也存在专利、版权等诸多限制，但因为各大硬件供应商的支持，MP3 依靠其丰富的资源和良好的兼容性仍保持着较高的使用率。

③ WAV：微软公司开发的一种声音文件格式，其文件扩展名为.wav。WAV 是一种无损压缩的音频格式。在同等条件下，WAV 文件具有较好的音质，但也是 3 种格式中占用内存最大的。WAV 最大的优势在于其被 Windows 平台及应用程序广泛支持，是标准的 Windows 文件格式。

# 9.3　嵌入视频和音频

视频和音频可以为网页提供丰富的多媒体内容，从而提升用户体验。在网页中合理地使用视频和音频，可以有效传达信息，增强页面的互动性。本节将详细讲解在网页中嵌入视频和音频的方法。

## 9.3.1　在 HTML5 中嵌入视频

在 HTML5 中，<video>标签用于在页面中嵌入视频文件，它支持 3 种视频文件格式，分别为 Ogg、MP4 和 WebM。使用<video>标签嵌入视频的基本语法格式如下。

```
<video src="视频文件路径" controls="controls"></video>
```

在上面的语法格式中，src 属性用于设置视频文件的路径；controls 属性用于控制是否显示播放控件，其属性值可以省略。当 controls 属性存在时，浏览器将显示默认的播放控件。这两个属性是<video>标签的基本属性。值得一提的是，在<video>开始标签和</video>结束标签之间还可以插入文字，当浏览器不支持<video>标签时，会在浏览器中显示该文字。

下面通过一个案例演示在 HTML5 中嵌入视频的方法，如例 9-1 所示。

例 9-1　example01.html

```
1   <!DOCTYPE html>
2   <html>
3   <head>
4       <meta charset="UTF-8">
5       <meta name="viewport" content="width=device-width, initial-scale=1.0">
6       <title>在 HTML5 中嵌入视频</title>
7   </head>
8   <body>
9       <video src="video/duanwu.mp4" controls>浏览器不支持 video 标签</video>
10  </body>
11  </html>
```

在例 9-1 中，第 9 行代码使用<video>标签在页面中嵌入视频文件。

运行例 9-1，效果如图 9-6 所示。

图 9-6 显示的是视频未播放时的状态，视频界面底部是浏览器默认添加的视频控件，用于控制视频播放状态，单击▶按钮，网页中就会播放视频，如图 9-7 所示。

图9-6    在HTML5中嵌入视频的效果

图9-7    播放视频的效果

值得一提的是，在<video>标签中还可以添加其他属性，以进一步优化视频的播放效果，具体如表 9-2 所示。

表 9-2    <video>标签的常见属性及描述

| 属性 | 值 | 描述 |
|------|-----|------|
| autoplay | autoplay（可以省略） | 设置页面载入完成后自动播放视频 |
| loop | loop（可以省略） | 设置视频播放结束后重新开始播放（循环播放） |
| preload | auto/metadata/none | 设置是否在加载页面时加载视频。auto 表示加载全部视频文件；metadata 表示只加载视频元数据；none 表示不加载，为默认值。如果使用 autoplay 属性，则会忽略 preload 属性的作用 |
| poster | url | 设置一个图像，在视频加载完成前，会将该图像按照一定比例显示出来 |

下面在例 9-1 的基础上，对<video>标签应用新属性，优化视频播放效果，更改的代码如下。

```
<video src="video/duanwu.mp4" controls autoplay loop>浏览器不支持 video 标签
</video>
```

在上面的代码中，为<video>标签增加了 autoplay 属性和 loop 属性。其中 autoplay 属性可以让视频自动播放，loop 属性可以让视频循环播放。

需要注意的是，自 2018 年 1 月起，Chrome 浏览器修改了支持自动播放功能的规则，只允许在静音模式下自动播放视频。为了实现在 Chrome 浏览器中自动播放视频的功能，可以在<video>标签中添加 muted 属性，使嵌入的视频保持静音状态并自动播放。以下是添加了 muted 属性的示例代码。

```
<video src="video/duanwu.mp4" controls autoplay loop muted>浏览器不支持 video 标签</video>
```

保存 HTML 文件，刷新页面，效果如图 9-8 所示。

图9-8　在Chrome浏览器中自动播放视频的效果

## 9.3.2　在 HTML5 中嵌入音频

在 HTML5 中，<audio>标签用于定义音频文件，它支持 3 种音频文件格式，分别为 Ogg、MP3 和 WAV。使用<audio>标签嵌入音频文件的基本语法格式如下。

```
<audio src="音频文件的路径" controls="controls"></audio>
```

<audio>标签的语法格式与<video>标签类似。在<audio>标签的语法格式中，src 属性用于设置音频文件的路径，controls 属性用于提供音频播放控件，其属性值可以省略。在<audio>开始标签和</audio>结束标签之间同样可以插入文本内容，当浏览器不支持<audio>标签时，会在浏览器中显示该文本内容。

下面通过一个案例演示在 HTML5 中嵌入音频的方法，如例 9-2 所示。

例 9-2　example02.html

```
1  <!DOCTYPE html>
2  <html>
3  <head>
4      <meta charset="UTF-8">
5      <meta name="viewport" content="width=device-width, initial-scale=1.0">
6      <title>在 HTML5 中嵌入音频</title>
7  </head>
8  <body>
9      <audio src="music/1.mp3" controls>浏览器不支持 audio 标签</audio>
10 </body>
11 </html>
```

在例 9–2 中，第 9 行代码使用<audio>标签在页面中添加音频文件。

运行例 9–2，效果如图 9–9 所示。

图 9–9 所示为 Chrome 浏览器中默认的音频控件样式，单击▶按钮，就可以在页面中播放音频文件。值得一提的是，还可以在<audio>标签中添加其他属性，进一步优化音频的播放效果，<audio>标签的常见属性及描述具体如表 9–3 所示。

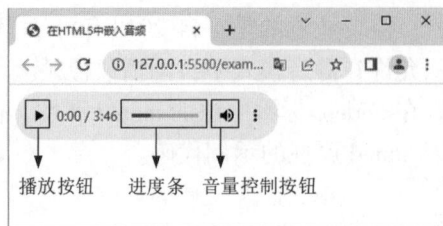

图9-9　在HTML5中播放音频的效果

表 9-3　<audio>标签的常见属性及描述

| 属性 | 值 | 描述 |
|---|---|---|
| autoplay | autoplay（可以省略） | 设置页面载入完成后自动播放音频 |
| loop | loop（可以省略） | 设置音频播放结束后重新开始播放 |
| preload | auto/metadata/none | 设置是否在加载页面时加载音频 |

<audio>标签和<video>标签部分属性相同，这些相同的属性在嵌入音频和视频时是通用的。

### 9.3.3　视频、音频文件的兼容性问题

虽然 HTML5 支持 Ogg、MP4 和 WebM 格式的视频文件以及 Ogg、MP3 和 WAV 格式的音频文件，但并不是所有浏览器都支持这些格式，因此我们在嵌入视频、音频文件时，需要考虑浏览器的兼容性问题。表 9–4 和表 9–5 分别列举了各浏览器对视频、音频文件的兼容情况。

表 9-4　各浏览器对视频文件的兼容情况

| 文件格式 | IE 9 及以上版本 | Firefox 108 及以上版本 | Opera 30 及以上版本 | Chrome 43 及以上版本 | Safari 3.2 及以上版本 | Edge 79 及以上版本 |
|---|---|---|---|---|---|---|
| Ogg | × | 支持 | 支持 | 支持 | × | 支持 |
| MP4 | 支持 | 支持 | 支持 | 支持 | 支持 | 支持 |
| WebM | × | 支持 | 支持 | 支持 | × | 支持 |

表 9-5　各浏览器对音频文件的兼容情况

| 文件格式 | IE 9 及以上版本 | Firefox 108 及以上版本 | Opera 30 及以上版本 | Chrome 43 及以上版本 | Safari 3.2 及以上版本 | Edge 79 及以上版本 |
|---|---|---|---|---|---|---|
| Ogg | × | 支持 | 支持 | 支持 | × | 支持 |
| MP3 | 支持 | 支持 | 支持 | 支持 | 支持 | 支持 |
| WAV | × | 支持 | 支持 | 支持 | 支持 | 支持 |

从表 9–4 和表 9–5 中可以看出，除了 MP4 和 MP3 格式，各浏览器都会有一些不兼容的视频、音频文件。为了保证不同格式的视频、音频文件能够在各浏览器中正常播放，往往需要提供多种格式的视频、音频文件供浏览器选择。

在 HTML5 中，使用<source>标签可以为<video>标签或<audio>标签提供多个备用文件。使用<source>标签添加视频文件的基本语法格式如下。

```
<video controls="controls">
```

```
    <source src="视频文件地址" type="媒体文件类型/格式">
    <source src="视频文件地址" type="媒体文件类型/格式">
    ……
</video>
```

在上面的语法格式中，添加多个<source>标签可以为浏览器提供备用的视频文件。<source>标签需要设置两个属性——src 和 type，对它们的具体介绍如下。

● src：用于指定媒体文件的 URL 地址。

● type：用于指定媒体文件的类型和格式。媒体文件的类型可以为 video 或 audio，媒体文件的格式可以为视频格式或音频格式。

例如，将 Ogg 格式和 MP4 格式的视频文件同时嵌入页面，示例代码如下所示。

```
<video controls="controls">
    <source src="video/1.ogg" type="video/ogg">
    <source src="video/1.mp4" type="video/mp4">
</video>
```

使用<source>标签添加音频的方法和添加视频的方法基本相同，需要把<video>标签换成<audio>标签。例如，将 MP3 格式和 WAV 格式的音频文件同时嵌入页面，示例代码如下所示。

```
<audio controls="controls">
    <source src="music/1.mp3" type="audio/mp3">
    <source src="music/1.wav" type="audio/wav">
</audio>
```

**注意：**

① 在 Safari 浏览器中，如果想要正常使用 WAV 文件和 MP4 文件，需要将页面部署到 Web 服务器中。如果只是简单地在 Safari 浏览器中打开本地静态页面，则浏览器不支持这两种格式的文件。

② 在使用 Opera 浏览器时，如果想要使用 Ogg 视频文件，同样需要将页面部署到 Web 服务器中，否则浏览器不支持该格式的文件。

### 9.3.4 调用网络视频、音频文件

调用网络音频文件和视频文件有多个优势，包括跨平台兼容性、缩短加载时间、方便管理和更新等，这不仅能提升用户的浏览体验，还能提高网站维护者的工作效率。

例如调用网络视频文件的代码如下。

```
<video src="https://v.itheima.com/2023DTSchool/DTschool.mp4" controls>
</video>
```

在上面的代码中，https://v.itheima.com/2023DTSchool/DTschool.mp4 为网络视频文件的 URL。需要注意的是，如果视频文件或音频文件对应的 URL 所在的网站发生变动，该 URL 将会失效，这样的外部链接地址是不稳定的。因此，在设计网页时，应尽量使用稳定的视频或音频外部链接。

**注意：**

在网页中调用网络视频、音频文件时，一定要注意版权问题，尽量选择无须授权即可使用的视频或音频文件。

## 9.4  用 CSS 控制视频的宽度和高度

由于视频文件大小不一，所以在网页中嵌入视频时，需要预留一定的空间，然后通过 CSS 控制视频的宽度和高度，保证视频的大小和预留空间相适应。这种做法不仅有助于控制页面布局，还可以提升用户的浏览体验。在 CSS 中，可以使用 width 属性和 height 属性设置视频的宽度和高度。

下面通过一个案例演示用 CSS 控制视频宽度和高度的方法和效果，如例 9-3 所示。

例 9-3    example03.html

```
1  <!DOCTYPE html>
2  <html>
3  <head>
4      <meta charset="UTF-8">
5      <meta name="viewport" content="width=device-width, initial-scale=1.0">
6      <title>用 CSS 控制视频的宽度和高度</title>
7      <style>
8          * {
9              margin: 0;
10             padding: 0;
11         }
12         div {
13             width: 600px;
14             height: 300px;
15             border: 1px solid #000;
16         }
17         video {
18             width: 200px;
19             height: 300px;
20             background: #eee;
21             float: left;
22         }
23         p {
24             width: 200px;
25             height: 300px;
26             background: #999;
27             float: left;
28         }
29     </style>
30 </head>
31 <body>
32     <div>
33         <p>占位色块</p>
34         <video src="video/duanwu.mp4" controls>浏览器不支持 video 标签</video>
35         <p>占位色块</p>
36     </div>
```

```
37  </body>
38  </html>
```

在例 9-3 中，第 32～36 行代码用于设置 1 个<div>标签，并在其内部嵌套 1 个<video>标签和 2 个<p>标签。第 12～16 行代码用于设置<div>标签的样式。第 17～22 行代码用于设置<video>标签的样式。第 23～28 行代码用于设置<p>标签的样式。其中<video>标签和两个<p>标签的宽度之和等于<div>标签的宽度。

运行例 9-3，效果如图 9-10 所示。

从图 9-10 中可以看出，视频和占位色块呈一排显示，视频等比例显示在浅灰色的区域中。其中浅灰色区域为视频

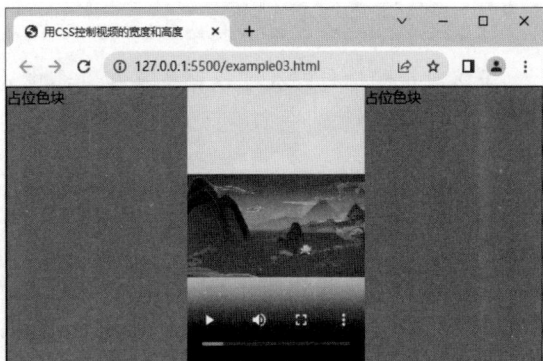

图9-10　用CSS控制视频的宽度和高度的效果

的预留空间。此时如果删除视频的宽度属性和高度属性，视频将显示为原始宽度，这可能会影响页面布局。修改例 9-3 中的第 17～22 行代码，具体如下。

```
video {
    background: #eee;
    float: left;
}
```

保存 HTML 文件，刷新页面，此时的效果如图 9-11 所示。

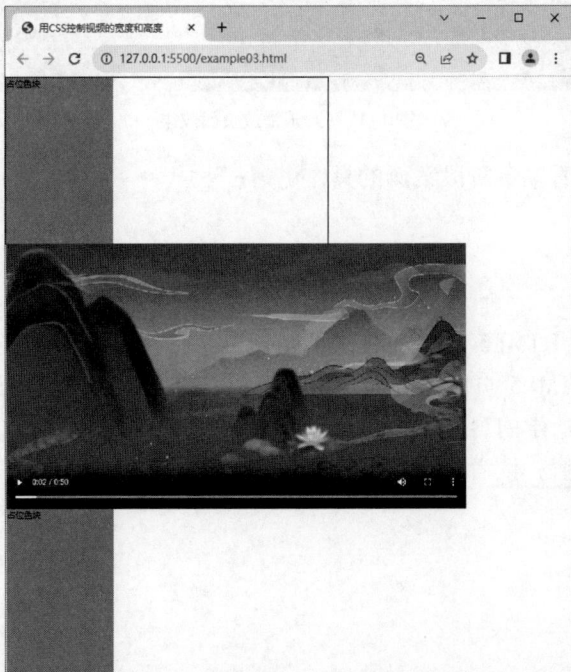

图9-11　删除视频宽度和高度属性后的效果

从图 9-11 中可以观察到页面布局发生了变化。这是由于未定义视频的宽度和高度属性

时，浏览器会按照视频的原始大小进行显示，如果视频的尺寸超出了外层<div>标签的宽度，那么内容就会被挤出，导致布局发生混乱。

**注意:**

虽然对视频进行缩放可以调整其在页面中的显示尺寸，但是不会改变视频的原始大小。如果需要压缩视频文件，使网页加载和视频播放更加流畅，可以使用视频处理软件进行压缩。

## 9.5 阶段案例——制作音乐播放页面

本章前几节重点讲解了视频和音频文件的格式、嵌入方法以及浏览器兼容性问题等内容。为了加深读者对多媒体嵌入技术的理解和运用，本节将以案例的形式分步骤制作一个音乐播放页面，其效果如图 9-12 所示。

图9-12 音乐播放页面效果

请扫描二维码查看本章阶段案例的具体讲解。

## 9.6 本章小结

本章首先介绍了 HTML5 中多媒体文件的特性，包括多媒体嵌入技术和对应的文件格式；然后介绍了在 HTML5 页面中嵌入视频、音频的方法以及使用 CSS 控制视频宽度、高度的方法；最后运用所学内容制作了一个音乐播放页面。

通过学习本章内容，读者能够掌握在网页中嵌入多媒体文件的方法，增强对多媒体文件的应用能力。

## 9.7 课后练习

请扫描二维码查看本章课后练习题。

# 第 10 章

# 过渡、变形和动画

····
**学习目标**

★ 掌握过渡相关属性的用法，能够为网页中的元素添加过渡效果。

★ 掌握变形相关属性的用法，能够制作 2D 变形和 3D 变形效果。

★ 掌握动画相关属性的用法，能够为网页中的元素添加动画效果。

在传统的网页设计中，要想实现动态效果通常需要使用 JavaScript 或者 Flash。然而，CSS3 新增了过渡、变形和动画属性，使得实现动态效果变得更加简单。过渡、变形和动画属性是 CSS3 中实现网页动态效果的重要工具。它们的灵活性和强大的功能使开发者能够以更简单、更直观的方式实现各种精美的动画和特效。本章将对 CSS3 中的过渡、变形和动画属性进行详细讲解。

## 10.1 过渡

过渡用于为元素添加从一种样式转变为另一种样式的动态效果，如渐显、渐隐、速度的变化等。CSS3 中提供了过渡的相关属性，包括 transition-property、transition-duration、transition-timing-function、transition-delay 和 transition 属性，本节将分别对这些属性进行详细讲解。

### 10.1.1 transition-property 属性

transition-property 属性用于指定产生过渡效果的 CSS 属性。例如，设置 transition-property: width;表示当元素 width 的属性值发生变化时，将产生过渡效果。transition-property 属性的基本语法格式如下。

```
transition-property: none|all|CSS 属性;
```

在上面的语法格式中，transition-property 属性的取值可以为 none、all 或其他 CSS 属性，具体描述如表 10-1 所示。

表 10-1　transition-property 属性值及描述

| 属性值 | 描述 |
|---|---|
| none | 没有属性会获得过渡效果 |
| all | 所有属性都会获得过渡效果 |
| CSS 属性 | 设置应用过渡效果的 CSS 属性，多个属性之间用英文逗号分隔 |

下面通过一个案例演示 transition-property 属性的用法和效果，如例 10-1 所示。

例 10-1　example01.html

```html
1   <html>
2   <head>
3       <meta charset="UTF-8">
4       <meta name="viewport" content="width=device-width, initial-scale=1.0">
5       <title>transition-property 属性</title>
6       <style>
7           div {
8               width: 400px;
9               height: 100px;
10              background-color: #ddd;
11              font-weight: bold;
12          }
13          div:hover {
14              width: 600px;
15              transition-property: width;  /* 设置应用过渡效果的 CSS 属性 */
16          }
17      </style>
18  </head>
19  <body>
20      <div>为人操守，须以正直为本。</div>
21  </body>
22  </html>
```

在例 10-1 中，第 14～15 行代码通过 transition-property 属性设置应用过渡效果的 CSS 属性为 width，并设置了鼠标指针悬停时其宽度变为 600px。

运行例 10-1，默认效果如图 10-1 所示。

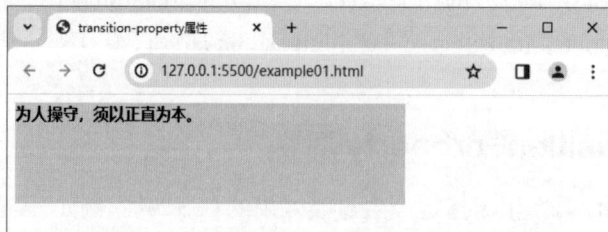

图10-1　设置transition-property属性的默认效果

当鼠标指针悬停在图 10-1 中的灰色区域时，该区域的宽度会立即发生变化，而不会产生平滑的过渡效果。变化后的效果如图 10-2 所示。

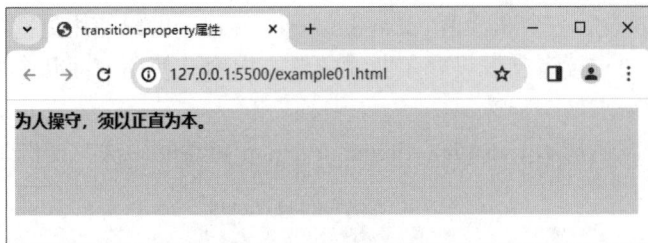

图10-2　变化后的效果

例 10-1 未产生平滑过渡是因为在设置过渡效果时，需要使用 transition-duration 属性指定过渡的时长，否则过渡效果将无法实现。

## 10.1.2　transition-duration 属性

transition-duration 属性用于设置过渡效果的持续时间，其基本语法格式如下。

```
transition-duration: 时间;
```

在上面的语法格式中，transition-duration 属性用于设置 CSS 过渡效果的持续时间，其默认值为 0，表示无持续时间。通常需要设置以秒（s）或者毫秒（ms）为单位的时间，不能为负数。例如，用下面的代码替换例 10-1 的第 13～16 行代码，即 div:hover 的 CSS 代码。

```
div:hover {
    width: 600px;
    transition-property: width;         /* 设置应用过渡效果的 CSS 属性 */
    transition-duration: 5s;            /* 设置过渡效果的持续时间 */
}
```

在上述代码中，通过 transition-duration 属性将过渡效果的持续时间设置为 5s。这意味着当鼠标指针悬停于网页的灰色区域时，盒子的宽度会逐渐变化，整个过渡效果将持续 5 秒。可以重新运行例 10-1，观察鼠标指针悬停时盒子宽度逐渐变化的效果。

## 10.1.3　transition-timing-function 属性

transition-timing-function 属性用于设置过渡效果的速度变化，其基本语法格式如下。

```
transition-timing-function:
linear|ease|ease-in|ease-out|ease-in-out|cubic-bezier(n, n, n, n);
```

从上面的语法格式可以看出，transition-timing-function属性的取值有很多，其属性值及描述如表 10-2 所示。

表 10-2　transition-timing-function 属性值及描述

| 属性值 | 描述 |
| --- | --- |
| linear | 用于设置匀速过渡效果，等同于 cubic-bezier(0, 0, 1, 1) |
| ease | 用于设置慢速开始、然后加快速度、最后慢速结束的过渡效果，等同于 cubic-bezier(0.25, 0.1, 0.25, 1) |
| ease-in | 用于设置慢速开始然后逐渐加快速度的过渡效果，等同于 cubic-bezier(0.42, 0, 1, 1) |
| ease-out | 用于设置慢速结束的过渡效果，等同于 cubic-bezier(0, 0, 0.58, 1) |
| ease-in-out | 用于设置慢速开始和结束的过渡效果，等同于 cubic-bezier(0.42, 0, 0.58, 1) |
| cubic-bezier(n, n, n, n) | 用于设置加速或者减速的贝塞尔曲线，其中 n 的值为 0～1 |

在表 10–2 中，最后一个属性值 cubic–bezier(n, n, n, n)可以使用贝塞尔曲线精确控制速度的变化。本书不要求读者掌握贝塞尔曲线的核心内容，使用前面几个属性值就可以满足大部分过渡效果的需求。

下面通过一个案例演示 transition–timing–function 属性的用法，如例 10–2 所示。

例 10-2    example02.html

```
1   <!DOCTYPE html>
2   <html>
3   <head>
4       <meta charset="UTF-8">
5       <meta name="viewport" content="width=device-width, initial-scale=1.0">
6       <title>transition-timing-function属性</title>
7       <style>
8       div {
9           width: 227px;
10          height: 227px;
11          margin: 0 auto;
12          background: url(images/HTML5.png) center center no-repeat;
13          border: 5px solid #999;
14          border-radius: 0px;
15      }
16      div:hover {
17          border-radius: 50%;
18          transition-property: border-radius;
19          transition-duration: 2s;
20          transition-timing-function: ease-in-out;   /* 设置过渡效果以慢速开始和结束
*/
21      }
22      </style>
23  </head>
24  <body>
25      <div></div>
26  </body>
27  </html>
```

在例 10–2 中，第 17 行代码用于设置矩形转换为圆形的过渡效果，第 18 行代码使用 transition–property 属性设置应用过渡效果的属性为 border–radius，第 19 行代码使用 transition–duration 属性定义过渡效果持续时间为 2s，第 20 行代码用于设置过渡效果的速度变化为慢速开始和结束。

运行例 10–2，当鼠标指针悬停于图像区域时，过渡效果将被触发，矩形图像将慢速开始变化，然后逐渐加速，最后慢速变为圆形，其变化过程如图 10–3 所示。

图10-3    矩形图像逐渐变为圆形图像的过程

### 10.1.4　transition-delay 属性

transition-delay 属性用于设置过渡效果的开始时间，其基本语法格式如下。

```
transition-delay: 时间;
```

在上面的语法格式中，transition-delay 属性的默认值为 0，表示过渡效果立即开始。也可以将属性值设置为以秒（s）或者毫秒（ms）为单位的正数时间或者负数时间。设置为正数时间时，过渡效果会延迟；设置为负数时间时，该时间之前的过渡效果将被截断。

下面在例 10-2 的基础上演示 transition-delay 属性的用法，在第 20 行代码后增加如下代码。

```
transition-delay: 2s;    /* 过渡效果延迟 */
```

上述代码使用 transition-delay 属性指定过渡效果延迟 2s。

保存文件，刷新页面，当鼠标指针悬停于图像区域时，等待 2s 后才会产生过渡效果。

### 10.1.5　transition 属性

transition 属性是一个复合属性，用于在一个属性中设置 transition-property、transition-duration、transition-timing-function、transition-delay 这 4 个过渡属性的值，其基本语法格式如下。

```
transition: property duration timing-function delay;
```

在上面的语法格式中，transition 属性可以同时设置多个过渡属性的值。其中前两个属性值是必需的，不能省略；后两个属性值是可选的，可根据需要进行选择。然而，这些值必须按照语法格式指定的顺序进行设置，不能颠倒。例如，下面为使用 4 个过渡属性实现过渡效果的部分代码。

```
transition-property: border-radius;
transition-duration: 2s;
transition-timing-function: ease-in-out;
transition-delay: 2s;
```

上面的代码可以使用 transition 复合属性实现，具体代码如下。

```
transition: border-radius 2s ease-in-out 2s;
```

值得一提的是，无论是单一属性还是复合属性，使用时都可以实现多种过渡效果。如果使用 transition 复合属性设置多种过渡效果，需要为每种过渡效果集中指定所有的值，且每种过渡效果的值之间使用英文逗号进行分隔。例如下面的代码。

```
1  div:hover {
2      border-radius: 50%;
3      width: 300px;
4      height: 300px;
5      transition: border-radius 2s, width 2s, height 2s;
6  }
```

在上面的代码中，第 5 行代码同时设置了圆角、宽度和高度 3 个属性的过渡效果。对应效果如图 10-4 所示。

图10-4　设置多种属性的过渡效果

## 10.2　变形

在 CSS3 中，通过变形可以对页面元素进行平移、缩放、倾斜和旋转等操作。同时，变形可以和过渡属性结合使用，以实现绚丽的动画效果。变形包括 2D 变形和 3D 变形两种，本节将详细讲解两种变形类型。

### 10.2.1　认识 transform

在 CSS3 中，变形通过 transform 属性实现。使用 transform 属性实现变形效果无须加载额外文件，可以极大提高网页开发者的工作效率和网页的响应速度。transform 属性的基本语法如下。

```
transform: none|变形效果;
```

在上面的语法格式中，transform 属性的默认值为 none，适用于行内元素和块元素，表示元素未变形。此外还可以为元素设置变形样式。变形样式可以设置一个或多个，有 translate()、scale()、skew()和 rotate()等，具体说明如下。

- translate()：用于移动元素对象，即基于 x 轴坐标和 y 轴坐标重新定位元素。
- scale()：用于缩放元素对象。
- skew()：用于倾斜元素对象。
- rotate()：用于旋转元素对象。

### 10.2.2　2D 变形

在 CSS3 中，2D 变形包括 4 种变形效果，分别是平移、缩放、倾斜和旋转。下面对这些 2D 变形效果及改变中心点的位置进行讲解。

#### 1. 平移

平移是指元素发生位置的变化，包括水平移动和垂直移动。在 CSS3 中，使用 translate()可以实现元素的平移效果，其基本语法格式如下。

```
transform: translate(x, y);
```

在上面的语法格式中，参数 *x* 和 *y* 分别用于设置水平（*x* 轴）和垂直（*y* 轴）方向上的坐标。参数值常用的单位为 px 和%。参数值可以为 0、正数和负数，其中 0 为默认值，可以省略。正数表示元素向右或向下移动，负数表示元素向左或向上移动。如果省略参数 *y*，则取默认值 0，表示在该方向上不移动。

在使用 translate() 移动元素时，水平和垂直坐标默认为元素中心点的对应坐标，元素会根据 translate() 中设置的参数进行移动。图 10-5 所示为设置水平坐标移动 100px、垂直坐标移动 30px 的效果。

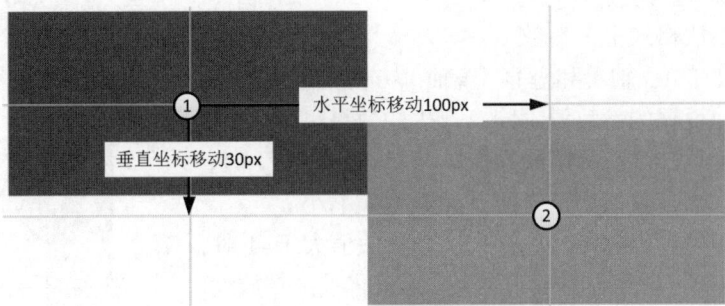

图10-5　坐标移动的效果

在图 10-5 中，①表示元素的初始位置，②表示元素移动后的位置。①和②的水平距离为 100px，垂直距离为 30px。

下面通过一个案例演示 translate() 方法的使用方法和效果，如例 10-3 所示。

例 10-3　example03.html

```
1  <!DOCTYPE html>
2  <html>
3  <head>
4    <meta charset="UTF-8">
5    <meta name="viewport" content="width=device-width, initial-scale=1.0">
6    <title>translate()</title>
7    <style>
8      div {
9        width: 100px;
10       height: 50px;
11       background-color: #ccc;
12     }
13     #div2 { transform: translate(100px, 30px); }
14   </style>
15 </head>
16 <body>
17   <div>盒子 1：做事认真求实干</div>
18   <div id="div2">盒子 2：襟怀坦荡仁义持</div>
19 </body>
20 </html>
```

在例 10-3 中，第 17～18 行代码使用 <div> 标签定义两个样式完全相同的盒子。第 13 行代码通过 translate() 将盒子 2 沿 *x* 轴向右移动 100px，沿 *y* 轴向下移动 30px。

运行例 10-3，效果如图 10-6 所示。

230　HTML5+CSS3 网页设计与制作（第 2 版）

在图 10-6 中，虚线线框标识了盒子 2 的初始位置，通过设置 translate() 将盒子 2 移动到了新的位置。

**2. 缩放**

缩放是指元素大小的变化。在 CSS3 中，使用 scale() 可以实现元素的缩放效果，其基本语法格式如下。

```
transform: scale(x, y);
```

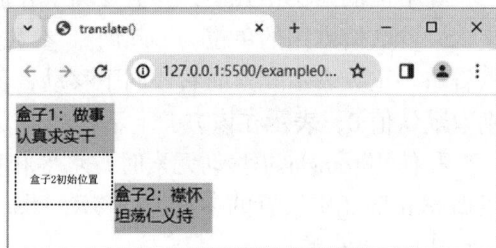

图10-6　使用translate()实现平移效果

在上面的语法格式中，参数 $x$ 和 $y$ 分别用于定义水平（$x$ 轴）和垂直（$y$ 轴）方向上的缩放倍数。参数值可以为正数、负数，无须添加单位。设置的参数值不同，产生的效果也不同。

● 正数：用于进行正常缩放操作。当参数值大于 1 时，元素将被放大；当参数值小于 1 时，元素将被缩小。

● 负数：用于进行翻转缩放操作。当参数值大于 –1 时，元素将被翻转缩小；当参数值小于 –1 时，元素将被翻转放大。

如果省略第二个参数，则默认将其设置为与第一个参数相等的值。使用 scale() 缩放元素的效果如图 10-7 所示，图中实线图形表示未缩放前的元素，虚线线框表示缩放后的元素。

下面通过一个案例演示 scale() 的使用方法和效果，如例 10-4 所示。

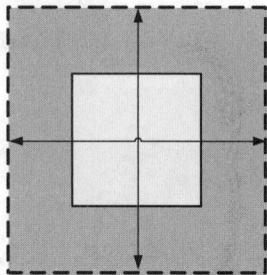

图10-7　使用scale()缩放元素的效果

例 10-4　example04.html

```
1  <!DOCTYPE html>
2  <html>
3  <head>
4      <meta charset="UTF-8">
5      <meta name="viewport" content="width=device-width, initial-scale=1.0">
6      <title>scale()</title>
7      <style>
8          div {
9              width: 100px;
10             height: 50px;
11             background-color: #ccc;
12             border: 1px solid #000;
13         }
14         #div2 {
15             margin: 100px;
16             transform: scale(2, 3);
17         }
18     </style>
19 </head>
20 <body>
21     <div>盒子 1：做事认真求实干</div>
22     <div id="div2">盒子 2：襟怀坦荡仁义持</div>
23 </body>
24 </html>
```

例10-4使用<div>标签定义了两个样式相同的盒子。其中第 16 行代码通过 scale()将第 2 个<div>标签的宽度放大两倍、高度放大 3 倍。

运行例 10-4，效果如图 10-8 所示。

### 3. 倾斜

在 CSS3 中，使用 skew()可以实现元素的倾斜效果，其基本语法格式如下。

```
transform: skew(x, y);
```

在上面的语法格式中，参数 x 和 y 分别用于设置水平（x 轴）和垂直（y 轴）方向上的倾斜角度。参数值可以设置为任意角度值，单位为 deg。如果指定的角度值为正数，则元素水平向左、垂直向下倾斜；如果指定的角度值为负数，则元素水平向右、垂直向上倾斜。此外若省略第 2 个参数 y，则取默认值 0，此时元素仅在水平方向上进行倾斜。

使用 skew()实现的倾斜效果如图 10-9 所示。其中实线图形表示倾斜前的元素，虚线线框表示倾斜后的元素。

下面通过一个案例演示 skew()的用法，如例 10-5 所示。

图10-8　使用scale()实现缩放效果

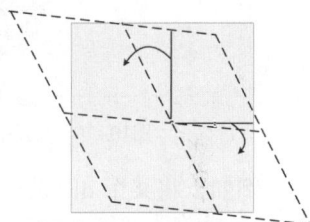

图10-9　使用skew()实现的倾斜效果

**例 10-5　example05.html**

```
1   <!DOCTYPE html>
2   <html>
3   <head>
4       <meta charset="UTF-8">
5       <meta name="viewport" content="width=device-width, initial-scale=1.0">
6       <title>skew()</title>
7       <style>
8           div {
9               width: 100px;
10              height: 50px;
11              margin: 0 auto;
12              background-color: #ccc;
13              border: 1px solid #000;
14          }
15          #div2 { transform: skew(30deg, 10deg); }
16      </style>
17  </head>
18  <body>
19      <div>盒子 1：做事认真求实干</div>
20      <div id="div2">盒子 2：襟怀坦荡仁义持</div>
21  </body>
22  </html>
```

在例 10-5 中，使用<div>标签定义了两个样式相同的盒子。第 15 行代码通过 skew()设置第 2 个盒子沿 x 轴向左倾斜 30°，沿 y 轴向下倾斜 10°。

运行例 10-5，效果如图 10-10 所示。

#### 4. 旋转

在 CSS3 中，使用 rotate()可以实现元素的旋转效果，基本语法格式如下。

```
transform: rotate(angle);
```

在上面的语法格式中，参数 angle 用于设置元素的旋转角度，参数值可以为任意角度值，单位为 deg。当角度值为正数时，元素沿顺时针方向旋转；当角度值为负数时，元素沿逆时针方向旋转；默认情况下不旋转，即角度值为 0。使用 rotate()实现的旋转效果如图 10-11 所示。其中实线图形表示旋转前的元素，虚线线框表示旋转后的元素。

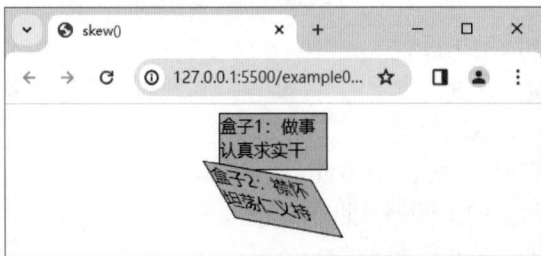

图10-10　使用skew()实现倾斜效果

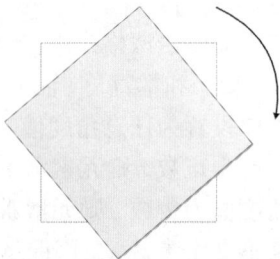

图10-11　使用rotate()实现的旋转效果

例如，将某个 div 元素沿顺时针方向旋转 30°，具体代码如下。

```
div { transform: rotate(30deg); }
```

#### ▌▌多学一招：添加多种变形效果

如果一个元素需要添加多种变形效果，可以使用空格把多个变形属性值隔开。例如，为元素同时添加缩放、倾斜和旋转效果，代码如下。

```
1  div {
2      width: 200px;
3      height: 80px;
4      margin: 80px auto;
5      background-color: #ccc;
6      border: 1px solid #000;
7      transform: scale(2) skew(-30deg, -20deg) rotate(20deg);
8  }
```

在上面的代码中，第 7 行代码用于设置 div 元素放大 2 倍、水平倾斜–30°、垂直倾斜–20°、顺时针旋转 20°。

示例代码对应的效果展示如图 10-12 所示。

#### 5. 改变中心点的位置

对元素进行平移、缩放、倾斜和旋转等变形操作时，都是以元素的中心点作为参照的。默认情况下，元素的中心点在 $x$ 轴、$y$ 轴和 $z$ 轴各 50%的坐标所形成的位置。如果需要改变中心点的位置，可以使用 transform-origin 属性，其基本语法格式

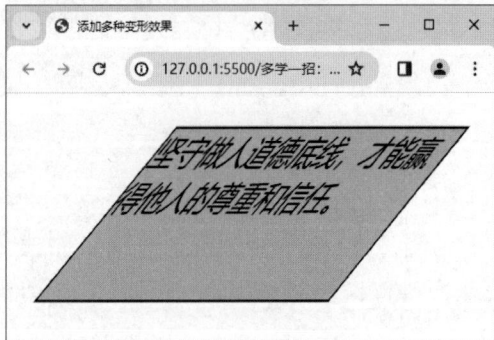

图10-12　添加多种变形效果

如下所示。

```
transform-origin: x y z;
```

在上面的语法格式中，参数 $x$、$y$、$z$ 分别用于设置中心点水平（$x$ 轴）、垂直（$y$ 轴）和纵深（$z$ 轴）方向上的坐标，具体参数及取值如表 10-3 所示。

表 10-3  transform-origin 参数及取值

| 参数 | 取值 |
|---|---|
| $x$ | 可以是以%、em、px 为单位的数值，也可以是 top、right、bottom、left 或 center 等关键词 |
| $y$ | 和参数 $x$ 的值相同 |
| $z$ | 不能使用单位为%的数值，它会被视为无效值；一般使用以 px 为单位的数值 |

在表 10-3 中，参数 $x$ 和 $y$ 用于 2D 变形，参数 $z$ 用于 3D 变形。下面通过一个案例演示 transform-origin 属性的用法，如例 10-6 所示。

例 10-6  example06.html

```
1   <!DOCTYPE html>
2   <html>
3   <head>
4       <meta charset="UTF-8">
5       <meta name="viewport" content="width=device-width, initial-scale=1.0">
6       <title>改变中心点的位置</title>
7       <style>
8           #div1 {
9               position: relative;
10              width: 300px;
11              height: 200px;
12              margin: 100px auto;
13              padding: 10px;
14              border: 1px solid #000;
15          }
16          #box01 {
17              padding: 20px;
18              position: absolute;
19              border: 1px solid #000;
20              background-color: #ccc;
21              transform: rotate(45deg);      /* 旋转 45° */
22              transform-origin: 20% 40%;     /* 更改中心点的位置 */
23          }
24          #box02 {
25              padding: 20px;
26              position: absolute;
27              border: 1px solid #000;
28              background-color: #999;
29              transform: rotate(45deg);      /* 旋转 45° */
30          }
31      </style>
32  </head>
33  <body>
34      <div id="div1">
```

```
35          <div id="box01">盒子 1：做事认真求实干</div>
36          <div id="box02">盒子 2：襟怀坦荡仁义持</div>
37      </div>
38 </body>
39 </html>
```

在例 10-6 中，第 21 行和第 29 行代码使用了 transform:rotate( )分别对盒子 1 和盒子 2 进行 45° 旋转，由于参数相同，它们将会重叠显示在一起。为了使盒子 1 和盒子 2 错位显示，第 22 行使用了 transform-origin 属性更改盒子 1 的中心点位置。

运行例 10-6，效果如图 10-13 所示。

通过图 10-13 可以看出，盒子 1 和盒子 2 发生了错位，这是因为 transform-origin 属性改变了盒子 1 的中心点位置。

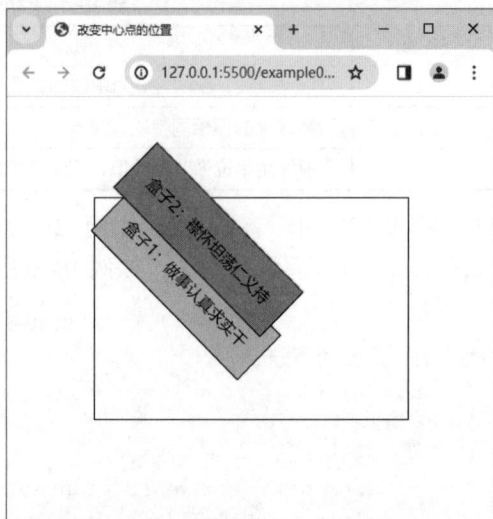

图 10-13  transform-origin 属性的使用效果

### 10.2.3  3D 变形

2D 变形是元素在水平（$x$ 轴）和垂直（$y$ 轴）方向上的变化，而 3D 变形则涉及元素在水平（$x$ 轴）、垂直（$y$ 轴）和纵深（$z$ 轴）方向上的变化。与平面的 2D 变形相比，3D 变形更注重元素在三维空间中的位置变化。本节将从 3D 变形效果和 3D 变形相关属性两个方面详细讲解 3D 变形的相关内容。

#### 1. 3D 变形效果

3D 变形效果与 2D 变形效果有相似之处，也包含移动、缩放、旋转等效果，但设置方法略有不同。下面以 3D 旋转效果为例，介绍如何设置 3D 变形效果。

（1）rotateX( )

在 CSS3 中，使用 rotateX( )可以让指定元素围绕 $x$ 轴旋转，基本语法格式如下。

```
transform: rotateX(a);
```

在上面的语法格式中，参数 a 用于定义旋转的角度值，单位为 deg，参数值可以是正数也可以是负数。如果为正，元素将围绕 $x$ 轴顺时针旋转；如果为负，元素将围绕 $x$ 轴逆时针旋转。

下面通过一个将过渡和变形属性相结合的案例来演示 rotateX()的用法和效果，如例 10-7 所示。

例 10-7  example07.html

```
1  <!DOCTYPE html>
2  <html>
3  <head>
4      <meta charset="UTF-8">
5      <meta name="viewport" content="width=device-width, initial-scale=1.0">
6      <title>rotateX()</title>
7      <style>
8          div {
9              width: 250px;
10             height: 50px;
```

```
11              background-color: #ccc;
12              border: 1px solid #000;
13          }
14      div:hover {
15              transition: all 1s ease 2s;
16              transform: rotateX(60deg);    /* 设置元素围绕 x 轴顺时针旋转 60° */
17          }
18      </style>
19  </head>
20  <body>
21      <div>修德立人，知行合一</div>
22  </body>
23  </html>
```

在例 10-7 中，第 15 行代码用于设置过渡效果，第 16 行代码用于设置 div 元素围绕 *x* 轴顺时针旋转 60°。

运行例 10-7，效果如图 10-14 所示。

（2）rotateY()

在 CSS3 中，使用 rotateY() 可以让指定元素围绕 *y* 轴旋转，基本语法格式如下。

```
transform: rotateY(a);
```

在上面的语法格式中，参数 a 与 rotateX(a) 中的 a 含义相同，用于定义旋转的角度。如果参数值为正，元素围绕 *y* 轴顺时针旋转；如果参数值为负，元素围绕 *y* 轴逆时针旋转。

接下来，在例 10-7 的基础上演示元素围绕 *y* 轴旋转的效果，将例 10-7 中的第 16 行代码更改为以下代码。

```
transform: rotateY(60deg);
```

此时，保存文件，刷新浏览器页面，元素将围绕 *y* 轴顺时针旋转 60°，效果如图 10-15 所示。

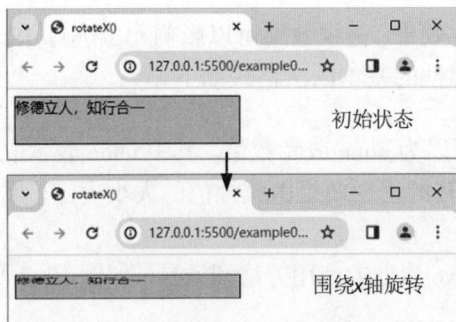

图10-14　元素围绕 *x* 轴顺时针旋转的效果　　　图10-15　元素围绕 *y* 轴顺时针旋转的效果

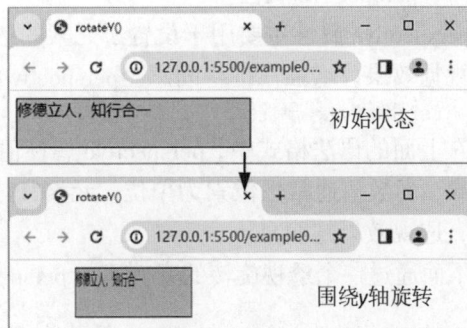

需要说明的是，在 3D 变形中，还可以利用 rotateZ() 让指定元素围绕 *z* 轴旋转，它与 rotateX() 和 rotateY() 的功能相似。就视觉效果而言，rotateZ() 实现了元素顺时针或逆时针旋转的效果，类似于 2D 变形中的 rotate()，但 rotateZ() 实现的旋转效果不是二维平面中的旋转，而是在三维空间中的旋转。

（3）rotated3d()

rotated3d() 属性是综合了 rotateX()、rotateY() 和 rotateZ() 的复合属性，可以设置多个轴的旋转效果。例如要同时设置 *x* 轴和 *y* 轴的旋转效果，可以使用 rotated3d()，其基本语法格式如下。

```
rotate3d(x, y, z, angle);
```

在上面的语法格式中，参数 x、y、z 的值可以为 0 或 1，如果要沿着某个轴旋转，就将该轴的参数值设置为 1，否则设置为 0。angle 为要旋转的角度，参数值是以 deg 为单位的数值。例如，设置元素绕 x 轴和 y 轴均旋转 45°，代码如下。

```
transform: rotate3d(1, 1, 0, 45deg);
```

常用的 3D 变形效果除了本节前面介绍的旋转外，还包括移动和缩放，具体如表 10–4 所示。

表 10-4　常用的 3D 变形效果

| 3D 变形效果 | 描述 |
| --- | --- |
| translate3d(x, y, z) | 用于设置 3D 移动效果，沿 x 轴、y 轴和 z 轴位移 |
| translateX(x) | 用于设置 3D 移动效果，沿 x 轴位移 |
| translateY(y) | 用于设置 3D 移动效果，沿 y 轴位移 |
| translateZ(z) | 用于设置 3D 移动效果，沿 z 轴位移 |
| scale3d(x, y, z) | 用于设置 3D 缩放效果，沿 x 轴、y 轴和 z 轴缩放 |
| scaleX(x) | 用于设置 3D 缩放效果，沿 x 轴缩放 |
| scaleY(y) | 用于设置 3D 缩放效果，沿 y 轴缩放 |
| scaleZ(z) | 用于设置 3D 缩放效果，沿 z 轴缩放 |

表 10–4 列举的 3D 变形效果的参数值的设置方式和 2D 变形效果的类似，可参照设置 2D 变形效果参数值的方式进行设置。

### 2. 3D 变形的相关属性

由于元素在进行 3D 变形时仍然位于平面中，所以 3D 变形效果有时并不明显。使用 3D 变形的相关属性，可以增强元素的三维空间感，从而模拟更加真实的 3D 变形效果。

（1）perspective 属性

perspective 属性主要用于设置子元素的透视效果，透视效果可以影响元素进行 3D 变形时的视觉效果，增强三维空间感。perspective 属性的基本语法格式如下。

```
perspective: 属性值;
```

在上面的语法格式中，perspective 属性值可以为 none 或者数值。其中 none 表示取消透视效果，而数值通常以像素为单位。元素 3D 旋转的透视效果由属性值的大小决定，属性值越小，透视效果越明显。

下面通过一个透视旋转的案例演示 perspective 属性的使用方法和效果，如例 10–8 所示。

例 10-8　example08.html

```
1   <!DOCTYPE html>
2   <html>
3   <head>
4     <meta charset="UTF-8">
5     <meta name="viewport" content="width=device-width, initial-scale=1.0">
6     <title>perspective 属性</title>
7     <style>
8       .big {
9         width: 250px;
10        height: 50px;
```

```
11              border: 1px solid #666;
12              perspective: 250px;      /* 设置透视效果 */
13              margin: 0 auto;
14          }
15          .small {
16              width: 250px;
17              height: 50px;
18              background-color: #ddd;
19          }
20          .small:hover {
21              transition: all 1s ease 2s;
22              transform: rotateX(60deg);
23          }
24      </style>
25  </head>
26  <body>
27      <div class="big">
28          <div class="small">修身立德，端正品行</div>
29      </div>
30  </body>
31  </html>
```

在例 10-8 中，第 27～29 行代码定义了一个类名为 big 的<div>标签，其内部嵌套了一个类名为 small 的<div>标签。第 12 行代码为类名为 big 的<div>标签添加 perspective 属性，使类名为 small 的<div>标签在进行旋转时有透视效果。

运行例 10-8，效果如图 10-16 所示，当鼠标指针悬停于灰色区域时，灰色部分将围绕 $x$ 轴旋转，并呈现透视效果，如图 10-17 所示。

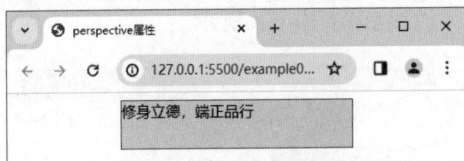

图10-16　默认效果

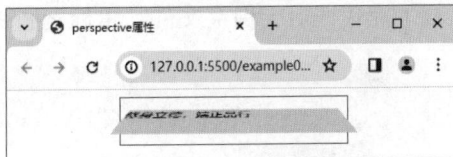

图10-17　鼠标指针悬停时的效果

（2）transform-style 属性

transform-style 属性用于为子元素创建三维空间，使三维空间中的子元素产生更加逼真的立体效果。transform-style 属性的取值有两个——flat 和 preserve-3d，具体介绍如下。

● flat：默认属性，不创建三维空间，子元素默认位于平面中。

● preserve-3d：创建三维空间，子元素位于三维空间中。

下面通过一个案例演示 transform-style 属性的用法和效果。为了方便对比设置 transform-style 属性前后的区别，先不使用 transform-style 属性，如例 10-9 所示。

例 10-9　example09.html

```
1  <!DOCTYPE html>
2  <html>
3  <head>
4      <meta charset="utf-8">
5      <meta name="viewport" content="width=device-width, initial-scale=1.0">
```

```
6        <title>transform-style 属性</title>
7        <style>
8            div {
9                width: 100px;
10               height: 100px;
11               padding: 50px;
12               border: 1px solid #000;
13               transform: rotateY(30deg);
14           }
15           #div1 { background-color: #999; }
16           #div2 { background-color: #eee; }
17       </style>
18   </head>
19   <body>
20       <div id="div1">
21           <div id="div2"></div>
22       </div>
23   </body>
24   </html>
```

例 10-9 设置了 div1 和 div2 这两个存在嵌套关系的盒子，并为它们设置了相似的 CSS 样式。运行例 10-9，效果如图 10-18 所示。

在图 10-18 中，div2 明显超出了父盒子 div1 所在的区域。这是因为 div1 设置了内边距。由于盒子模型的特性，当给父盒子 div1 设置了内边距时，它的可用空间会变小。而 div2 作为 div1 的子元素，它的宽度和高度是相对于 div1 的可用空间计算的。此时为 div1 添加如下代码，创建三维空间。

```
transform-style: preserve-3d;
```

添加完代码后，保存文件，重新运行例 10-9，效果如图 10-19 所示。

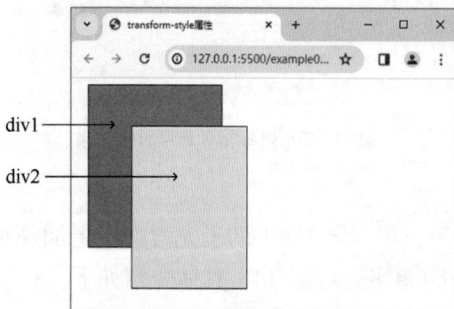

图10-18　div1和div2在平面中的显示效果　　　图10-19　div1和div2在三维空间中的显示效果

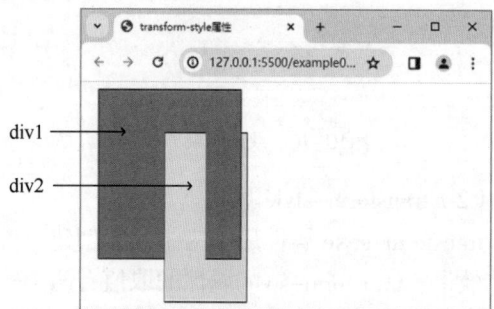

通过图 10-19 可以看出，div1 和 div2 在三维空间中更具有立体效果。

（3）backface-visibility

backface-visibility 属性用于设置元素进行 3D 变形时，是否显示背面。backface-visibility 属性的取值有两个，visible 和 hidden，具体介绍如下。

● visible：默认属性，背面可见。

● hidden：背面不可见。

下面通过一个案例演示 backface-visibility 属性的用法和效果，如例 10-10 所示。

例 10-10　example10.html

```
1  <!DOCTYPE html>
2  <html>
3  <head>
4      <meta charset="utf-8">
5      <meta name="viewport" content="width=device-width, initial-scale=1.0">
6      <title>backface-visibility属性</title>
7      <style>
8          div {
9              width: 100px;
10             height: 100px;
11             background-color: #bbb;
12             transform: rotateY(180deg);
13             font-size: 80px;
14             margin-bottom: 10px;
15         }
16     </style>
17 </head>
18 <body>
19     <div>3</div>
20     <div>4</div>
21 </body>
22 </html>
```

例 10-10 设置了两个 div 盒子并为它们设置了相同的 CSS 样式。第 12 行代码用于将两个盒子翻转 180°，使盒子背面朝向屏幕。

运行例 10-10，效果如图 10-20 所示。

通过图 10-20 可以看出，盒子中的文字反向显示，说明此时盒子背面朝向屏幕。这时可以使用 backface-visibility 属性隐藏盒子 4 的背面，单独为盒子 4 添加如下代码。

```
backface-visibility: hidden;
```

保存文件，重新运行例 10-10，效果如图 10-21 所示。

图10-20　两个盒子翻转180°的效果　　　　　图10-21　隐藏盒子4背面的效果

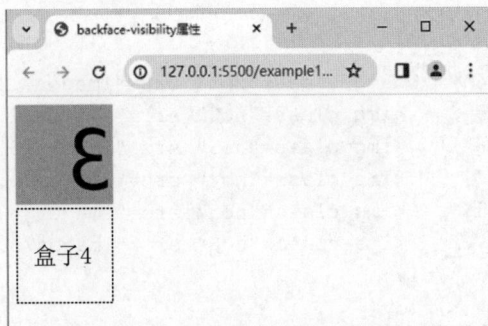

通过图 10-21 可以看出，盒子 4 消失，线框标识位置为盒子 4 所在的位置。可见使用 "backface-visibility:hidden;" 样式可以隐藏盒子 4 的背面。

在实际应用中，通常会将 3D 变形效果和相关属性结合运用，制作出具有立体感的过渡效果。下面以一个盒子的翻转效果为例进行演示，如例 10-11 所示。

例 10-11  example11.html

```
1    <!DOCTYPE html>
2    <html>
3    <head>
4        <meta charset="utf-8">
5        <meta name="viewport" content="width=device-width, initial-scale=1.0">
6        <title>3D 变形综合运用</title>
7        <style>
8            div {
9                width: 200px;
10               height: 200px;
11               border: 2px solid #000;
12               position: relative;
13               transition: all 30s ease 0s;              /* 设置过渡效果 */
14               transform-style: preserve-3d;             /* 创建三维空间 */
15               margin: 100px auto;
16           }
17           img {
18               position: absolute;
19               top: 0;
20               left: 0;
21               opacity: 0.5;
22           }
23           .no1 { transform: translateZ(100px); }
24           .no2 { transform: rotateX(90deg) translateZ(100px); }
25           .no3 { transform: rotateX(-90deg) translateZ(100px); }
26           .no4 { transform: rotateY(90deg) translateZ(100px); }
27           .no5 { transform: rotateY(-90deg) translateZ(100px); }
28           .no6 { transform: rotateY(180deg) translateZ(100px); }
29           div:hover { transform: rotate3d(1, 1, 1, 3600deg); }
30       </style>
31   </head>
32   <body>
33   <div>
34       <img class="no1" src="images/1.png">
35       <img class="no2" src="images/2.png">
36       <img class="no3" src="images/3.png">
37       <img class="no4" src="images/4.png">
38       <img class="no5" src="images/5.png">
39       <img class="no6" src="images/6.png">
40   </div>
41   </body>
42   </html>
```

在例 10-11 中，第 13 行代码用于设置过渡效果，使鼠标指针悬停于盒子上时产生过渡效果。第 14 行代码用于创建三维空间，使盒子具有立体感。第 23～28 行代码运用 3D 变形效果拼接出一个立方体盒子。第 29 行代码用于设置鼠标指针悬停于盒子上时，盒子同时沿着 x、y、z 这 3 个轴进行旋转。

运行例 10-11，效果如图 10-22 所示。

在图 10-22 中，由于盒子被设置为半透明效果，所以可以透过正前方的面（数字 1）

看到背面（数字 6）。

当鼠标指针悬停于盒子上时，效果如图 10-23 所示。

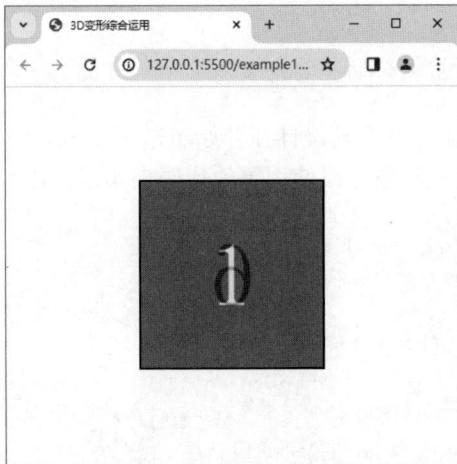

图10-22　盒子默认效果　　　　　　　　　　图10-23　鼠标指针悬停于盒子上的效果

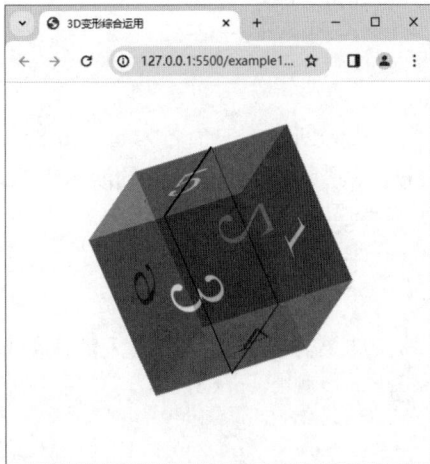

## 10.3　动画

在 CSS3 中，过渡和变形只是将元素简单的变换过程转换为过渡效果，并不能对过程中的某个环节进行控制。为了实现更加复杂的动画，CSS3 提供了@keyframes 规则和 animation 相关属性，它们可以帮助开发者设计复杂的动画。本节将详细讲解使用@keyframes 规则和 animation 相关属性设置动画的技巧。

### 10.3.1　@keyframes 规则

在 CSS3 中，要完成动画的设计，需要先创建好关键帧，然后再使用 animation 相关属性引用这些关键帧。我们可以把关键帧理解为一个简单的动作状态，动画就是由多个简单的动作状态组合而成的。@keyframes 规则用于创建并定义动画的关键帧，通过@keyframes 规则，我们可以精确地定义动画在不同时间点的样式或变换效果。@keyframes 规则的基本语法格式如下。

```
@keyframes 关键帧名称 {
    关键帧选择器 1 { 动作状态 }
    关键帧选择器 2 { 动作状态 }
    ......
    关键帧选择器 n { 动作状态 }
}
```

在上面的语法格式中，@keyframes 规则包含的参数的具体含义如下。

● 关键帧名称：将被 animation 相关属性引用，不能为空，可由用户自行定义。

● 关键帧选择器：用于指定当前关键帧要应用到整个动画过程中的时间点，取值可以是百分数、from 或者 to。其中 from 和 0%效果相同，表示动画的开始，to 和 100%效果相同，表示动画的结束。

- 动作状态：由 CSS 样式控制，多个样式之间用英文分号分隔，不能为空。

例如，使用@keyframes 规则设置一个淡入效果，代码如下。

```
@keyframes appear {
    0% { opacity: 0; }          /* 动画开始时透明 */
    100% { opacity: 1; }        /* 动画结束时完全不透明 */
}
```

上面的代码创建了一个名为 appear 的关键帧，并为其设计在开始时透明（opacity: 0;）、结束时完全不透明（opacity: 1;）的淡入效果。该代码还可以使用等效代码来实现，具体如下。

```
@keyframes 规则 appear {
    from { opacity: 0; }        /* 动画开始时透明 */
    to { opacity: 1; }          /* 动画结束时完全不透明 */
}
```

另外，如果需要创建一个淡入淡出效果，可以通过如下代码实现。

```
@keyframes 规则 appear {
    from, to { opacity: 0; }    /* 动画开始和结束时的状态，完全透明 */
    20%, 80% { opacity: 1; }    /* 动画的中间状态，完全不透明 */
}
```

为了实现淡入淡出的效果，在上述代码中，我们可以按照以下方式定义动画关键帧。

- 在动画开始时（from），将元素设置为不可见（opacity: 0;）。
- 在动画的 20%位置时，逐渐使元素可见（opacity: 1;）。
- 元素的可见状态将持续到动画 80%的位置（opacity: 1;）。
- 在动画结束时（to），逐渐使元素消失（opacity: 0;）。

值得一提的是，动画开始和结束时的样式相同，可以同时设置两个关键帧选择器的样式，并用英文逗号分隔。20%和 80%的时间点也是如此。

---

**注意：**

Internet Explorer 9 以及更早版本的浏览器不支持@keyframes 规则或 animation 属性。

### 10.3.2　animation-name 属性

animation-name 属性用于定义要应用的动画名称，该动画名称会被@keyframes 规则引用，其基本语法格式如下。

```
animation-name: 关键帧名称|none;
```

在上面的语法格式中，animation-name 属性初始值为 none，适用于所有块元素和行内元素。关键帧名称和@keyframes 规则中定义的关键帧名称相同。如果值为 none，则表示不应用任何动画。

### 10.3.3　animation-duration 属性

animation-duration 属性用于定义完成整个动画效果所需的时间，其基本语法格式如下。

```
animation-duration: 时间;
```

在上述语法格式中，animation-duration 属性的值可以使用以秒（s）或毫秒（ms）作为单位的时间。默认情况下，该属性的值为 0，表示不应用任何动画效果。如果值为负，则会被视为 0。

下面通过一个奔跑的案例演示 animation-name 属性和 animation-duration 属性的用法和效果，如例 10-12 所示。

例 10-12　example12.html

```
1  <!DOCTYPE html>
2  <html>
3  <head>
4      <meta charset="utf-8">
5      <meta name="viewport" content="width=device-width, initial-scale=1.0">
6      <title>animation-name 属性和 animation-duration 属性</title>
7      <style>
8          img {
9              width: 200px;
10             animation-name: mymove;              /* 设置关键帧名称 */
11             animation-duration: 10s;             /* 设置动画时间 */
12         }
13         @keyframes mymove {
14             from { transform: translate(0) rotateY(180deg); }
15             50% { transform: translate(1000px) rotateY(180deg); }
16             51% { transform: translate(1000px) rotateY(0deg); }
17             to { transform: translate(0) rotateY(0deg); }
18         }
19     </style>
20 </head>
21 <body>
22     <img src="images/bozai.gif">
23 </body>
24 </html>
```

在例 10-12 中，第 10 行代码使用 animation-name 属性设置关键帧名称为 mymove，第 11 行代码使用 animation-duration 属性设置完成整个动画效果需要 10s，第 14～17 行代码使用 form、to 和百分数设置当前关键帧的动作状态。

运行例 10-12，卡通形象会从左到右进行一次折返跑，效果如图 10-24 所示。

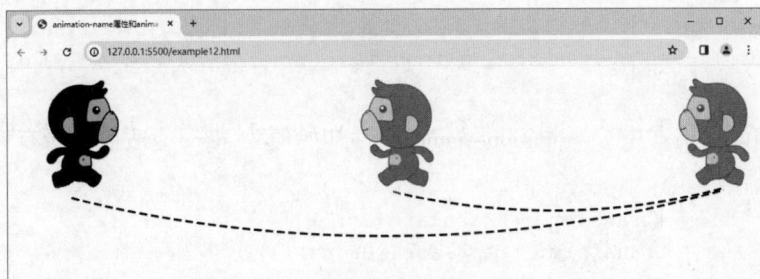

图10-24　动画效果

值得一提的是，我们还可以通过定位属性设置元素位置的移动，效果和变形中的平移效果一致。

## 10.3.4　animation-timing-function 属性

animation-timing-function 属性用来设置动画播放速度的变化，其基本语法格式如下。

```
animation-timing-function: inear|ease|ease-in|ease-out|ease-in-out|cubic-bezier
(n, n, n, n);
```

在上面的语法格式中，animation-timing-function 属性的默认值为 ease。animation-timing-function 的属性值及描述具体如表 10-5 所示。

表 10-5    animation-timing-function 的属性值及描述

| 属性值 | 描述 |
|---|---|
| linear | 用于设置动画匀速运动 |
| ease | 默认属性值。用于设置动画慢速开始，然后加快速度，最后慢速结束 |
| ease-in | 用于设置动画慢速开始 |
| ease-out | 用于设置动画慢速结束 |
| ease-in-out | 用于设置动画慢速开始和结束 |
| cubic-bezier(n, n, n, n) | 用于设置加速或者减速的贝塞尔曲线的形状，其中 n 为 0~1 |

下面通过一个元素运动案例演示 animation-timing-function 属性的用法和效果，如例 10-13 所示。

例 10-13    example13.html

```
1   <!DOCTYPE html>
2   <html>
3   <head>
4     <meta charset="utf-8">
5     <meta name="viewport" content="width=device-width, initial-scale=1.0">
6     <title>animation-name 属性和 animation-duration 属性</title>
7     <style>
8       div {
9           width: 100px;
10          height: 100px;
11          animation-name: mymove;
12          animation-duration: 10s;
13          background: #ccc;
14          margin: 10px;
15      }
16      .div1 { animation-timing-function: ease; }         /* 为 div1 设置动画播
放速度 */
17      .div2 { animation-timing-function: ease-in-out; }  /* 为 div2 设置动画播
放速度 */
18      @keyframes mymove {
19          from {transform: translate(0); }
20          to { transform: translate(1000px); }
21      }
22    </style>
23  </head>
24  <body>
25    <div class="div1">ease</div>
26    <div class="div2">ease-in-out</div>
27  </body>
28  </html>
```

在例 10-13 中，第 16 行代码为 div1 设置"慢速→快速→慢速"的动画播放速度。第 17 行代码用于为 div2 设置慢速开始和结束的动画播放速度。第 19 行代码用于设置动画的开始位置，div1 和 div2 的开始位置相同。

运行例 10-13，效果如图 10-25 所示。

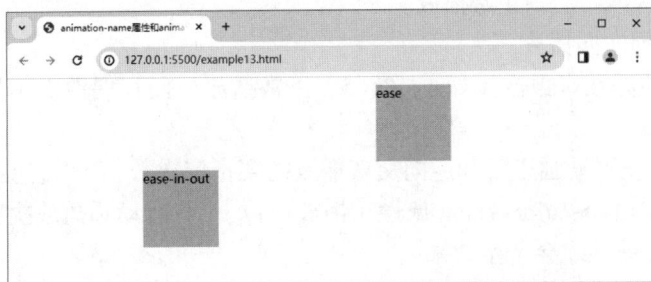

图10-25　使用animation-timing-function属性的效果

从图 10-25 中可以看出，尽管 ease 和 ease-in-out 都以较慢的速度开始播放，但 ease 的速度要比 ease-in-out 快。

### 10.3.5　animation-delay 属性

animation-delay 属性用于设置动画的延迟时间，即规定动画什么时候开始，其基本语法格式如下。

```
animation-delay: 时间;
```

在上面的语法格式中，animation-delay 属性的值是以秒（s）或者毫秒（ms）为单位的时间。如果不设置 animation-delay 属性的值，则默认为 0，即动画立即开始。需要注意的是，animation-delay 属性的值可以为负值。当设置为负值时，动画会跳过该时间段，立即开始播放。

例如，想要让添加了动画的元素在 2s 后开始播放，可以在该元素中添加如下代码。

```
animation-delay: 2s;
```

此时，动画将会在经过 2s 的延迟时间后开始播放。

### 10.3.6　animation-iteration-count 属性

animation-iteration-count 属性用于设置动画的播放次数，其基本语法如下。

```
animation-iteration-count: 数字|infinite;
```

在上面的语法格式中，animation-iteration-count 属性的初始值为 1，即动画播放 1 次。如果希望动画循环播放，可以将属性值设置为 infinite。

例如，设置动画播放 3 次，示例代码如下。

```
animation-iteration-count: 3;
```

在上面的代码中，使用 animation-iteration-count 属性定义动画需要播放 3 次，动画将连续播放 3 次后停止。

### 10.3.7　animation-direction 属性

animation-direction 属性用于设置当前动画播放的方向，即动画播放完成后是否逆向交替循环。其基本语法如下。

```
animation-direction: normal|alternate|reverse;
```

在上面的语法格式中，animation-direction 属性包括 normal、alternate 和 reverse 这 3 个值，具体介绍如下。

- normal：默认值，动画正常播放。
- reverse：动画逆向播放。
- alternate：动画在奇数次（如 1、3、5）正常播放，而在偶数次（如 2、4、6）逆向播放。

由于 alternate 设置动画正常和逆向交替播放需要指定次数，所以想要该属性产生效果，首先要定义 animation-iteration-count 属性（播放次数），只有动画播放次数大于等于 2 时，animation-direction 属性才会产生效果。

下面通过一个小球滚动案例演示 animation-direction 属性的用法，如例 10-14 所示。

例 10-14　example14.html

```
1   <!DOCTYPE html>
2   <html>
3   <head>
4       <meta charset="utf-8">
5       <meta name="viewport" content="width=device-width, initial-scale=1.0">
6       <title>animation-duration 属性</title>
7       <style>
8           div {
9               width: 200px;
10              height: 150px;
11              border-radius: 50%;
12              background: #f60;
13              animation-name: mymove;              /* 设置关键帧名称 */
14              animation-duration: 8s;              /* 设置动画时间 */
15              animation-iteration-count: 2;        /* 设置动画播放次数 */
16              animation-direction: alternate;      /* 设置动画逆向播放 */
17          }
18          @keyframes mymove {
19              from { transform: translate(0) rotateZ(0deg); }
20              to { transform: translate(1000px) rotateZ(1080deg); }
21          }
22      </style>
23  </head>
24  <body>
25      <div></div>
26  </body>
27  </html>
```

在例 10-14 中，第 15 行和第 16 行代码分别设置了动画播放次数和动画逆向播放，此时第 2 次的动画就会逆向播放。

运行例 10-14，效果如图 10-26 所示。

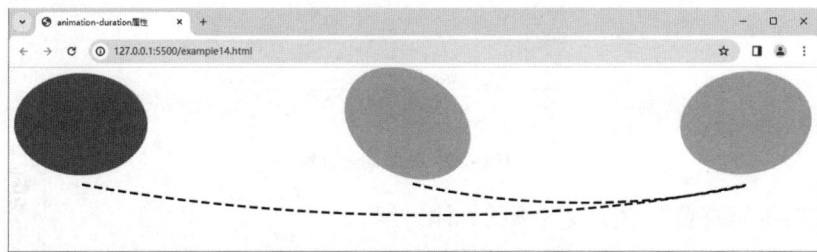

图10-26　播放逆向动画的效果

### 10.3.8　animation 属性

animation 属性是一个复合属性，用于在一个属性中同时设置 animation-name、animation-duration、animation-timing-function、animation-delay、animation-iteration-count 和 animation-direction 这 6 个动画属性。其基本语法格式如下。

```
animation: animation-name animation-duration animation-timing-function
animation-delay animation-iteration-count animation-direction;
```

在上面的语法格式中，各属性值之间使用空格分隔。需要注意的是，使用 animation 属性时必须指定 animation-name 属性和 animation-duration 属性，否则将不会播放动画效果。其余属性可以根据需求选择使用。

例如如下代码。

```
animation: mymove 5s linear 2s 3 alternate;
```

上面的代码也可以拆解为以下代码。

```
animation-name: mymove;                  /* 设置关键帧名称 */
animation-duration: 5s;                  /* 设置动画时间 */
animation-timing-function: linear;       /* 设置动画播放速度 */
animation-delay: 2s;                     /* 设置动画延迟时间 */
animation-iteration-count: 3;            /* 设置动画播放次数 */
animation-direction: alternate;          /* 设置动画逆向播放 */
```

## 10.4　阶段案例——制作表情动画

本章的前几节重点介绍了 CSS3 中新增的过渡、变形和动画的相关属性。为了帮助读者更好地理解这些属性，并能够熟练运用这些属性完成动画效果的制作，本节将以案例的形式，逐步演示如何制作表情动画。表情动画效果如图 10-27 所示。

在这个案例中，表情的眼睛具有动画效果，眼球会从左到右滚动。当眼球滚动到中间位置时，会变成心形图案。运用 CSS3 中的过渡、变形和动画的相关属性，可以实现眼睛动画效果的制作。具体的动画过程如图 10-28 所示。

图10-27　表情动画效果

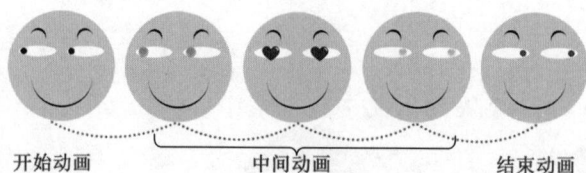

图10-28　眼睛动画过程

请扫描二维码查看本章阶段案例的具体讲解。

# 10.5　本章小结

　　本章首先介绍了 CSS3 中的过渡和变形，重点讲解了过渡属性、2D 变形和 3D 变形。然后讲解了 CSS3 中的动画，主要包括@keyframes 规则和 animation 的相关属性。最后运用所学知识制作了一个表情动画。

　　通过本章的学习，读者能够掌握 CSS3 中过渡、变形和动画效果的设置方法，并在实践中熟练地运用它们。

# 10.6　课后练习

　　请扫描二维码查看本章课后练习题。

# 第 **11** 章

# 绘图和数据存储

★ 掌握 JavaScript 文件的引入方法，能够在网页中引入 JavaScript 文件。

★ 熟悉变量的相关知识，能够在 JavaScript 中定义变量。

★ 掌握 document 对象的用法，能够使用 document 对象获取标签属性。

★ 了解画布的概念，能够阐述网页中画布的作用。

★ 掌握画布的使用方法，能够在网页中添加画布。

★ 掌握线的绘制方法，能够在画布中绘制线。

★ 掌握线样式的设置方法，能够设置不同宽度、颜色和端点形状的线。

★ 掌握线路径的操作方法，能够在画布中进行重置路径和闭合路径的操作。

★ 掌握填充图形的方法，能够为图形填充颜色。

★ 掌握绘制圆的方法，能够在画布中绘制圆。

HTML5 提供了新的绘图功能和数据存储技术。绘图功能允许用户使用 JavaScript 绘制图形、制作动画，使网页具有交互性和动态性。数据存储技术可以减少网页对服务器的依赖，提高网页的加载速度和性能。本章将对 HTML5 中的绘图功能和数据存储技术进行简单的介绍。

## 11.1 JavaScript 基础内容

HTM5 中的绘图功能需要通过 JavaScript 实现，因此在学习绘图之前，首先需要掌握 JavaScript 的基础内容。说起 JavaScript 其实大家并不陌生，我们平时浏览的网页中经常用到 JavaScript。例如，网页中的焦点图每隔一段时间就会自动切换，再如单击网站导航时会弹出菜单，如图 11-1 和图 11-2 所示，这些都运用了 JavaScript。

切换前的焦点图

切换后的焦点图

图11-1　焦点图切换效果

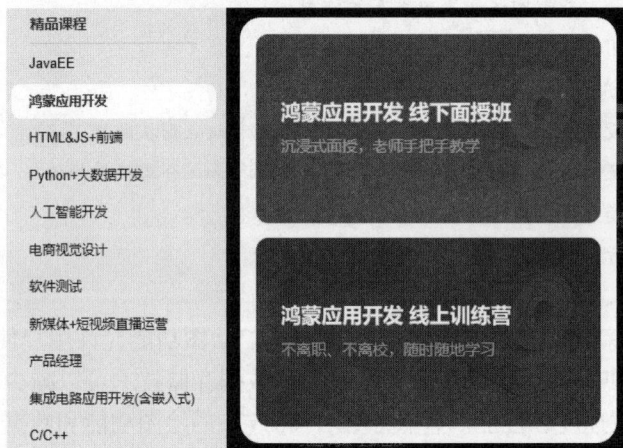

图11-2　导航菜单

图 11-1 和图 11-2 所示的动态交互效果都可以通过 JavaScript 实现。本节将详细介绍 JavaScript 的引入、变量以及 document 对象等内容。

## 11.1.1　JavaScript 的引入

JavaScript 和 CSS 类似，也需要引入 HTML 文档。在 HTML 文档中引入 JavaScript 的方式主要有 3 种，即行内式、内部式、外部式，具体介绍如下。

### 1. 行内式

行内式是指将 JavaScript 代码写在 HTML 标签的属性中。例如，单击"测试"文本时，弹出一个警告框提示"测试成功"，具体示例如下（仅展示关键代码）。

```
<a href="#" onclick="alert('测试成功')">测试</a>
```

在上述代码中，onclick 属性表示注册单击事件，alert('测试成功')用于弹出警告框。此时 JavaScript 代码书写在<a>标签的 onclick 属性中。

示例代码对应的效果如图 11-3 所示。

单击图 11-3 中的"测试"文本，会弹出图 11-4 所示的警告框。

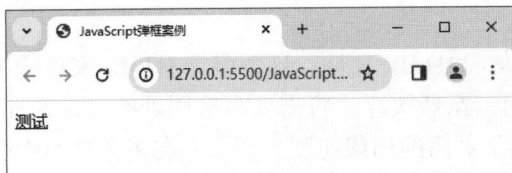

图11-3　JavaScript警告框1

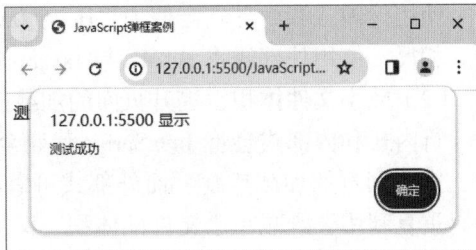

图11-4　JavaScript警告框2

### 2. 内部式

内部式是指将 JavaScript 代码写在 HTML 的<script>标签中。内部式的基本语法格式如下。

```
<script>
    JavaScript 代码
</script>
```

上述语法格式中，<script>标签内的代码为 JavaScript 代码。<script>标签还有一个 type 属性，用来指定 HTML 中使用的脚本语言类型。type="text/javascript"表示<script>标签内的文本为 JavaScript 代码。在 HTML5 中，该属性可以省略。

JavaScript 代码可以放在 HTML 中的任何位置，但该位置会对 JavaScript 代码的执行顺序产生一定影响。在实际工作中，一般将 JavaScript 代码放置于 HTML 文档的<head>标签或<body>标签内。

示例代码如下。

```
1  <!DOCTYPE html>
2  <html>
3  <head>
4      <meta charset="utf-8">
5      <title>内部式</title>
6      <script>
7          alert('我是 JavaScript 代码！')
8      </script>
9  </head>
10 <body>
11 </body>
12 </html>
```

在上面的示例代码中，第 7 行代码是 JavaScript 代码。

### 3. 外部式

外部式是指将所有 JavaScript 代码放在一个或多个以".js"为扩展名的外部 JavaScript 文件中，并通过<script>标签的 src 属性将这些 JavaScript 文件引入 HTML 文档，其基本语法格式如下。

```
<script src="JavaScript 文件路径"></script>
```

在上述语法格式中，src 是<script>标签的属性，用于设置外部 JavaScript 文件的路径。

需要注意的是，引用外部 JavaScript 文件时，外部的 JavaScript 文件中可以直接书写 JavaScript 代码，不需要使用<script>标签嵌套。在实际开发中，当需要编写逻辑复杂的 JavaScript 代码时，推荐使用外部式。相比行内式和内部式，外部式的优势可以总结为以下两点。

（1）利于后期修改和维护

使用行内式和内部式会使 HTML 与 JavaScript 代码混合在一起，不便于代码的修改和维护。相反，使用外部式将 HTML 与 JavaScript 代码分离，便于进行后期的修改和维护。

（2）减小文件体积，提升页面的加载速度

行内式和内部式会将 JavaScript 代码全部嵌入 HTML 文件，这会增加 HTML 文件的体积，影响网页的加载速度。而外部式可以利用浏览器缓存，将需要多次用到的 JavaScript 代码重复利用，既减小了文件的体积，又加快了页面的加载速度。例如，在多个页面中引入相同的 JavaScript 文件时，打开第 1 个页面后，浏览器就将 JavaScript 文件缓存下来，下次打开其他引用了该 JavaScript 文件的页面时，浏览器不用重新加载该 JavaScript 文件。

### 11.1.2 变量

在计算机编程中，如果需要多次使用同一个数据，可以使用变量来保存这个数据。变量是程序中被命名的存储容器，它提供了存放数据的空间，提高了代码的执行效率和重用性。下面将对变量的相关内容进行详细讲解，包括变量的命名、变量的声明与赋值。

**1. 变量的命名**

在 JavaScript 中，可以使用字母、数字和一些符号命名变量。在命名变量时需要遵循以下原则。

● 必须以字母或下划线开头，中间可以是数字、字母或下划线。number、_it123 均为合法的变量名，而 88shout、&num 为非法变量名。

● 变量名不能包含空格、加、减等符号。

● 不能使用 JavaScript 中的关键字。关键字是指在 JavaScript 脚本语言中被事先定义并赋予特殊含义的单词字符，如 var、function 等。

● JavaScript 的变量名严格区分大小写，UserName 与 username 是两个不同的变量名。

**2. 变量的声明与赋值**

在 JavaScript 中使用 var 关键字声明变量，这种直接使用 var 声明变量的方法称为显式声明。显式声明变量的基本语法格式如下。

```
var 变量名;
```

为了让初学者掌握显示声明变量的方法，现通过以下代码进行演示。

```
1  var sales;
2  var hits, hot, NEWS;
3  var room_101, room102;
4  var $name, $age;
```

在上面的示例代码中，使用了关键字 var 声明变量。第 2~4 行代码中，使用英文逗号分隔多个变量名，以达到用一条语句同时声明多个变量的目的。

我们可以在声明变量的同时为变量赋值，也可以在声明完成之后再为变量赋值，例如下面的代码。

```
1  var unit, room;                        // 声明变量
```

```
2    var unit = 3;                          // 为变量赋值
3    var room = 1001;                       // 为变量赋值
4    var fname = 'Tom', age = 12;           // 声明变量的同时赋值
```

上面的代码均通过关键字 var 声明变量。其中第 1 行代码同时声明了 unit 和 room 两个变量，第 2、3 行代码对这两个变量进行赋值，第 4 行声明了 fname、age 变量，并在声明的同时为这两个变量赋值。

声明变量时，也可以省略 var 关键字，直接通过赋值的方式声明变量，这种方式称为隐式声明。例如下面的代码。

```
flag = false;                    // 声明变量 flag 并为其赋值 false
a = 1, b = 2;                     // 声明变量 a 和 b 并分别赋值为 1 和 2
```

在上面的代码中，省略了关键字 var，通过直接赋值的方式声明变量。但需要注意的是，隐式声明变量可能会导致代码难以理解和维护，因此不推荐使用这种方式。

**‖‖ 注意：**

如果变量已经有了一个初始值，那么再次声明就相当于对变量的重新赋值。

### 11.1.3　document 对象

如果想在 JavaScript 中操作某个 HTML 标签，首先需要获取该标签的元素对象。在 JavaScript 中可以使用 document 对象及其提供的方法获取 HTML 标签，例如可以通过 id 属性、name 属性、标签名、类名等查找元素。document 对象的方法及说明如表 11-1 所示。

表 11-1　document 对象的方法及说明

| 方法 | 说明 |
| --- | --- |
| document.getElementById() | 返回拥有指定 id 的第一个对象 |
| document.getElementsByName() | 返回带有指定 name 属性的对象集合 |
| document.getElementsByTagName() | 返回带有指定标签名的对象集合 |
| document.getElementsByClassName() | 返回带有指定类名的对象集合 |

在表 11-1 中，"document." 后面的内容用于访问对象的属性或方法，是 JavaScript 中的一种常用写法。

通过 document 对象，可以在 JavaScript 中轻松控制 HTML 结构或 CSS 样式。下面将通过一个案例演示使用 JavaScript 控制盒子宽度、高度和背景色的方法和效果，如例 11-1 所示。

例 11-1　example01.html

```
1    <!DOCTYPE html>
2    <html>
3    <head>
4        <meta charset="UTF-8">
5        <meta name="viewport" content="width=device-width, initial-scale=1.0">
6        <title>document 对象</title>
7        <style>
8            div {
9                width: 200px;
10               height: 100px;
11               background: #ccc;
```

```
12              }
13      </style>
14  </head>
15  <body>
16      <div id="box"></div>
17  </body>
18  </html>
```

例 11-1 定义了一个宽为 200px、高为 100px、背景为灰色的盒子。

运行例 11-1，效果如图 11-5 所示。

接下来，通过 JavaScript 代码将盒子的宽度改为 300px、高度改为 20px、背景颜色改为蓝色，具体代码如下。

```
1  <script>
2      var box = document.getElementById('box');
3      box.style.width = '300px';
4      box.style.height = '20px';
5      box.style.background = 'blue';
6  </script>
```

在上面的代码中，第 2 行代码用于获取 id 为 box 的元素，并保存在变量 box 中；第 3～5 行代码分别用于设置盒子的宽度、高度和背景颜色属性。

保存文件，刷新页面，效果如图 11-6 所示。

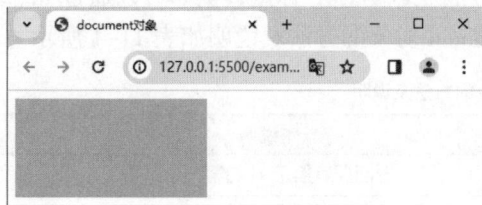

图11-5　定义盒子

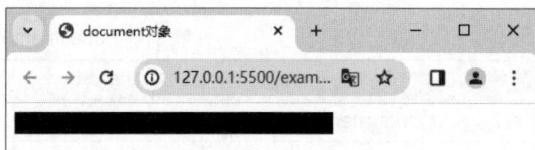

图11-6　使用JavaScript改变盒子样式

## 11.2　HTML5 画布

通常通过<img>标签在网页中插入图片，但这些图片需要事先准备好。然而，在 HTML5 中，我们可以使用全新的画布（Canvas）功能来随时创造丰富多彩的图形。本节将详细介绍 HTML5 画布的相关知识。

### 11.2.1　认识画布

说到画布，其实大家并不陌生，在美术课上，我们可以用画笔在画布上绘画，如图 11-7 所示。在网页中，我们把用于绘制图形的特殊区域也称为"画布"，网页设计师可以在该区域绘制需要的图形样式。

默认情况下，网页中的画布是一个宽度为 300px、高度为 150px 的方形区域，用户可以自定义画布的大小

图11-7　使用画笔在画布上绘画

或添加其他属性。然而，在 HTML5 中，在画布上绘画并不使用鼠标，而是需要通过 JavaScript 进行控制。通过 JavaScript，用户可以向画布中添加图片、线条、文字等内容。

### 11.2.2　使用画布

在网页中，画布并不是默认存在的，下面将分步骤讲解使用画布的方法。

#### 1．创建画布

使用 HTML5 中的<canvas>标签可以在网页中创建画布。创建画布的基本语法格式如下。

```
<canvas id="画布名称" width="画布宽度" height="画布高度">您的浏览器不支持画布
</canvas>
```

在上面的语法格式中，<canvas>标签用于定义画布，id 属性用于在 JavaScript 代码中引用画布。<canvas>标签是一个双标签，用户可以在中间输入文字，当浏览器不支持<canvas>标签时，就会显示对应的文字信息。画布有 width 和 height 两个属性，分别用于定义画布的宽度和高度，取值可以为数字或像素值。

画布刚开始时是透明的，没有任何样式。我们可以使用 CSS 为画布设置边框、背景等样式。在设置画布的宽度与高度时，注意尽量避免使用 CSS 样式控制画布的宽度和高度，因为这样可能会导致画布中的图案产生变形。

#### 2．获取画布

要想在 JavaScript 中控制画布，首先要获取画布。使用 getElementById()方法可以获取网页中的画布对象。例如下面的代码用于获取 id 为 cavs 的画布，并将获取的画布对象保存在变量 canvas 中。

```
var canvas = document.getElementById('cavs');
```

#### 3．准备画笔

有了画布之后，在开始绘图之前，还需要准备一支"画笔"。我们可以使用 getContext()方法获取画笔。getContext()方法的使用示例如下。

```
canvas.getContext('2d');
```

在上面的代码中，参数 2d 代表画笔的种类，表示二维绘图画笔。如果要绘制三维图形，可以把参数替换为 webgl。

在 JavaScript 中，我们通常会定义一个变量来保存获取的 context 对象，例如下面的代码。

```
var context = canvas.getContext('2d');
```

### 11.2.3　绘制线

线是所有复杂图形的组成基础，想要绘制复杂的图形，首先要从绘制线开始。在绘制线之前首先要了解线的组成。绘制线的基本步骤为定义初始位置、定义连线端点以及描边，如图 11-8 所示。

下面对绘制线的基本步骤进行具体讲解。

#### 1．定义初始位置

在绘制图形时，首先需要确定从哪里下"笔"，这个下"笔"的位置就是初始位置。在平面中，初始位置可以使用"$x, y$"形式的坐标表示，从左上角"0, 0"开始，$x$ 轴上的值向右增大，$y$ 轴上的值向下增大，如图 11-9 所示。

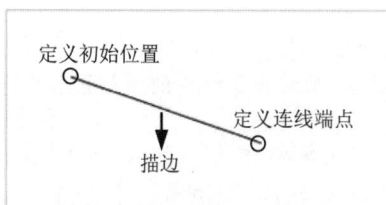

图11-8 绘制线的基本步骤

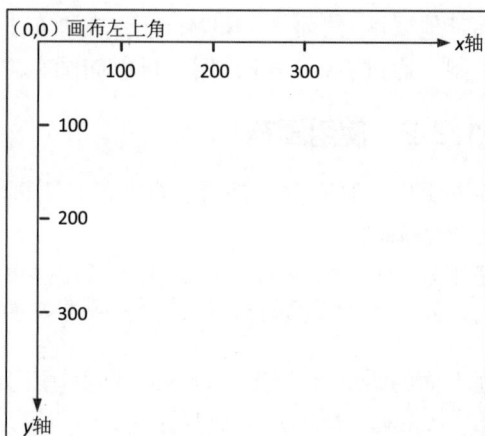

图11-9 画布的坐标轴

在画布中使用 moveTo(x, y)方法定义初始位置，其中 *x* 和 *y* 分别代表水平坐标和垂直坐标，中间用英文逗号隔开。*x* 和 *y* 的取值为数字，例如下面的代码。

```
var cas = document.getElementById('cas');
var context = cas.getContext('2d');
context.moveTo(100, 100);
```

上面的代码中，定义了横坐标为 100 像素、纵坐标为 100 像素的初始位置。需要注意的是，使用 moveTo(x, y)方法仅表示移动到指定点，并不会绘制线。

### 2. 定义连线端点

定义连线端点时，将定义一个端点，并绘制一条从该端点到初始位置的连线。在画布中使用 lineTo(x,y)方法定义连线端点。和初始位置类似，连线端点也需要定义 x 和 y 的坐标位置，例如下面的代码。

```
context.lineTo(100, 100);
```

### 3. 描边

通过初始位置和连线端点可以绘制一条线，但这条线是不可见的。我们需要为这条线添加描边，让其变得可见。使用画布中的 stroke()方法可以实现线的可视效果，例如下面的代码。stroke()方法的括号中不需要加入任何内容。

```
context.stroke();
```

了解了绘制线的方法后，下面通过一个绘制字母的案例做具体演示，如例 11-2 所示。

例 11-2 example02.html

```
1   <!DOCTYPE html>
2   <html>
3   <head>
4       <meta charset="UTF-8">
5       <meta name="viewport" content="width=device-width, initial-scale=1.0">
6       <title>绘制线</title>
7   </head>
8   <body>
9   <canvas id="cas" width="300" height="300">
10      您的浏览器不支持画布
11  </canvas>
12  <script>
```

```
13      var context = document.getElementById("cas").getContext('2d');
14      context.moveTo(10, 100);           // 定义初始位置
15      context.lineTo(30, 10);            // 定义连线端点
16      context.lineTo(50, 100);           // 定义连线端点
17      context.lineTo(70, 10);            // 定义连线端点
18      context.lineTo(90, 100);           // 定义连线端点
19      context.stroke();                  // 描边
20 </script>
21 </body>
22 </html>
```

在例11-2中，第13~19行代码通过设置初始位置、定义连线端点和添加描边绘制了字母 M。

运行例 11-2，效果如图 11-10 所示。

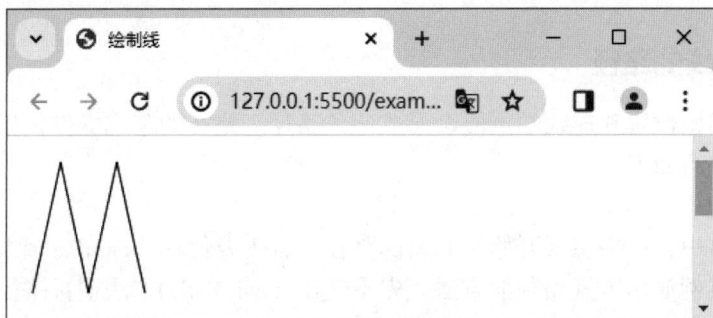

图11-10 绘制字母的效果

## 11.2.4 线的样式

在画布中，线的颜色默认为黑色、宽度为 1 像素，我们可以使用相应的方法为线添加不同的样式。下面将从宽度、描边颜色、端点形状这 3 个方面详细讲解线样式的设置方法。

### 1. 宽度

使用画布中的 lineWidth 属性可以设置线的宽度，该属性的取值为数值，例如下面的代码表示设置线的宽度为 10 像素。

```
context.lineWidth = '10';
```

### 2. 描边颜色

使用画布中的 strokeStyle 属性可以定义线的描边颜色，该属性的取值为十六进制颜色值或颜色的英文名称，例如下面的代码。

```
context.strokeStyle = '#f00';
context.strokeStyle = 'red';
```

以上两种方式都可以用于设置线的描边颜色为红色。

### 3. 端点形状

默认情况下，线的端点是方形的，通过 lineCap 属性可以改变端点的形状，其基本语法格式如下。

```
lineCap = '属性值';
```

在上面的语法格式中，lineCap 属性的取值有 3 种，具体如表 11-2 所示。

表 11-2   lineCap 属性值

| 属性值 | 显示效果 |
| --- | --- |
| butt | 默认效果，无端点 |
| round | 显示圆形端点 |
| square | 显示方形端点 |

表 11-2 所示属性值对应的效果如图 11-11 所示。

图11-11   各属性值对应的效果

## 11.2.5   线的路径

通过定义初始位置和连线端点便会形成一条路径。路径的基本操作包括重置路径和闭合路径，具体介绍如下。

### 1. 重置路径

在同一画布中，如果想要开始绘制新的路径，就需要使用 beginPath()方法重置路径。下面通过一个案例演示重置路径的方法。先不使用 beginPath()方法重置路径，观察绘制结果，如例 11-3 所示。

例 11-3   example03.html

```
1  <!DOCTYPE html>
2  <html>
3  <head>
4      <meta charset="UTF-8">
5      <meta name="viewport" content="width=device-width, initial-scale=1.0">
6       <title>重置路径</title>
7  </head>
8  <body>
9  <canvas id="cas" width="1000" height="300">
10     您的浏览器不支持画布
11 </canvas>
12 <script>
13     var context = document.getElementById('cas').getContext('2d');
14     context.moveTo(10, 10);            // 定义初始位置
15     context.lineTo(300, 10);           // 定义连线端点
16     context.lineWidth = '5';
17     context.strokeStyle = '#ddd';
18     context.stroke();                  // 描边
19     context.moveTo(10, 50);            // 定义初始位置
20     context.lineTo(300, 50);           // 定义连线端点
21     context.lineWidth = '5';
22     context.strokeStyle = '#000';
23     context.stroke();                  // 描边
24 </script>
```

```
25  </body>
26  </html>
```

在例 11-3 中，第 14~18 行代码用于绘制一个灰色线条，第 19~23 行代码用于绘制一个黑色线条。

运行例 11-3，效果如图 11-12 所示。

从图 11-12 中可以看出，第一条线并没有显示预期的灰色，而是黑色。想要让线条显示不同的颜色，就需要对路径进行重置。在第 18 行代码和第 19 行代码之间添加以下代码。

```
context.beginPath();//重置路径
```

保存文件，刷新页面，效果如图 11-13 所示。此时画布中的第一条线和第二条线将会被浏览器认为是两条路径，显示为不同的颜色。

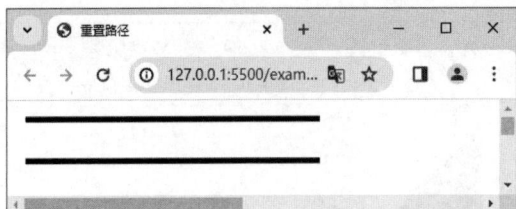

图11-12　设置线条颜色1

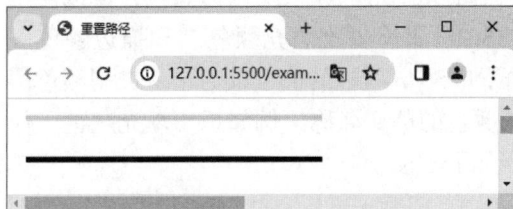

图11-13　设置线条颜色2

### 2. 闭合路径

闭合路径就是对绘制的开放路径进行封闭处理，以形成特定的形状。在画布中，使用closePath()方法闭合路径。

首先演示不闭合路径的情况。下面的代码用于绘制一条 L 形的线条。

```
1  var context = document.getElementById('cas').getContext('2d');
2  context.moveTo(10, 10);        // 定义初始位置
3  context.lineTo(10, 100);       // 定义连线端点
4  context.lineTo(100, 100);      // 定义连线端点
5  context.strokeStyle = '#00f';
6  context.stroke();              // 描边
```

对应的效果如图 11-14 所示。

然后演示闭合路径的情况。在第 5 行代码和第 6 行代码之间添加 closePath()方法，具体代码如下。

```
context.closePath();      // 闭合路径
```

此时保存文件，刷新页面，路径就会闭合，变为一个直角三角形，如图 11-15 所示。

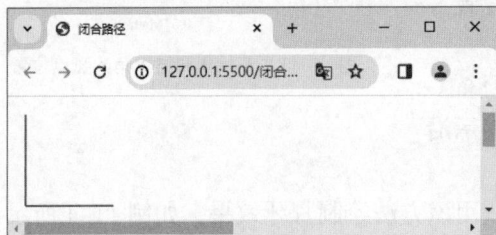

图11-14　L形线条

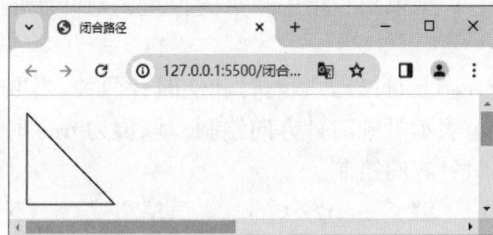

图11-15　闭合路径后的效果

### 11.2.6　填充图形

闭合路径后，可以得到一个只有边框的空心图形，此时使用 fill() 方法可以填充图形，示例代码如下。

```
1  var context = document.getElementById('cas').getContext('2d');
2  context.moveTo(10, 10);        // 定义初始位置
3  context.lineTo(10, 100);       // 定义连线端点
4  context.lineTo(100, 100);      // 定义连线端点
5  context.closePath();           // 闭合路径
6  context.fill();                // 填充图形
```

上述代码中，第 6 行代码用于填充图形，填充后的效果如图 11-16 所示。

填充图形的默认颜色为黑色，可以使用 fillStyle 属性更改填充颜色。和描边颜色一样，fillStyle 属性的值可以为十六进制颜色值或颜色的英文名称，例如想要填充灰色，代码如下。

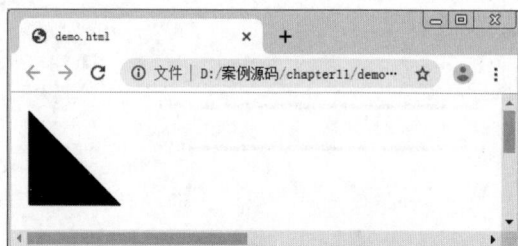
图 11-16　填充图形后的效果

```
context.fillStyle = '#ccc';
context.fillStyle = 'grey';
```

以上两种方式都可以将图形的填充颜色设置为灰色。

### 11.2.7　绘制圆

在画布中，使用 arc() 方法可以绘制圆或弧线，其基本语法格式如下。

```
arc(x, y, r, 开始角, 结束角, 方向)
```

在上面的语法格式中，各属性值使用 "," 分隔。对各属性值的解释如下。

● x 和 y：表示圆心在 x 轴和 y 轴的坐标位置，取值为数字。

● r：圆或弧形的半径，用于确定图形的大小。

● 开始角：初始弧点的位置。其中弧点使用 "数字 * Math.PI（圆周率）" 表示。例如开始角为 270° 可以写为 1.5 * Math.PI。图 11-17 所示为开始角和结束角的弧点位置。

● 结束角：结束弧点的位置，与开始角的设置方式一致。

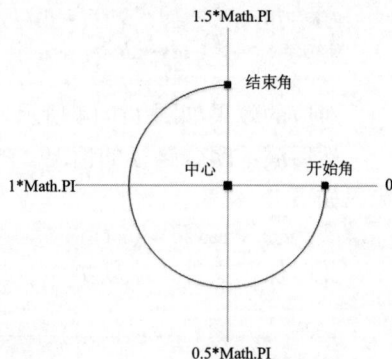
图 11-17　开始角和结束角的弧点位置

● 方向：分为顺时针和逆时针两种。当取值为 false 时，表示沿顺时针方向绘制；取值为 true 时，表示沿逆时针方向绘制。

了解了 arc() 方法的基本语法格式后，下面使用该方法绘制月牙效果，如例 11-4 所示。

例 11-4　example04.html

```
1  <!DOCTYPE html>
```

```
2   <html>
3   <head>
4       <meta charset="UTF-8">
5       <meta name="viewport" content="width=device-width, initial-scale=1.0">
6        <title>绘制月牙形</title>
7   </head>
8   <body>
9   <canvas id="cas" width="1000" height="300">
10      您的浏览器不支持 Canvas
11  </canvas>
12  <script>
13      var context = document.getElementById('cas').getContext('2d');
14      context.arc(150, 40, 100, 0, 1 * Math.PI);
15      context.strokeStyle = '#bbb';
16      context.stroke();                  // 描边
17      context.beginPath();
18      context.arc(150, 25, 100, 0.05 * Math.PI, 0.95 * Math.PI);
19      context.strokeStyle = '#bbb';
20      context.stroke();                  // 描边
21  </script>
22  </body>
23  </html>
```

在例 11-4 中，第 14 行代码用于绘制大弧形，第 18 行代码用于绘制小弧形。将大弧形和小弧形连接，拼出月牙效果。

运行例 11-4，效果如图 11-18 所示。

# 11.3　HTML5 数据存储基础

HTML5 数据存储技术为网页应用带来了更多的灵活性和离线功能。采用 HTML5 数据存储技术，我们可以在客户端浏览器上存储数据，而不需要依赖服务器；还可以在不同的页面之间传递数据，而不需要依赖复杂的传输机制。本节将以对比的方式详细讲解原始存储方式和 HTML5 数据存储技术。

## 11.3.1　原始存储方式——Cookie

在餐馆用餐时，服务员会给顾客一个餐桌号码牌，便于记录顾客的点餐信息。在网站制作中，Cookie 就像餐桌号码牌，它能帮助网站识别和记录登录网站的用户。例如，登录某网站时，经常会看到页面中的"自动登录"提示，如图 11-19 所示。

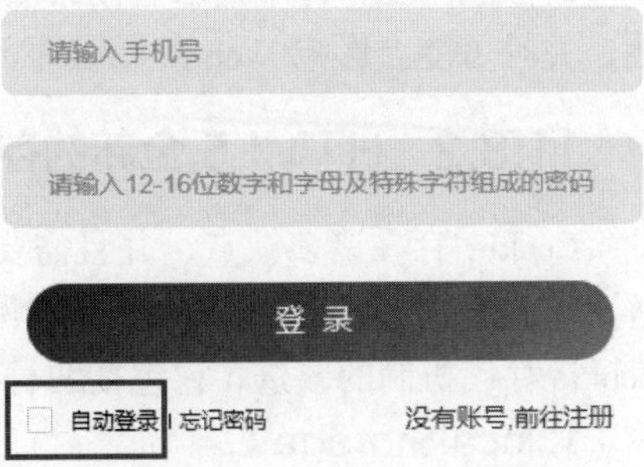

在图 11-19 中，当选中"自动登录"复选框后，用户下次访问该网站时，就不再需要输入账

图11-18　月牙效果

图11-19　"自动登录"提示

号和密码，这是 Cookie 的作用之一。

在 Web 应用程序中，Cookie 是网站为了辨别用户身份而存储在用户本地终端上的数据。当用户通过浏览器访问 Web 服务器时，服务器会给用户发送一些信息，这些信息都保存在 Cookie 中。当该浏览器再次访问服务器时，会在请求的同时将 Cookie 发送给服务器，这样，服务器就可以对浏览器做出正确的响应。利用 Cookie 可以跟踪用户与服务器之间的会话状态，通常用于保存浏览历史记录、保存购物车商品和保存用户登录状态等场景。

为了更好地理解 Cookie 的原理，接下来通过一张图说明 Cookie 在浏览器和服务器之间的传输过程，具体如图 11-20 所示。

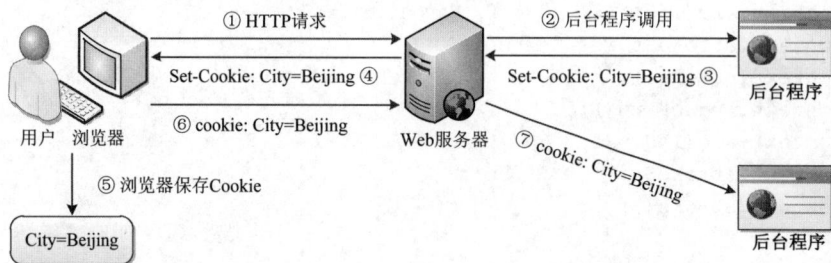

图11-20　Cookie在浏览器和服务器之间的传输过程

当用户第一次访问服务器时，服务器会在响应消息中增加 Set-Cookie 头字段，将信息以 Cookie 的形式发送给浏览器。一旦浏览器接收了服务器发送的 Cookie 信息，浏览器就会将它保存到缓冲区中。这样，当浏览器后续访问该服务器时，都会将信息以 Cookie 的形式发送给服务器，从而帮助服务器分辨当前请求是由哪个用户的浏览器发出的。

尽管 Cookie 实现了服务器与浏览器间的信息交互，但也存在一些缺点，具体如下。

● 安全风险：由于 Cookie 存储在客户端，攻击者可能会窃取用户的 Cookie 信息。

● 隐私问题：通过 Cookie，网站可以跟踪用户的在线活动并收集有关用户的个人信息，例如购买记录、搜索历史和地理位置等，这可能导致用户的隐私受到侵犯。

● 兼容性问题：Cookie 在不同的浏览器和设备上兼容性不同，有时可能会导致错误或运行缓慢。

● 限制：Cookie 存储的数据量有限，通常限制为每个 Cookie 的存储容量为 4 KB。对在某些情况下需要存储大量数据的应用程序来说，这很可能是不够的。

● 性能问题：每个请求会附带 Cookie 信息，这可能会增加网络带宽，从而导致性能问题，并且可能会影响 Web 应用程序的响应时间和加载速度。

## 11.3.2　HTML5 全新的存储技术——Web Storage

Cookie 存在诸多缺点，并且需要进行复杂的解析操作，给用户带来了很多不便。为了解决这些问题，HTML5 提出了新的网络存储解决方案，即 Web Storage。Web Storage 是对 Cookie 存储机制的改进，它包括两种类型——localStorage 和 sessionStorage，具体介绍如下。

### 1. localStorage

localStorage 是一种长期存储方案，它允许网页在用户浏览器中存储大量数据。存储在 localStorage 中的数据是持久的，即使用户关闭浏览器或重新启动计算机，数据仍然会被保留下来。由于 localStorage 是基于域名存储的，所以不同的网页可以将数据存储在各自的 localStorage 中，不会相互干扰。

localStorage 的优势在于突破了 Cookie 的 4KB 限制，并且可以将第一次请求的数据直接存储到本地，其存储容量通常可以达到 5MB 或 10MB（不同浏览器版本存在差异）。

### 2. sessionStorage

sessionStorage 是一种会话级别的存储方案，它允许网页在浏览器中临时存储数据。与 localStorage 不同，存储在 sessionStorage 中的数据只在当前浏览器窗口（或选项卡）中有效。这里的 "会话" 由 session 直译而来，是指在特定时间段内，用户与系统或服务器进行交互的过程。

在生活中，从拿起电话拨号到挂断电话这个过程可以理解为一次会话。在网页中，一次会话是指一个浏览器窗口（或选项卡）从打开到关闭的过程，当用户关闭浏览器窗口（或选项卡）后，会话就会结束，sessionStorage 数据将被清除。

总体来说，sessionStorage 与 localStorage 用法基本类似，唯一区别就是存储数据的生命周期不同，localStorage 是永久性存储，而 sessionStorage 中数据的生命周期与会话保持一致，会话结束时数据就消失。

目前主流的 Web 浏览器都在一定程度上支持 HTML5 的 Web Storage，如表 11-3 所示。

表 11-3　主流浏览器对 Web Storage 的支持情况

| IE | Edge | Firefox | Chrome | Safari | Opera |
|----|------|---------|--------|--------|-------|
| 8+ | 12+ | 3.5+ | 4+ | 4+ | 11.5+ |

## 11.4　阶段案例——绘制火柴人

本章讲解了绘图和数据存储的基础知识，包括 JavaScript 基础知识、HTML5 画布以及 HTML5 数据存储基础。其中 HTML5 画布是本章的重点部分，为了便于读者的理解和运用，本节将以案例的形式，运用 JavaScript 和 HTML5 画布绘制火柴人，最终效果如图 11-21 所示。

图11-21　火柴人效果

请扫描二维码查看本章阶段案例的具体讲解。

## 11.5　本章小结

本章首先介绍了 JavaScript 的基础知识以及 HTML5 画布的使用方法，然后讲解了 HTML5 数据存储基础，最后运用 JavaScript 和 HTML5 画布在网页中绘制了一个火柴人。

通过本章的学习，读者能够熟悉 JavaScript 的基础知识，掌握 HTML5 画布的使用技巧，了解 HTML5 新的数据存储方式和传统数据存储方式的差异，为将来学习前端知识夯实基础。

## 11.6　课后练习

请扫描二维码查看本章课后练习题。

# 第 12 章

# 实战开发——制作企业网站页面

**学习目标**

★ 熟悉网站设计规划的基本流程，能够整体规划网站页面。

★ 了解创建项目根目录的方法，能够创建项目根目录。

★ 掌握网站静态页面的搭建技巧，完成项目首页和子页的制作。

在深入学习网页的相关知识后，相信读者已经熟练掌握了 HTML 标签、CSS 样式，能够为网页进行排版和添加动画效果。为了及时巩固所学知识，本章将运用前面所学的内容，搭建企业网站的部分页面。

## 12.1　网站设计规划

在搭建网站之前，设计者需要对网站页面进行一个整体的设计规划，确保网站项目建设的顺利实施。网站设计规划主要包括确定网站主题、规划网站结构、收集素材、设计网页效果图 4 个步骤，本节将对这 4 个步骤进行详细讲解。

### 12.1.1　确定网站主题

通常企业网站都会根据自己的产品或业务领域确定网站的主题。"摄影·开课吧"是一家专门从事摄影技术培训的教育机构，专为零基础的成年摄影爱好者、艺术爱好者、想通过技术培训提高自己工作技能的摄影工作者而成立的在线教育网站。因此该网站的主题可以从业务领域来确定——摄影在线教育类网站。确定主题之后，就可以确定一些和网站相关的要素，具体如下。

**1. 网站定位**

"摄影·开课吧"是一个从事摄影教育培训的企业类网站，用于展示教育产品、技术信息、摄影图片，提升企业的知名度，将"摄影·开课吧"的优秀资源推广给更多的用户。

**2. 网站色调**

"摄影·开课吧"项目选取深蓝色作为网站主色调。由于蓝色体现了理智、准确、沉稳，在商业设计中，一些强调科技感、效率的产品或企业，大多选用蓝色（湖蓝、普蓝、藏蓝等）作为标准色、企业色，例如计算机、汽车、教育类网站。

### 3. 网站风格

网站将采用扁平化设计风格，以营造简洁、清晰的感觉，摒弃高光和阴影等能造成透视感和空间感的效果。在页面中，可以利用基础模块来区分不同的功能区域。作为摄影类网站，可以充分运用图片，以最简单和直接的方式呈现各部分内容，从而减小用户的认知障碍。

## 12.1.2　规划网站结构

在对网站进行结构规划时，设计者可以在草稿纸或者 XMind 上做好企业网站的结构设计。设计的过程中要注意网页之间的层级关系，在兼顾页面关系之余还要考虑网站后续的可扩充性，以确保网站在后期能够随时扩展功能和模块。

根据企业类网站的特点和"摄影·开课吧"网站的特殊需求，可以对网站框架进行初步划分，图 12-1 所示为"摄影·开课吧"网站部分页面的关系结构。

图12-1　"摄影·开课吧"网站部分页面的关系结构

从图 12-1 中可以看出，开课吧首页在整个网站中所占的比例较大，因此设计者应该首先规划首页的功能模块。设计首页时需要有重点、有特色地概述网站内容，使访问者快速了解网站信息。设计子页面时，其风格要和首页相似，变化的仅仅是布局和内容模块。

在设计网站页面之前，可以先勾勒网站的原型图。原型图可以帮助我们快速完成网页结构的分析和模块的分布。图 12-2 所示为"摄影·开课吧"首页的原型图。

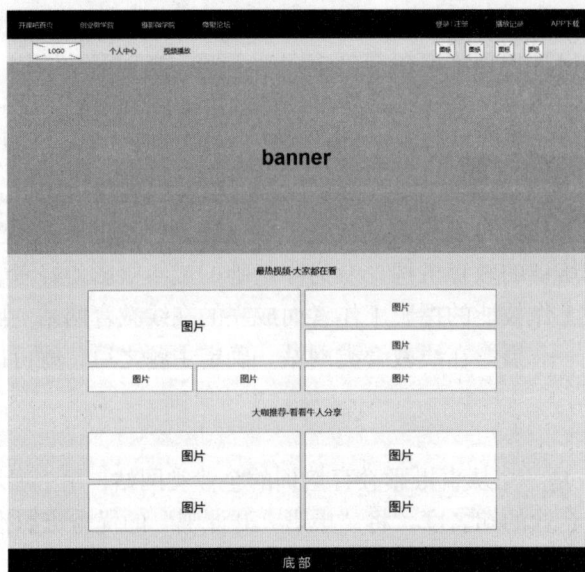

图12-2　"摄影·开课吧"首页的原型图

### 12.1.3　收集素材

接下来进入收集素材阶段，设计者可以根据设计需要收集一些素材，例如文本素材、图片素材等。

#### 1. 文本素材

文本素材的收集渠道比较多，可以在同行业网站中收集，也可以在一些杂志中收集，然后分析总结文本内容的优缺点，提取有用的文本内容。值得一提的是，提取的文本内容需要再加工，将其转化为网站原创内容，需注意素材的版权问题。

#### 2. 图片素材

为了保证快速完成网站的设计任务。收集图片素材时要考虑图片的风格是否和网站风格一致，以及图片是否清晰。图 12-3 所示为网站首页的部分素材图片。

图12-3　网站首页的部分素材图片

### 12.1.4　设计网页效果图

根据前期的准备工作，明确项目设计需求后，接下来就可以设计网页效果图。本章制作的效果图包括首页、注册页、个人中心页和视频播放页 4 个页面，效果分别如图 12-4～图 12-7 所示。

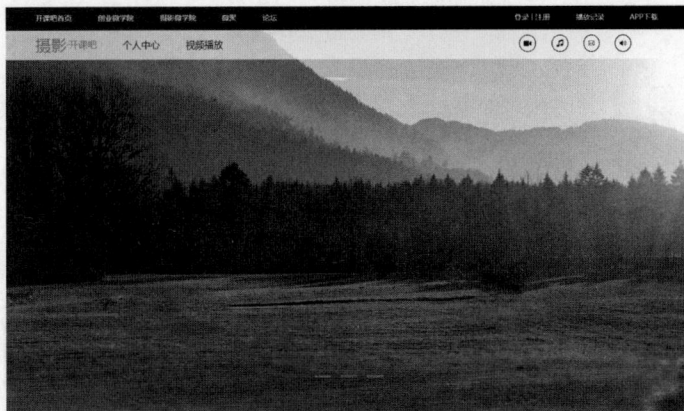

图12-4　首页效果

最热视频-大家都在看

大咖推荐-看看牛人分享

图12-4　首页效果（续）

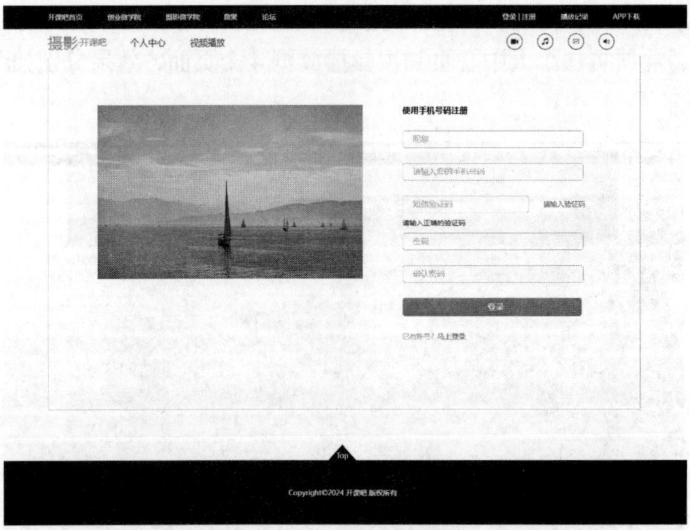

图12-5　注册页效果

图12-6　个人中心页效果

图12-7　视频播放页效果

网页效果图设计完成之后，还需要把效果图中不能用代码实现的部分裁切下来作为网页制作时的素材，这个过程称为切图。切图的目的是把设计效果图转化成网页代码。常用的切图工具主要有 Photoshop 和 Fireworks。本书将提供已经切图的素材，放置于 images 文件夹中。

## 12.2　创建项目根目录

项目根目录是指一个项目的主要文件夹，其中包含该项目的所有文件和子文件夹。在这个根目录下，通常会包含项目的主要配置文件、源代码文件、资源文件和其他必要的文件。根目录的名称可以根据项目的特定要求而定，但通常会使用项目的名称或缩写作为根目录的名称。在项目根目录下，可以进一步组织文件和文件夹的层级结构，以便更好地管理和组织项目的文件。

本节将讲解如何建立"摄影·开课吧"项目的根目录，具体步骤如下。

（1）创建网站根目录

在 D 盘新建一个文件夹作为网站根目录，将该文件夹命名为 chapter12。

（2）在根目录下新建文件夹

打开网站根目录 chapter12 文件夹，在根目录下新建 css 文件夹、images 文件夹、fonts 文件夹、video 文件夹，分别用于存放网站中的 CSS 文件、图像文件、字体文件和视频文件。

（3）新建文件

在 VSCode 中，打开名为 chapter12 的文件夹，在文件夹中创建 4 个 HTML5 文件 index.html、user.html、register.html、video.html，这 4 个文件分别表示首页、个人中心、注册页、视频播放页。然后，在 css 文件夹内创建对应的 CSS 文件，例如首页可命名为 index.css。页面创建完成后，网站就形成了清晰的结构。

## 12.3　搭建首页

请扫描二维码，查看搭建首页的开发过程。

## 12.4　制作模板

请扫描二维码，查看制作模板的开发过程。

## 12.5　使用模板搭建网页

请扫描二维码，查看使用模板搭建网页的开发过程。

## 12.6　本章小结

　　本章主要讲解了网站设计规划的流程以及模板的制作方法，并运用 HTML 和 CSS 的相关知识搭建了企业网站的首页、注册页、个人中心页和视频播放页。

　　通过学习本章，读者能够熟悉网站规划的流程，掌握网站的搭建方法。